职业教育改革与创新系列教材
首届全国机械行业职业教育优秀教材
机械工业出版社精品教材

焊 工 识 图

第 2 版

主　编　胡建生
副主编　段　旭
参　编　宋剑虹　杨家丰
主　审　史彦敏

机 械 工 业 出 版 社

本书突出职业教育特色，是根据焊接技术应用专业特点与需求，充分考虑职业院校在校生的特点，按照立体化教材建设思路编写的。本书配套资源丰富、实用，是名副其实的立体化制图教材。

本书配有两种版本的《(焊工 2 版) 焊工识图教学软件》，免费供任课教师使用。教学软件的内容与纸质教材配套，实现无缝对接，可以替代教学模型和挂图。教学软件包括备课和讲解习题的“习题答案”，由任课教师掌控、可提供给学生的“二维码”答案，以及“电子教案”“模拟试卷”“试卷答案”“评分标准”等。凡在 2020 年 11 月前实施的制图国家标准，全部在本书和习题集中予以贯彻。

凡使用本书作为教材的教师，均可登录机械工业出版社教育服务网 (http://www.cmpedu.com) 免费下载本书的配套资源。咨询电话：010-88379375。

本书按 60~80 学时编写，适用于职业院校焊接技术应用专业的制图课教学，也可供制图培训班及焊接一线技术工人学习或参考。

图书在版编目 (CIP) 数据

焊工识图/胡建生主编. —2 版. —北京：机械工业出版社，2021.1 (2026.1 重印)

职业教育改革与创新系列教材　首届全国机械行业职业教育优秀教材　机械工业出版社精品教材

ISBN 978-7-111-67191-6

Ⅰ.①焊…　Ⅱ.①胡…　Ⅲ.①焊接-识图-职业教育-教材　Ⅳ.①TG4

中国版本图书馆 CIP 数据核字 (2020) 第 269071 号

机械工业出版社 (北京市百万庄大街 22 号　邮政编码 100037)
策划编辑：王莉娜　责任编辑：王莉娜　赵文婕
责任校对：张　薇　封面设计：张　静
责任印制：邓　博
北京中科印刷有限公司印刷
2026 年 1 月第 2 版第 10 次印刷
184mm×260mm · 12.5 印张 · 304 千字
标准书号：ISBN 978-7-111-67191-6
定价：39.90 元

电话服务　　网络服务
客服电话：010-88361066　机　工　官　网：www.cmpbook.com
010-88379833　机　工　官　博：weibo.com/cmp1952
010-68326294　金　书　网：www.golden-book.com
封底无防伪标均为盗版　机工教育服务网：www.cmpedu.com

前　言

本书是根据国务院关于《国家职业教育改革实施方案》的有关要求，突出职业教育特色，进一步深化职业教育教学改革，提高职业教育质量和技能型人才培养水平，注重知识传授与技能培养并重，强化学生工程素质的培养，并根据焊接技术应用专业特点与需求，充分考虑职业院校在校生的特点，按照立体化教材建设思路编写的。与本书配套的《焊工识图习题集》（第 2 版）同时出版。

本书按 60~80 学时编写，适用于职业院校焊接技术应用专业的制图课教学，也可供制图培训班及焊接一线技术工人学习或参考。本次修订着重考虑了以下几点：

1）经过近几年的教学实践和许多任课教师的反馈，职业院校教师对本书的架构和内容比较认可，认为它比较符合职业教育的特点。本次修订对全书内容和配套资源做出进一步修改、补充和完善，使本书成为真正意义上的立体化教材。本书依旧注重基本内容的介绍，尽量降低学生学习制图课的难度，突出读图能力的训练。

2）《技术制图》和《机械制图》国家标准是绘制机械图样和制订制图课教学内容的根本依据。本书是围绕国家标准编写的，本次修订全面采用现行国家标准，凡在 2020 年 11 月之前颁布实施的制图标准和相关标准，全部在书中予以贯彻，充分体现了本书的先进性。

3）“图”是制图教材的“魂”。在修订过程中，本书和配套习题集插图中的各种符号、字体、箭头、线型等，严格按照国家标准的规定绘制；所有插图全部重新处理，以确保插图规范、清晰；对本书中的一些重点、难点或需提示的内容，进行了必要的图示或文字说明。

4）根据职业院校在校生的实际状况，编者为本书中不易理解的一些例题或图例，配置了 91 个二维码（以微课的形式，由制图教师结合三维实体模型进行动画演示，讲解图例或例题）。通过扫描本书中的二维码，学生即可看到三维实体模型的动画演示，有利于学生进一步理解课堂上讲授的内容。

5）为配套的《焊工识图习题集》（第 2 版）设计了三种习题答案。

① 教师备课用习题答案。部分习题的答案不是唯一的。根据教学需求，为任课教师编写了 PDF 格式的教学参考资料，即包含所有题目的“习题答案”，任课教师可单独打印，以便于备课。

② 教师讲解习题用答案。根据不同题型，将每道题的答案，分成单独答案、包含解题步骤的答案、配置 133 个三维实体模型、轴测图、动画演示等多种形式，按章节链接在教学软件中。在每节目录的 PPT 页面中，点击“习题答案”按钮，即可弹出本章所有习题的“答案按钮页”，教师可任意打开某道题的题号，结合三维模型进行讲解、答疑。

③ 学生用习题答案。对习题集中的每道题都给出了单独的答案并对应一个二维码。习题集配有 532 个二维码，其中 128 道题配有带动画演示、有解说的二维码，即一题双码。习题集中没有印刷二维码，而将二维码交由教师掌控。任课教师根据教学进程和教学的实际状况，可随时选择某道题的二维码，发送给任课班级的群或某个学生，学生通过扫描二维码，

即可看到有解说的动画演示、解题步骤或答案。

6）本书配套资源丰富、实用：包括两个版本的教学软件，即《(焊工2版）焊工识图教学软件（AutoCAD版)》和《(焊工2版）焊工识图教学软件（CAXA版)》。由于中望机械CAD与AutoCAD全面兼容，使用中望机械CAD软件的教师下载《(焊工2版）焊工识图教学软件（AutoCAD版)》，亦可无障碍使用；PDF格式的“习题答案”；所有习题答案的二维码；PDF格式的“电子教案”；两套Word格式的“模拟试卷”“试卷答案”“评分标准”等。

教学软件是按照讲课思路为任课教师设计的，其中的内容与教材无缝对接，可以取代教学模型和挂图。教学软件具备以下主要功能：

①“死图”变“活图”。将本书中的平面图形，按1∶1的比例建立精确的三维实体模型。通过eDrawings公共平台，可实现三维实体模型不同角度的观看，六个基本视图和轴测图之间的转换，三维实体模型的剖切，三维实体模型和线条图之间的转换，装配体的爆炸、装配、运动仿真、透明显示等功能，将本书中的“死图”变成了可控制的“活图”。

② 调用绘图软件边讲边画，实现师生互动。对本书中需要讲解的例题，已预先链接在教学软件中，任课教师可根据自己的实际情况，选择不同版本的教学软件，边讲、边画，进行正确与错误的对比分析等，彻底摆脱画板图的烦恼。

③ 讲解习题。将《焊工识图习题集》（第2版）中的所有答案，按照不同题型，分成单独结果、包含解题步骤、增配轴测图、配置三维实体模型等多种形式，按章链接在教学软件中，方便教师在课堂上任选某道题进行讲解、答疑，减轻任课教师的教学负担。

④ 调阅本书附录。将本书中需查表的附录逐项分解，分别链接在教学软件的相关部位，任课教师可直观地带领学生查阅本书附录。

7）提供电子教案。将《(焊工2版）焊工识图教学软件》PDF格式的全部内容作为电子教案，可供任课教师截选、打印，方便教师备课和教学检查。

8）配有两套Word格式的“模拟试卷”“试卷答案”“评分标准”，既可供任课教师直接使用，也可根据各校的实际状况自主调整。其中《模拟试卷》可供任课教师借鉴和参考，旨在为改革制图课的考核内容提供一种新思路。

本书的所有配套资源都在《(焊工2版）焊工识图教学软件》文件夹中。凡使用本书作为教材的教师，可登录机械工业出版社教育服务网（http://www.cmpedu.com）免费下载本书的配套资源。咨询电话：010-88379375。

本书由胡建生教授主编并统稿。参加编写的人员及其分工如下：胡建生（编写绪论、第一章、第二章、第三章)、宋剑虹（编写第四章、第五章)、杨家丰（编写第六章及附录)、段旭（编写第七章、第八章、第九章)。《(焊工2版）焊工识图教学软件》由胡建生、段旭、宋剑虹、杨家丰设计并制作。

本书由史彦敏教授主审。参加审稿的还有陈清胜教授、王春华副教授、张玉成副教授。参加审稿的各位专家对书稿提出了许多宝贵的修改意见和建议，在此对各位专家表示衷心的感谢。

欢迎任课教师和读者批评指正，并将意见或建议反馈给我们（主编QQ：1075185975；责任编辑QQ：945686378）。

编　者

目　录

目 录

绪　　论

一、图样及其作用

根据投影原理、制图标准或有关规定，表示工程对象并有必要技术说明的图，称为图样。

人类在近代生产活动中，无论是机器的设计、制造、维修，还是机电、冶金、化工、航空航天、汽车、船舶、桥梁、土木建筑等工程的设计与施工，都必须依赖图样才能进行。图样是人类表达和交流技术思想的重要工具，被喻为工程技术界的“语言”。

二、本课程的主要任务

“焊工识图”课程是职业院校焊接技术应用专业的一门技术基础课程，是研究焊接图样的识读和绘制规律的一门学科，其主要任务是：

1）使学生掌握焊工识图的基本知识和相关国家标准的基本规定，获得读图和绘图的初步能力，为学生进入更高层次学习奠定基础。

2）培养学生分析问题和解决问题的能力，使其形成良好的学习习惯，具备继续学习专业技术的能力。

3）对学生进行职业意识培养和职业道德教育，使其形成严谨、敬业的工作作风，为今后解决生产实际问题和职业生涯的发展奠定基础。

三、本课程的教学目标

1）学习和执行制图国家标准及相关行业标准的基本规定，学会正确使用绘图工具和仪器的方法，掌握手工绘图的基本技能。

2）掌握正投影法的基本原理和作图方法，能绘制简单的金属焊接图，识读中等复杂程度的焊接结构装配图，为学习计算机绘图打好基础。

3）培养空间想象和思维能力，形成由平面图形想象物体、以图形表现物体的意识和初步能力，养成规范的绘图习惯。

4）培养团队合作与交流的能力，以及良好的职业道德和职业情感，提高适应职业变化的能力。

四、学习本课程的注意事项

“焊工识图”是一门既有理论又注重实践的技术基础课程，学习时应注意以下几点：

1）本课程的核心内容是学习如何用二维平面图形来表达三维空间物体（画图），以及由二维平面图形想象三维空间物体的形状（读图）。在听课和复习过程中，要重点掌握正投影法的基本理论和基本方法，不断地“照物画图”和“依图想物”，切忌死记硬背。只有通过循序渐进的练习，才能不断提高空间思维能力和表达能力。

2）本课程的实践性较强。因此，课后及时完成相应的习题或作业，是学好本课程的重要环节。只有通过大量的实践，才能不断提高画图与读图能力，提高绘图的技巧。

3）要重视实践，树立理论联系实际的学风。在学习焊接图样阶段，应综合运用基础理论，表达和识读焊接结构装配图，通过反复实践加深对基础理论和作图方法的理解，以利于工程意识和工程素质的培养。

4）要重视学习并严格遵守技术制图和机械制图国家标准的相关内容，对常用的标准应该牢记并能熟练地运用。

第一章 制图的基本知识和技能

知识目标

- 熟悉国家标准《技术制图》与《机械制图》的一些基本规定。
- 掌握常用的几何作图方法及简单平面图形的画法。
- 基本掌握手工绘图技术，能正确地使用绘图仪器与工具，绘制尺规图和草图。

你亲眼见过机械加工的实况吗？如果你见过，那你就应该想到，工人师傅是根据什么进行机加工的？答案是：机械图样。机械图样相对于加工制造，就像乐谱相对于乐曲，优秀的乐谱是奏出优美乐曲的前提。同样，合格零件的加工生产离不开完备的机械图样。如图1-1所示，加工一个端盖，要根据端盖零件图的要求，在车床上完成主要加工工序。端盖零件图就是一张机械图样。机械图样是根据什么画出来的？告诉你吧：机械图样是按照制图国家标准的一系列要求绘制的。要想看懂和绘制机械图样，就必须要了解国家标准的基本规定，为进一步深入学习打好基础。

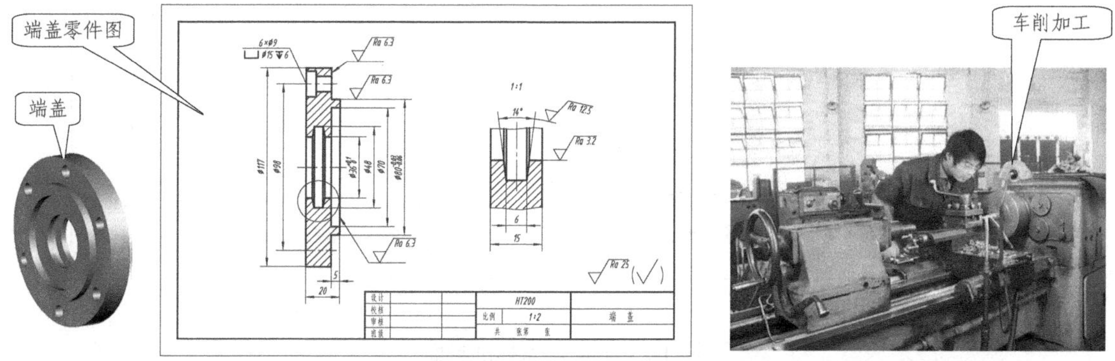

a） b） c）

图 1-1 端盖的加工过程

第一节 制图国家标准简介

一、标准编号的含义

机械图样作为技术交流的共同语言，必须有统一的规范，否则会给生产和技术交流带来混乱。国家标准化管理委员会发布了《技术制图》和《机械制图》等一系列国家标准，对图样的内容、格式、表示法等做出了统一规定。《技术制图》国家标准是一项基础技术标准，在内容上具有统一性和通用性，在制图标准体系中处于最高层次；《机械制图》国家标准是机械专业的制图标准。《技术制图》和《机械制图》国家标准是绘制机械图样的根本依据，工程技术人员必须严格遵守其有关规定。

图 1-2 所示的“白皮书”，就是与机械图样密切相关的技术制图国家标准和机械制图国家标准。标准的全称分别是：

GB/T 14689—2008　技术制图　图纸幅面和格式

GB/T 4459.7—2017　机械制图　滚动轴承表示法

它的含义是什么？在标准编号“GB/T 4459.7—2017”中，“GB/T”表示“推荐性国家标准”，简称“国标”。G 是“国家”一词汉语拼音的第一个字母，B 是“标准”一词汉语拼音的第一个字母，T 是“推”字汉语拼音的第一个字母，“4459.7”表示标准的编号（其中 4459 为标准顺序号，后面的 7 表示本标准的第 7 部分），“2017”是该标准的发布年号。

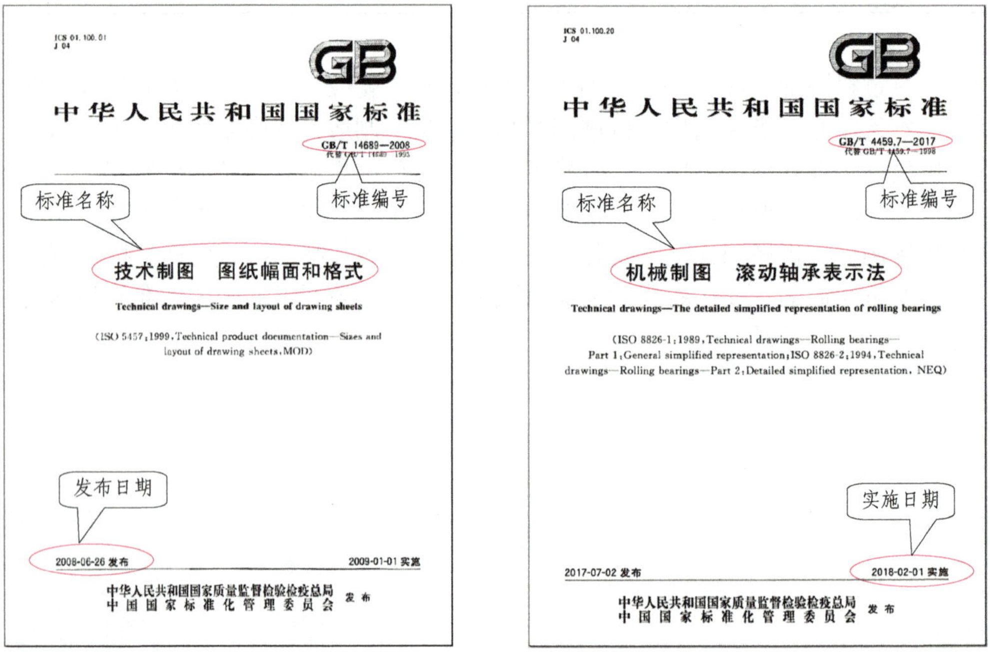

a）　　　　b）

图 1-2　制图国家标准封面

《技术制图》和《机械制图》国家标准是图样绘制与使用的准绳，我们必须要严格遵守其中的有关规定。本节简要介绍几个常用的国家标准。

二、图纸幅面和格式（GB/T 14689—2008）

1. 图纸幅面

图纸宽度与长度组成的图面，称为图纸幅面。基本幅面共有五种，其幅面代号由“A”和阿拉伯数字组成，即 A0～A4，见表 1-1。基本幅面的尺寸关系如图 1-3 所示，绘图时优先采用表 1-1 中的基本幅面。

幅面代号的几何含义，实际上就是对 0 号幅面的裁切次数。例如，A1 中的“1”，表示将整张纸（A0 幅面）的长边对裁一次所得的幅面，如图 1-3b 所示；A4 中的“4”，表示将整张纸的长边对裁四次所得的幅面，如图 1-3e 所示（图中的细虚线为裁切线）。

表 1-1 基本幅面 （单位：mm）

幅面代号	A0	A1	A2	A3	A4
$B\times L$（短边×长边）	841×1189	594×841	420×594	297×420	210×297
e（无装订边的留边宽度）	20		10		
c（有装订边的留边宽度）	10			5	
a（装订边的宽度）	25				

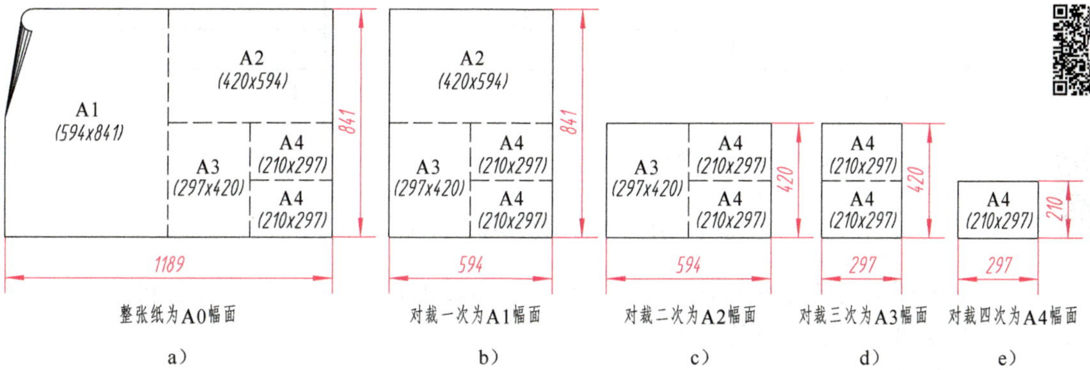

图 1-3 基本幅面的尺寸关系

> 提示：国家标准规定，机械图样中的尺寸以 mm（毫米）为单位时，不需标注单位符号（或名称）。如采用其他单位，则必须注明相应的单位符号。在本书正文叙述中，当尺寸单位为 mm 时，为简洁起见，有的地方也未加单位符号。

2. 图框格式

图框是图纸上限定绘图区域的线框。在图纸上必须用粗实线画出图框，其格式分为不留装订边和留装订边两种。不留装订边的图纸，其图框格式如图 1-4 所示，留装订边的图纸，其图框格式如图 1-5 所示。

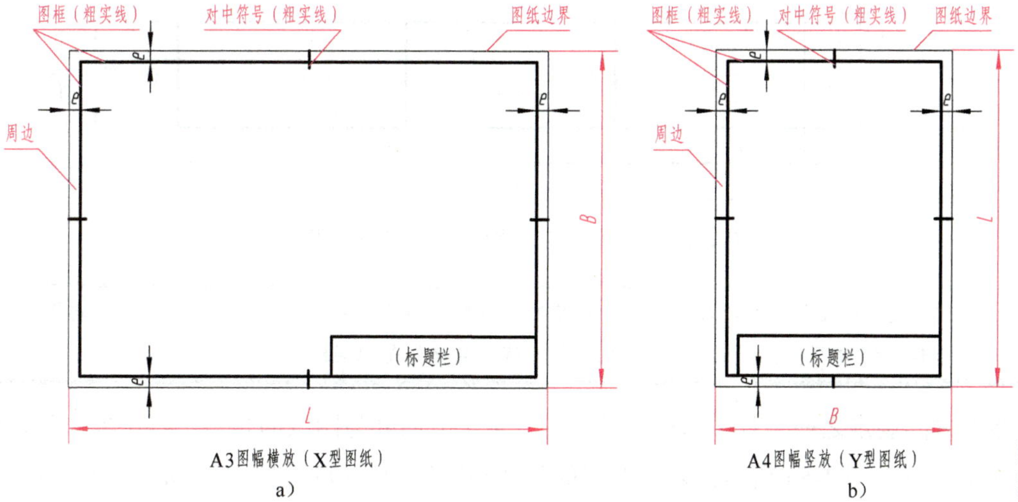

图 1-4 不留装订边的图框格式

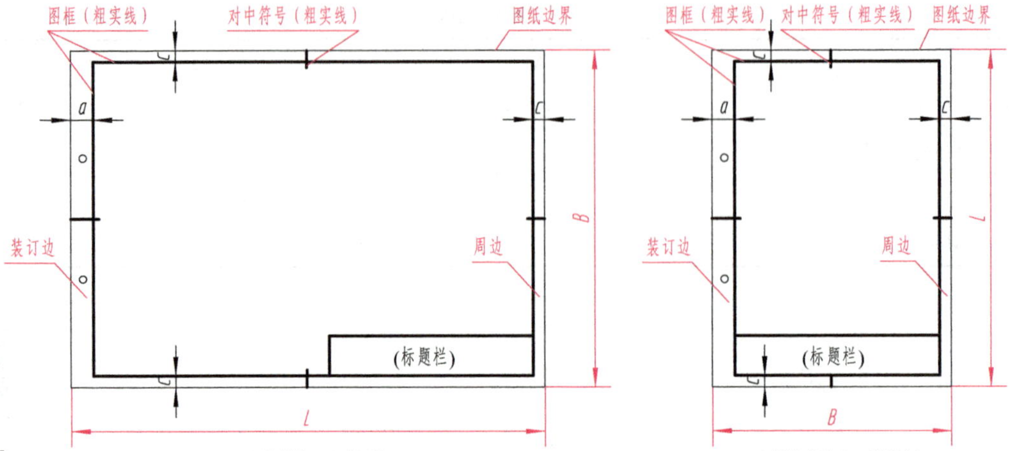

A3图幅横放（X型图纸）　　A4图幅竖放（Y型图纸）

a）　　b）

图 1-5　留装订边的图框格式

基本幅面的图框及留边宽度 a、e、c 等尺寸，由表 1-1 中查得。随着计算机绘图技术的普及，应优先采用不留装订边的格式。

3. 标题栏及方位

在机械图样中必须画出标题栏。标题栏的内容、格式和尺寸应按 GB/T 10609.1—2008《技术制图　标题栏》的规定绘制。在装配图中应绘有明细栏。明细栏一般配置在装配图中标题栏的上方。明细栏的内容、格式和尺寸应按 GB/T 10609.2—2009《技术制图　明细栏》的规定绘制。

在学校的制图作业中，为了简化作图，建议采用图 1-6 所示的简化标题栏和明细栏。

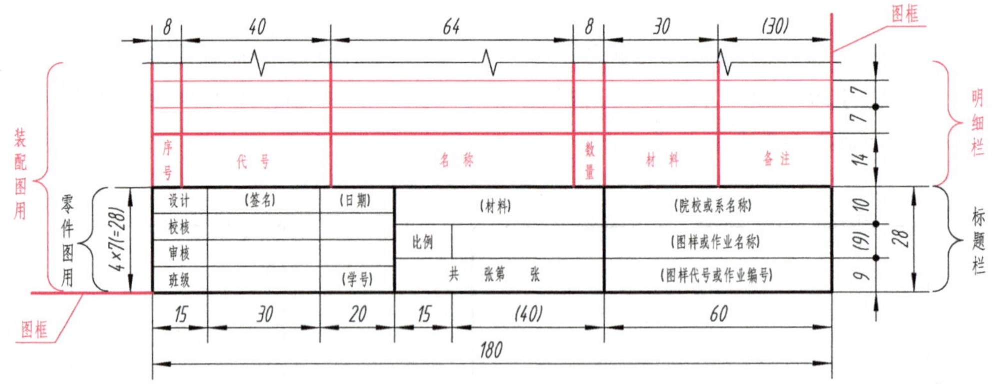

图 1-6　学校采用的简化标题栏和明细栏格式

> 提示：简化标题栏的格线粗细，应参照图 1-6 绘制。标题栏的外框是粗实线，其右侧和下方与图框重叠在一起；明细栏中除表头外的横格线是细实线，竖格线是粗实线。

看图方向规定之一　若标题栏的长边置于水平方向并与图纸的长边平行，则构成 X 型图纸，如图 1-4a、图 1-5a 所示；若标题栏的长边与图纸的长边垂直，则构成 Y 型图纸，如图 1-4b、图 1-5b 所示。在此情况下，标题栏一般应置于图样的右下角，标题栏中的文字方向为看图方向。

看图方向规定之二　允许将 X 型图纸的短边置于水平位置使用，如图 1-7a 所示；或将 Y 型图纸的长边置于水平位置使用，如图 1-7b 所示。这是指 A4 图纸（Y 型）横放，其他基本幅面的图纸（X 型）竖放，即标题栏均位于图纸的右上角，标题栏中的长边均置于铅垂方向，画有方向符号的装订边均位于图纸下方。此时，按方向符号指示的方向看图。

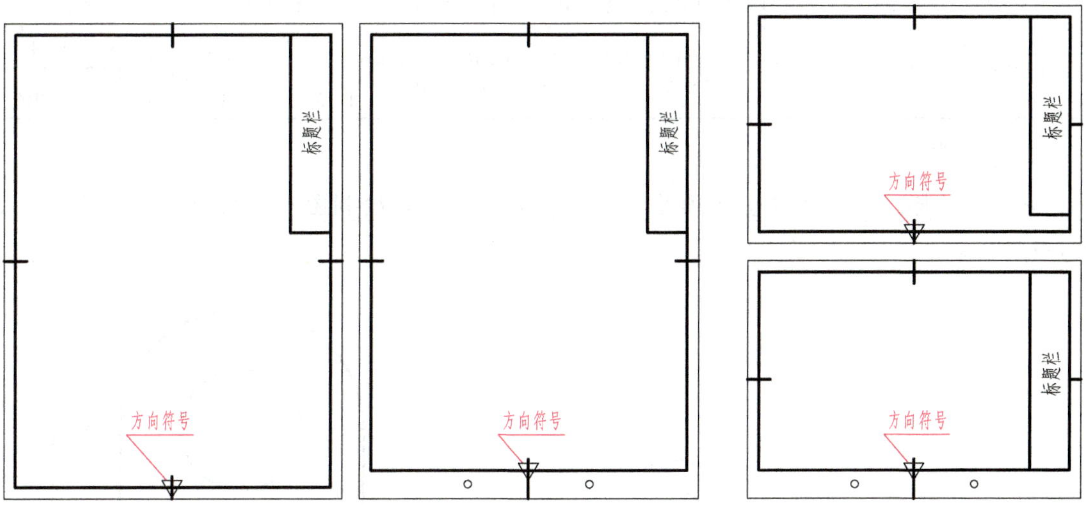

X型图纸竖放　　Y型图纸横放

a)　　b)

图 1-7　对中符号与方向符号

4. 附加符号

（1）对中符号　对中符号是从图纸四边的中点画入图框内约 5mm 的粗实线段，通常作为缩微摄影和复制的定位基准标记。对中符号用粗实线绘制，线宽不小于 0.5mm，如图 1-4、图 1-5 和图 1-7 所示。当对中符号处在标题栏范围内时，则伸入标题栏部分省略不画，如图 1-4b、图 1-5b、图 1-7b 所示。

（2）方向符号　若采用 X 型图纸竖放（或 Y 型图纸横放）时，应在图纸下边的对中符号处画出一个方向符号，以表明绘图与看图时的方向，如图 1-7 所示。方向符号是用细实线绘制的等边三角形，其大小和所处的位置如图 1-8 所示。

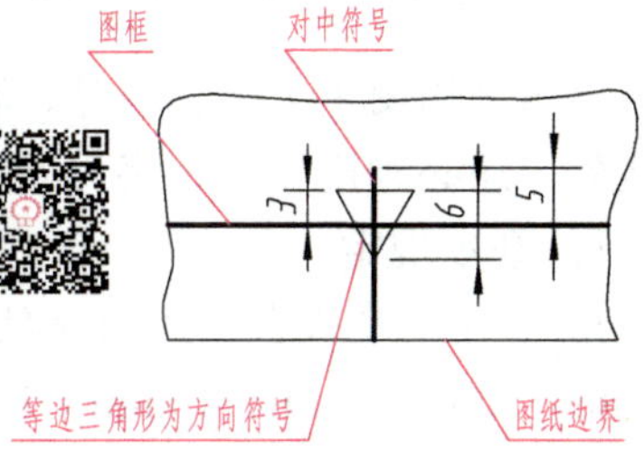

图 1-8　方向符号的画法

三、比例（GB/T 14690—1993）

图中图形与其实物相应要素的线性尺寸之比，称为比例。简单说来，就是“图∶物”。绘图比例可以随便确定吗？当然不行。

绘制图样时，应由表 1-2“优先选择系列”中选取适当的绘图比例。必要时，也允许从表 1-2“允许选择系列”中选取绘图比例。

为了在图样上直接反映实物的大小，绘图时应尽量采用原值比例。因各种实物的大小与结构千差万别，绘图时，应根据实际需要选取放大比例或缩小比例。绘图比例一般应填写在标题栏中的“比例”一栏内。

表1-2 比例系列

种类	定义	优先选择系列	允许选择系列
原值比例	比值为1的比例	1∶1	—
放大比例	比值大于1的比例	5∶1 2∶1 5×10^n∶1 2×10^n∶1 1×10^n∶1	4∶1 2.5∶1 4×10^n∶1 2.5×10^n∶1
缩小比例	比值小于1的比例	1∶2 1∶5 1∶10 1∶2×10^n 1∶5×10^n 1∶1×10^n	1∶1.5 1∶2.5 1∶3 1∶4 1∶6 1∶1.5×10^n 1∶2.5×10^n 1∶3×10^n 1∶4×10^n 1∶6×10^n

注：n为正整数。

图样中所标注的尺寸数值必须是实物的实际大小，与绘制图形所采用的比例无关，如图1-9所示。

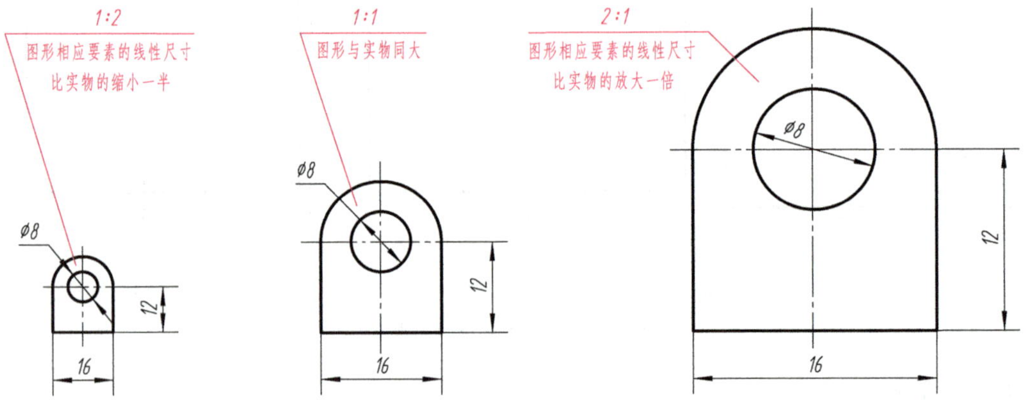

a） b） c）

图1-9 图形比例与尺寸数字

四、字体（GB/T 14691—1993）

字体是指图中文字、字母、数字的书写型式。在图样上除了要用图形来表达零件的结构形状外，还必须用文字、字母及数字来说明它的大小和技术要求等其他内容。

1. 基本规定

1）字体高度代表字体的号数，用h表示。字体高度的公称尺寸系列为：1.8mm、2.5mm、3.5mm、5mm、7mm、10mm、14mm、20mm。如需要书写更大的字，其字体高度应按$\sqrt{2}$的比率递增。

2）汉字应写成长仿宋体字，并应采用国家正式公布的简化字。汉字的高度 h 应不小于3.5mm，字宽=$h/\sqrt{2}$。

3）字母和数字分A型和B型两种。A型字体的笔画宽度$d=h/14$，B型字体的笔画宽度$d=h/10$。在同一张图样上，只允许选用一种型式的字体。

4）字母和数字可写成直体或斜体。斜体字字头向右倾斜，与水平基准线成75°。

> 提示：用计算机绘制机械图样时，汉字、数字、字母（除表示变量外）一般应以直体输出。

2. 字体示例

汉字、数字和字母的示例，见表 1-3。

表 1-3 字体示例

字体		示例
长仿宋体汉字	5 号	作为一名焊工，必须要学好机械制图，否则无法胜任本职工作
	3.5 号	能看懂焊接图样，是焊工必须具备的基本技能之一
拉丁字母	大写	ABCDEFGHIJKLMNOPQRSTUVWXYZ *ABCDEFGHIJKLMNOPQRSTUVWXYZ*
	小写	abcdefghijklmnopqrstuvwxyz *abcdefghijklmnopqrstuvwxyz*
阿拉伯数字	直体	0123456789
	斜体	*0123456789*
字体应用示例		$10JS5(\pm0.003)$ $M24\text{-}6h$ $R8$ 10^3 S^{-1} 5% D_1 T_d 380kPa m/kg $\phi20^{+0.010}_{-0.023}$ $\phi25\frac{H6}{f5}$ $\frac{II}{1:2}$ $\frac{3}{5}$ $\frac{A}{5:1}$ $\sqrt{Ra\ 6.3}$ 460r/min 220V l/mm

五、图线（GB/T 4457.4—2002）

图中所采用各种型式的线，称为图线。国家标准 GB/T 4457.4—2002《机械制图 图样画法 图线》规定了在机械图样中使用的九种图线，其名称、线型、线宽及一般应用见表 1-4。图线的应用示例，如图 1-10 所示。

表 1-4 线型及应用

名称	线型	线宽	一般应用
粗实线		*d*	可见棱边线、可见轮廓线、相贯线、螺纹牙顶线、螺纹终止线、齿顶圆（线）、表格图和流程图中的主要表示线、系统结构线（金属结构工程）、模样分型线、剖切符号用线
细实线		*d*/2	过渡线、尺寸线、尺寸界线、指引线和基准线、剖面线、重合断面的轮廓线、短中心线、螺纹牙底线、尺寸线的起止线、表示平面的对角线、零件成形前的弯折线、范围线及分界线、重复要素表示线、锥形结构的基面位置线、叠片结构位置线、辅助线、不连续同一表面连线、成规律分布的相同要素连线、投射线、网格线
细虚线	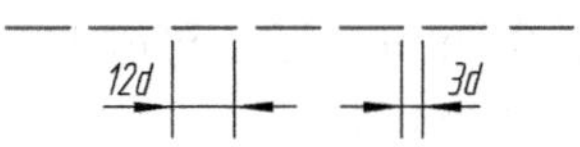	*d*/2	不可见棱边线、不可见轮廓线
细点画线	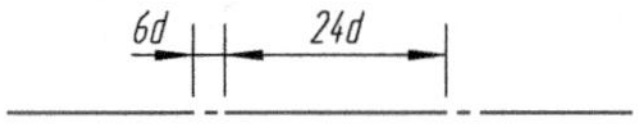	*d*/2	轴线、对称中心线、分度圆（线）、孔系分布的中心线、剖切线

（续）

名称	线　　型	线宽	一　般　应　用
波浪线		*d*/2	断裂处边界线、视图与剖视图的分界线
双折线	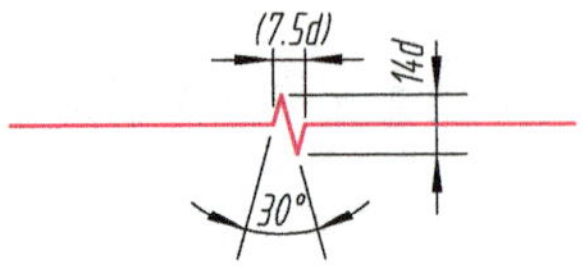	*d*/2	
粗虚线		*d*	允许表面处理的表示线
粗点画线		*d*	限定范围表示线
细双点画线	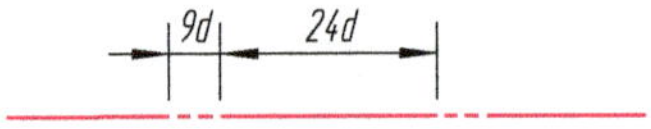	*d*/2	相邻辅助零件的轮廓线、可动零件的极限位置的轮廓线、重心线、成形前轮廓线、剖切面前的结构轮廓线、轨迹线、毛坯图中制成品的轮廓线、特定区域线、延伸公差带表示线、工艺用结构的轮廓线、中断线

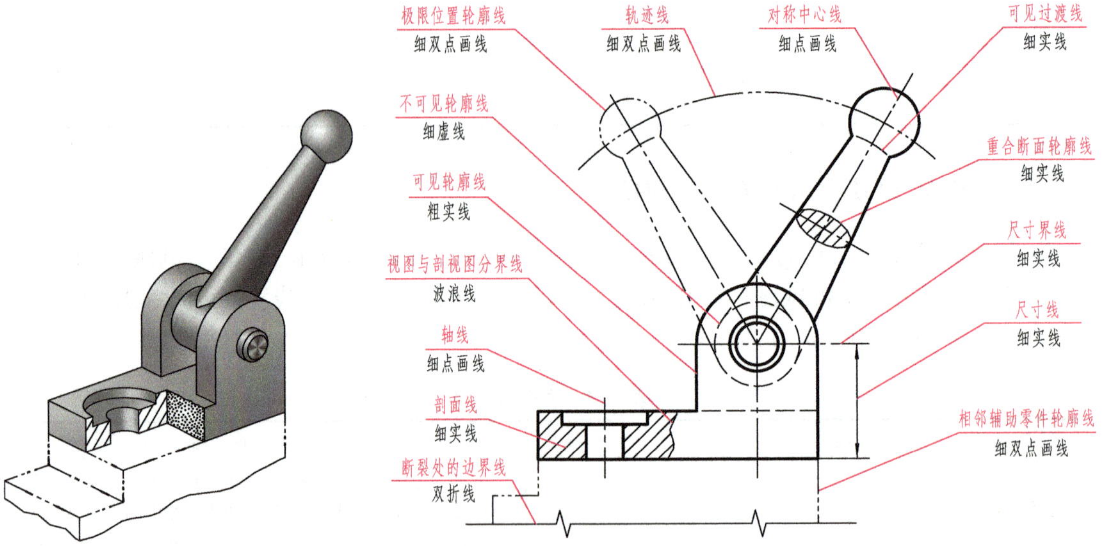

图1-10　图线的应用示例

机械图样中采用粗、细两种线宽，线宽的比例关系为2∶1。图线的宽度应按图样的类型和大小，在下列数系中选取：0.13mm、0.18mm、0.25mm、0.35mm、0.5mm、0.7mm、1.0mm、1.4mm、2mm。

粗实线（包括粗虚线、粗点画线）的宽度通常采用0.7mm，与之对应的细实线（包括波浪线、双折线、细虚线、细点画线、细双点画线）的宽度为0.35mm。

手工绘图时，同类图线的宽度应基本一致。细（粗）虚线、细（粗）点画线及细双点画线的线段长度和间隔应各自大致相等。

第二节　尺寸注法

在机械图样中，图形只能表达零件的结构形状，若要表达它的大小，则必须在图形上标注尺寸。尺寸是加工制造零件的主要依据，不允许出现错误。如果尺寸标注错误、不完整或不合理，将给机械加工带来困难，甚至生产出废品而造成经济损失。

一、标注尺寸的基本规则（GB/T 4458.4—2003）

尺寸是用特定长度或角度单位表示的数值，并在技术图样上用图线、符号和技术要求表示出来。标注尺寸的基本规则如下：

1）零件的真实大小以图样上所注的尺寸数值为依据，与图形大小及绘图的准确度无关。

2）图样中所标注的尺寸，为该图样所示零件的最后完工尺寸，否则应另加说明。

3）零件的每一尺寸，一般只标注一次，并应标注在反映该结构最清晰的图形上。

4）标注尺寸时，应尽可能使用符号或缩写词。常用的符号和缩写词见表 1-5。

表 1-5　常用的符号和缩写词

名　称	符号和缩写词	名　称	符号和缩写词	名　称	符号和缩写词
直　径	ϕ	厚　度	t	沉孔或锪平	⌴
半　径	R	正方形	□	埋头孔	⌵
球直径	$S\phi$	45°倒角	C	均　布	EQS
球半径	SR	深　度	↧	弧　长	⌒

注：正方形符号、深度符号、沉孔或锪平符号、埋头孔符号、弧长符号的线宽为 $h/10$，符号高度为 h（h 为图样中字体高度）。

二、尺寸的组成

每个完整的尺寸一般由尺寸数字、尺寸线和尺寸界线组成，通常称为尺寸三要素，如图 1-11 所示。在机械图样中，尺寸线终端一般采用箭头的形式，如图 1-12 所示。

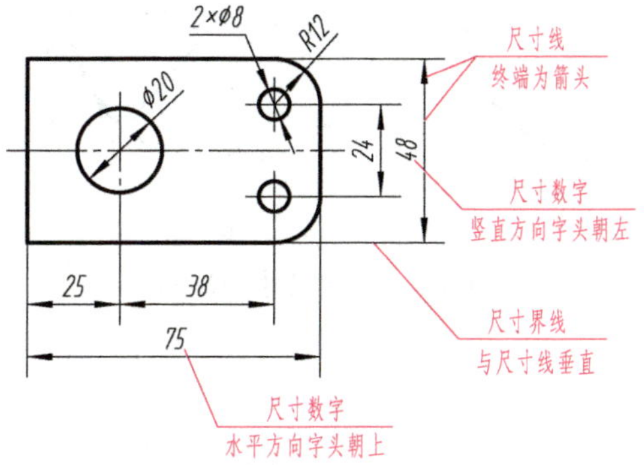

图 1-11　尺寸的标注示例

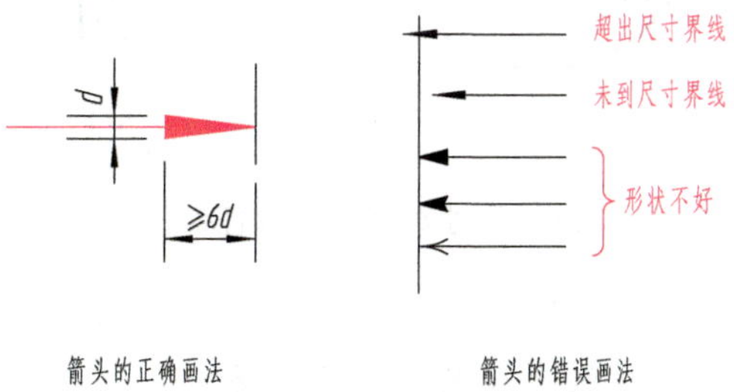

图 1-12　箭头的形式和画法

1. 尺寸数字

尺寸数字表示尺寸度量的大小。

1）线性尺寸的尺寸数字，一般注在尺寸线的上方，如图 1-13a 所示；也允许注写在尺寸线的中断处，如图 1-13b 所示。

2）线性尺寸数字的方向，一般应按图 1-13c 所示的方向，即水平方向字头朝上，竖直方向字头朝左，倾斜方向字头保持朝上的趋势，并尽量避免在图 1-13c 所示 30°范围内标注尺寸。当无法避免时，可按图 1-13d 所示的形式标注。

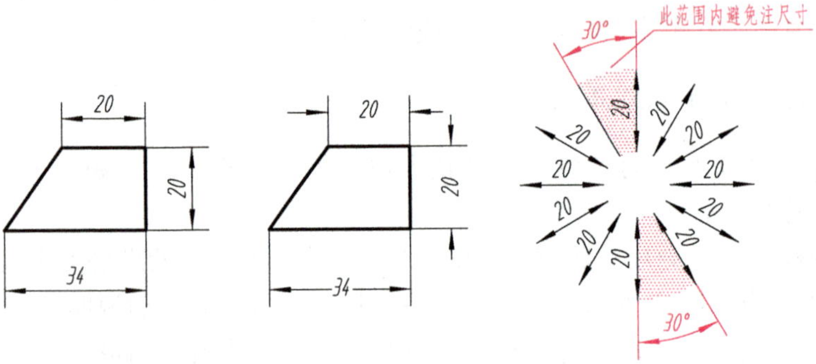

一般注法 a)　　允许注法 b)　　数字注写方向 c)　　倾斜尺寸引出标注 d)

图 1-13　线性尺寸的注写

3）尺寸数字不可被任何图线所通过，当不可避免时，图线必须断开，如图 1-14 所示。

4）标注角度时，角度的尺寸界线必须沿径向引出，尺寸线应画成圆弧，其圆心为该角的顶点，半径取适当大小，标注角度的数字，一律水平方向书写，角度数字一般写在尺寸线的中断处，如图 1-15a 所示。必要时，允许注写在尺寸线的上方或外面（或引出标注），如图 1-15b 所示。

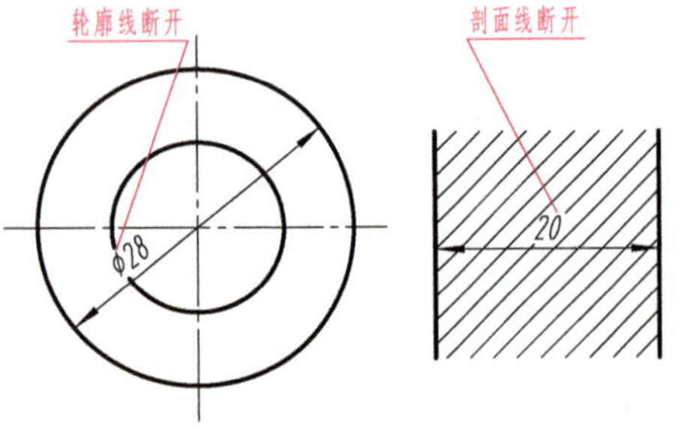

a)　　b)

图 1-14　尺寸数字不可被任何图线通过

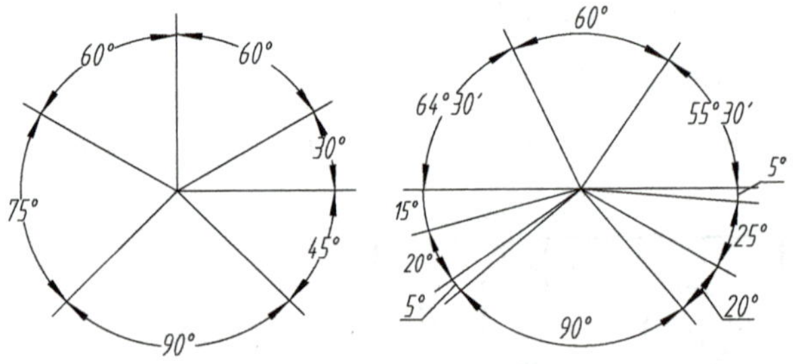

a)　　b)

图 1-15　角度尺寸的注写

2. 尺寸线

尺寸线表示尺寸度量的方向。

尺寸线必须用细实线单独画出，不能用其他图线代替，也不得与其他图线重合或画在其延长线上。标注线性尺寸时，尺寸线必须与所标注的线段平行，如图 1-16a 所示。图 1-16b 是尺寸线错误画法的示例。

3. 尺寸界线

尺寸界线表示尺寸的度量范围。

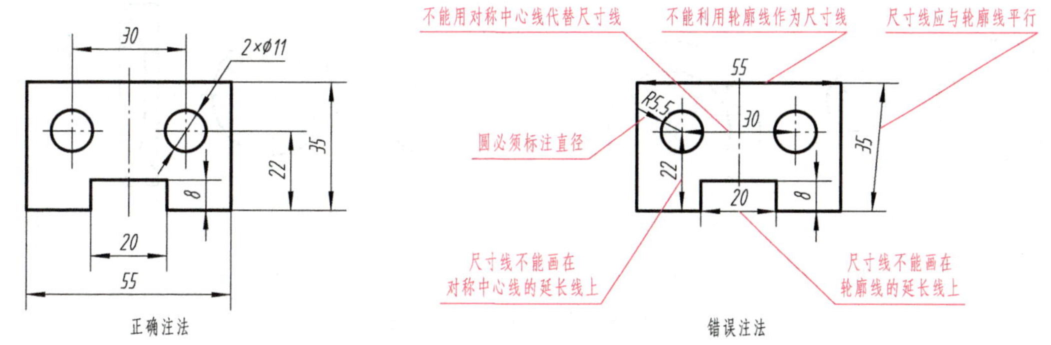

a)　　b)

图 1-16　尺寸线的画法

1）尺寸界线一般用细实线单独绘制，并自图形的轮廓线、轴线或对称中心线引出。也可以利用轮廓线、轴线或对称中心线作尺寸界线，如图 1-17a 所示。

2）尺寸界线一般应与尺寸线垂直，必要时允许倾斜。在光滑过渡处标注尺寸时，必须用细实线将轮廓线延长，从它们的交点处引出尺寸界线，如图 1-17b、c 所示。

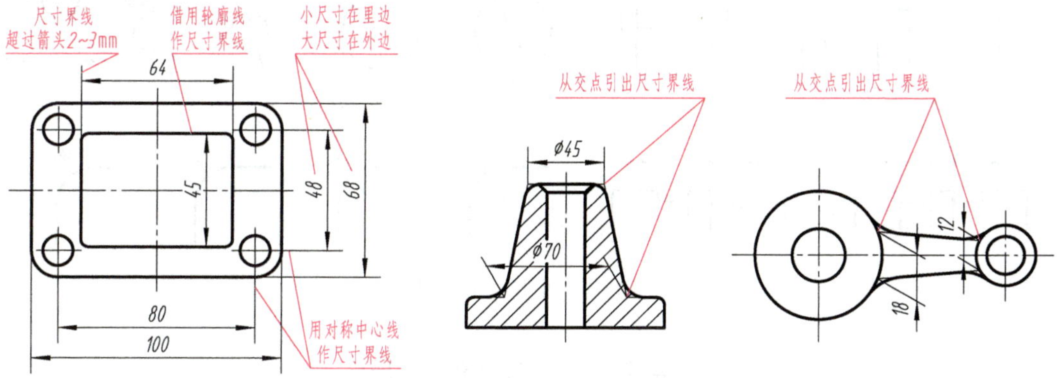

a)　　b)　　c)

图 1-17　尺寸界线的画法

三、常用的尺寸注法

1. 圆、圆弧及球面尺寸的注法

圆的直径和圆弧半径的尺寸线终端应画成箭头。

1）标注圆的直径时，以圆周为尺寸界线，尺寸线通过圆心，并在尺寸数字前加注直径符号“φ”，如图 1-18a、b 所示。标注大于半圆的圆弧直径，其尺寸线应画至略超过圆心，只在尺寸线一端画箭头指向圆弧，如图 1-18c 所示。

2）标注小于或等于半圆的圆弧半径时，尺寸线应自圆心出发引向圆弧，只画一个箭头，并在尺寸数字前加注半径符号“*R*”，如图 1-18d 所示。

3）标注球的直径时，在尺寸数字前加注球直径符号“*Sφ*”，如图 1-18e 所示。标注球面的半径时，在尺寸数字前加注球半径符号“*SR*”，如图 1-18f 所示。

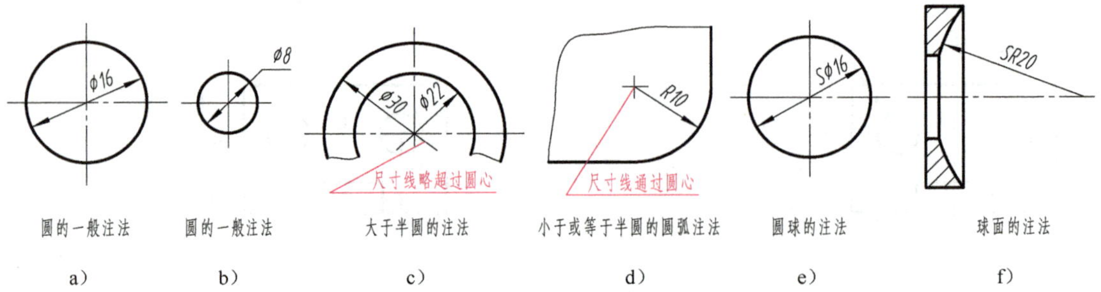

图 1-18　直径和半径的注法

2. 小尺寸的注法

对于尺寸界线之间没有足够位置画箭头或注写尺寸数字的小尺寸，可按图 1-19 所示的形式进行标注。标注一连串的小尺寸时，可用小圆点或斜线代替箭头（代替箭头的圆点大小应与箭头尾部宽度相同），但最外两端箭头仍应画出。当直径或半径尺寸较小时，箭头和数字都可以布置在圆弧外面。

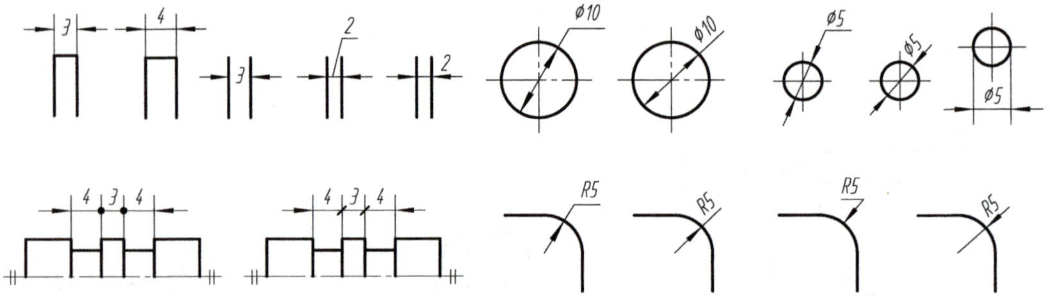

图 1-19　小尺寸的注法

第三节　几何作图

零件的轮廓形状基本上都是由直线、圆弧及其他平面曲线所组成的几何图形。掌握常见几何图形的作图方法，是保证绘图质量的重要技能之一。

一、等分作图

1. 直线的等分

【例 1-1】　作直线 AB 的垂直平分线。

作图步骤

1）分别以直线的端点 A、B 为圆心，任取 R（$R>\frac{AB}{2}$）为半径，画两圆弧相交于点 M 和点 N，如图 1-20b、c 所示。

2）连接点 M 和点 N，即得所求的垂直平分线 MN，如图 1-20d 所示。

【例 1-2】　将直线 AB 分为五等份。

作图步骤

1）过直线的端点 A（或 B）任意作一条辅助线 AC，如图 1-21b 所示。

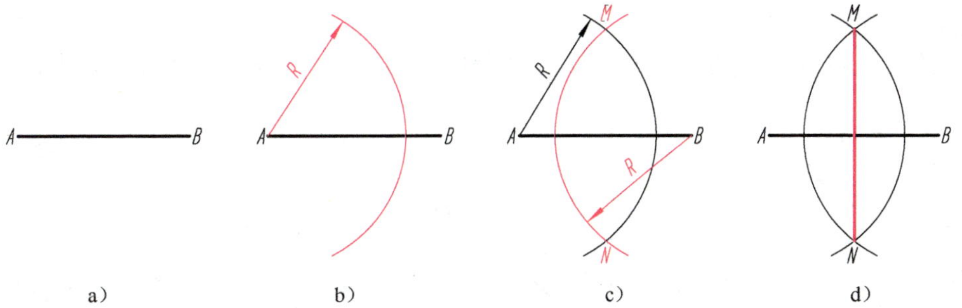

图 1-20 作直线 AB 的垂直平分线

2）在辅助线 AC 上，以任意长度为单位截取五个等分点，得点 1、2、3、4、5，连接点 B、5，如图 1-21c 所示。

3）过辅助线 AC 上各等分点作直线 B5 的平行线与直线 AB 相交，其交点 1′、2′、3′、4′ 即为所求的等分点，如图 1-21d 所示。

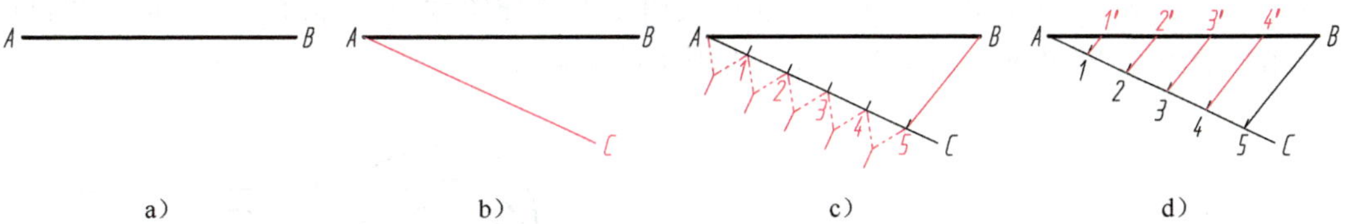

图 1-21 作直线 AB 的五等分

2. 圆的等分

【例 1-3】 利用丁字尺、三角板作圆的内接正六边形。

作图步骤

1）过点 A，用 60° 三角板画斜线 AB；过点 D，画斜线 DE，如图 1-22a 所示。

2）翻转三角板，过点 D 画斜线 DC；过点 A 画斜线 AF，如图 1-22b 所示。

3）用丁字尺连接两水平线 BC、FE，即得圆的内接正六边形，如图 1-22c、d 所示。

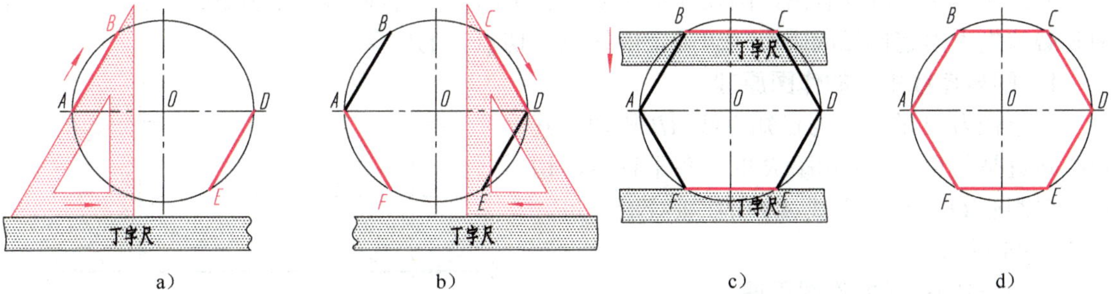

图 1-22 利用三角板作圆的内接正六边形

【例 1-4】 利用圆规作圆的内接正三边形和正六边形。

作图步骤

1）以点 B 为圆心，R 为半径画弧，交圆周得点 E、F，如图 1-23a 所示。

2）依次连接点 D、E、F、D，即得圆的内接正三边形，如图 1-23b 所示。

3）如欲作圆的内接正六边形，则再以点 D 为圆心、R 为半径画弧，交圆周得点 H、G，如图 1-23c 所示。

4) 依次连接点 D、H、E、B、F、G、D，即得圆的内接正六边形，如图1-23d所示。

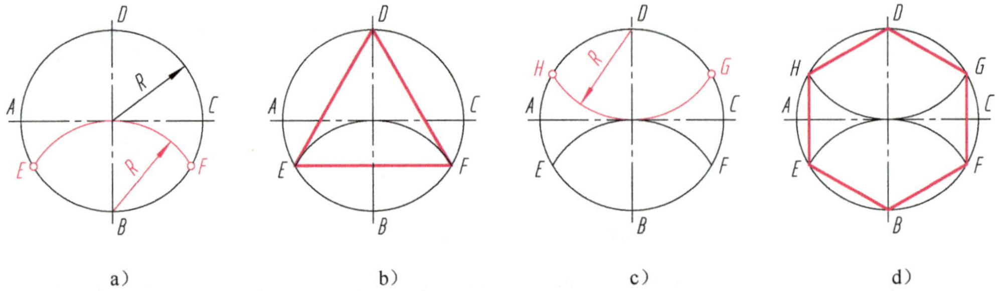

图 1-23　用圆规作圆的内接正三（六）边形

二、圆弧连接

用一圆弧光滑地连接相邻两线段（直线或圆弧）的作图方法，称为圆弧连接。圆弧连接在零件轮廓图中经常可见，图 1-24a 所示为扳手的轴测图。

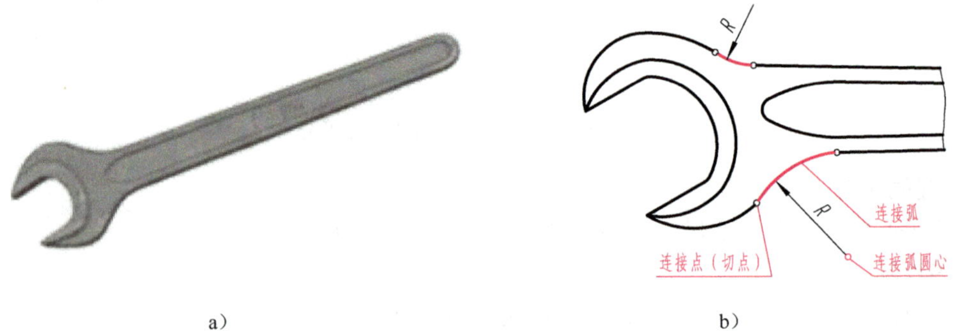

图 1-24　圆弧连接示例

从图 1-24b 中可以看出，圆弧连接实质上就是圆弧与直线、圆弧与圆弧相切。因此，作图时必须先求出连接弧的圆心，再确定连接点（切点）的位置。

1. 圆与直线相切的作图原理

若半径为 R 的圆，与已知直线 AB 相切，其圆心轨迹是与直线 AB 相距 R 的一条平行线，切点是自圆心 O 向已知直线 AB 所作垂线的垂足，如图 1-25 所示。

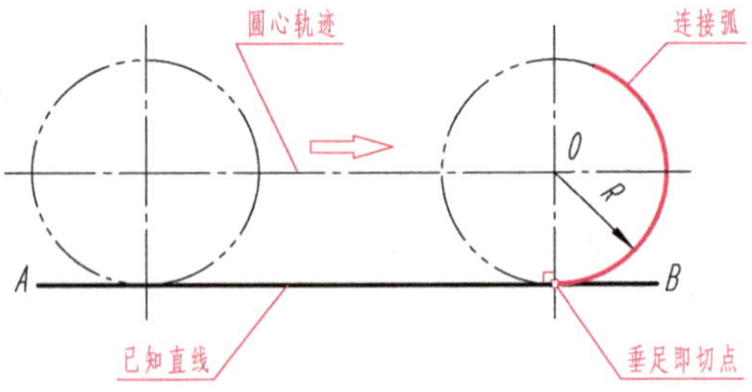

图 1-25　圆与直线相切

2. 圆与圆相切的作图原理

若半径为 R 的圆，与已知圆（圆心为 O_1，半径为 R_1）相切，其圆心 O 的轨迹是已知圆的同心圆。同心圆的半径根据相切情况分为：

两圆外切时，同心圆半径为两圆半径之和（R_1+R），如图 1-26a 所示。

两圆内切时，同心圆半径为两圆半径之差 $|R_1-R|$，如图 1-26b 所示。

两圆相切的切点，为两圆的圆心连线与已知圆弧的交点。

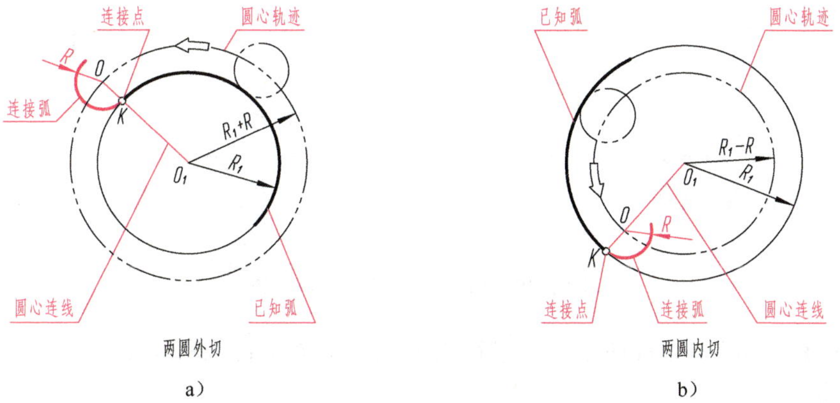

图 1-26　圆与圆相切

3. 圆弧连接的作图步骤

根据圆弧连接的作图原理可知，圆弧连接的作图步骤如下：

1）求连接弧的圆心。

2）定出切点的位置。

3）准确地画出连接弧。

【例 1-5】　如图 1-27a 所示，用圆弧连接钝角的两边。

作图步骤

1）作与已知角两边分别相距为 R 的平行线，交点 O 即连接弧圆心，如图 1-27b 所示。

2）自点 O 分别向已知角两边作垂线，垂足 M、N 即为切点，如图 1-27c 所示。

3）以点 O 为圆心、R 为半径，在两切点 M、N 之间画连接弧，即完成作图，如图 1-27d 所示。

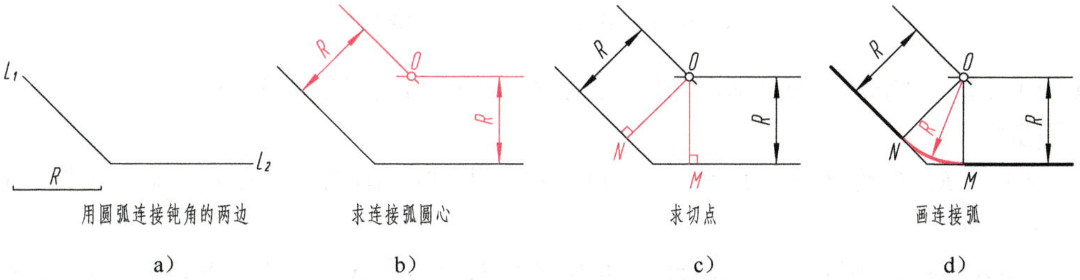

图 1-27　用圆弧连接钝角的两边

【例 1-6】　如图 1-28a 所示，用圆弧连接直角的两边。

作图步骤

1）以直角顶点为圆心、R 为半径画弧，交两直角边于点 M、N，即两切点，如图 1-28b 所示。

2）再分别以点 M、N 为圆心、R 为半径画弧，两圆弧的交点 O 即为连接弧圆心，如图 1-28c 所示。

3）以点 O 为圆心、R 为半径，在两切点 M、N 之间画连接弧，即完成作图，如图 1-28d 所示。

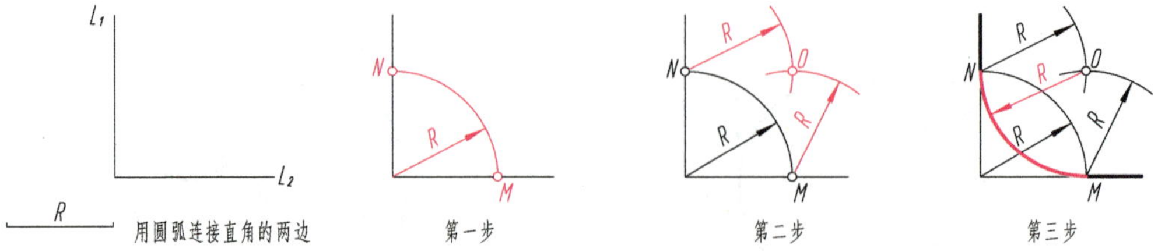

a)　b)　c)　d)

图 1-28　用圆弧连接直角的两边

【例 1-7】　如图 1-29a 所示，用半径为 R 的圆弧连接直线和圆弧。

作图步骤

1）作直线 L_2 平行于直线 L_1（其间距为 R）；再作已知圆弧的同心圆（半径为 R_1+R）与直线 L_2 相交于点 O，点 O 即连接弧圆心，如图 1-29b 所示。

2）作 OM 垂直于直线 L_1，垂足为点 M；连 OO_1 与已知圆弧交于点 N，点 M、N 即为切点，如图 1-29c 所示。

3）以点 O 为圆心、R 为半径，在切点 M、N 之间画连接弧，即完成作图，如图 1-29d 所示。

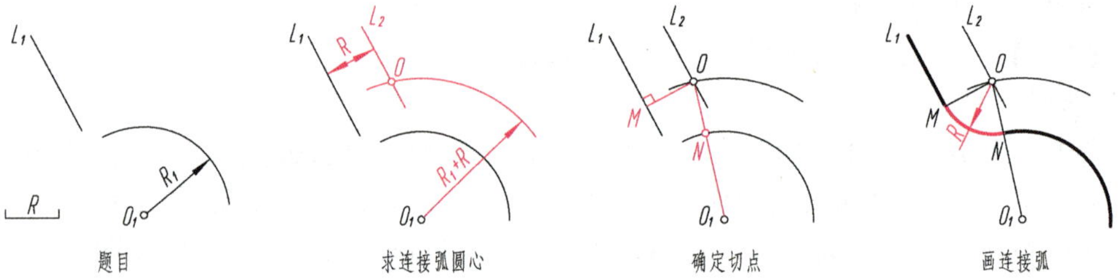

a)　b)　c)　d)

图 1-29　用圆弧连接直线和圆弧

【例 1-8】　如图 1-30a 所示，用半径为 R 的圆弧与两已知圆弧外切。

作图步骤

1）分别以 R_1+R 及 R_2+R 为半径，以 O_1、O_2 为圆心，画弧交于点 O（即连接弧圆心），如图 1-30b 所示。

2)连 OO_1 与已知弧交于点 M，连 OO_2 与已知弧交于点 N，点 M、N 即切点，如图 1-30c 所示。

3）以点 O 为圆心、R 为半径，在切点 M、N 之间画连接弧，即完成作图，如图 1-30d 所示。

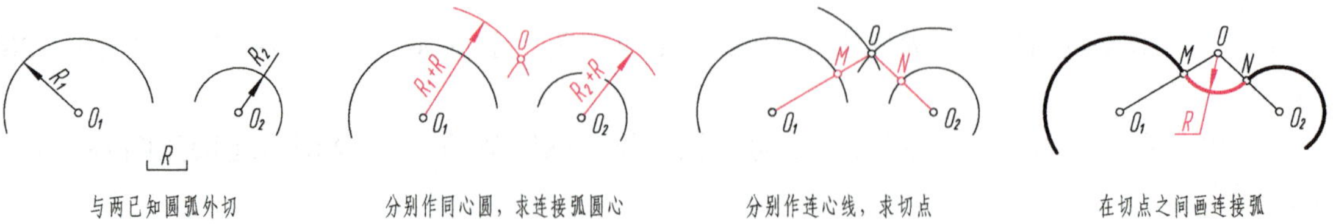

a)　b)　c)　d)

图 1-30　圆弧与两圆弧外切

【例 1-9】　如图 1-31a 所示，用半径为 R 的圆弧与两已知圆弧内切。

作图步骤

1）分别以 $R-R_1$ 和 $R-R_2$ 为半径，以 O_1 和 O_2 为圆心，画弧交于点 O（即连接弧圆心），如图 1-31b 所示。

2）连 OO_1、OO_2 并延长，分别与已知弧交于点 M、N，点 M、N 即切点，如图 1-31c 所示。

3）以点 O 为圆心、R 为半径，在切点 M、N 之间画连接弧，即完成作图，如图 1-31d 所示。

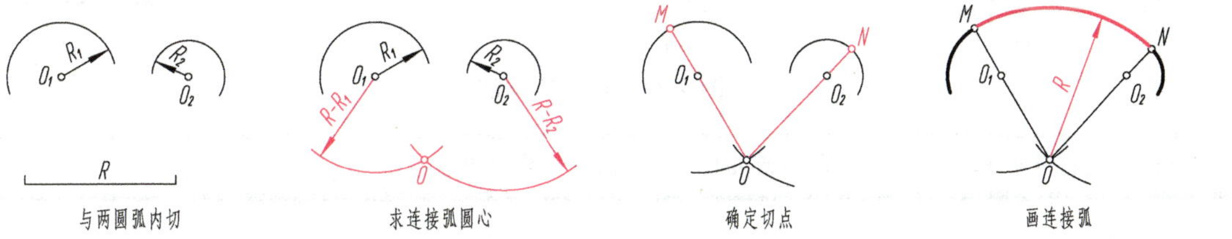

a）　b）　c）　d）

图 1-31　圆弧与两圆弧内切

三、斜度和锥度

1．斜度（GB/T 4096—2001、GB/T 4458.4—2003）

两指定截面的棱体高 H 和 h 之差与该两截面之间的距离 L 之比，称为斜度（图 1-32），代号为"S"。可以把斜度简单理解为一个平面（或直线）对另一个平面（或直线）倾斜的程度。按斜度的定义，最大棱体高 H 与最小棱体高 h 之差，对棱体长度 L 之比，用关系式表示为

$$S=\tan\beta=\frac{H-h}{L}$$

通常把比例的前项化为 1，以简单分数 1∶n 的形式来表示斜度。

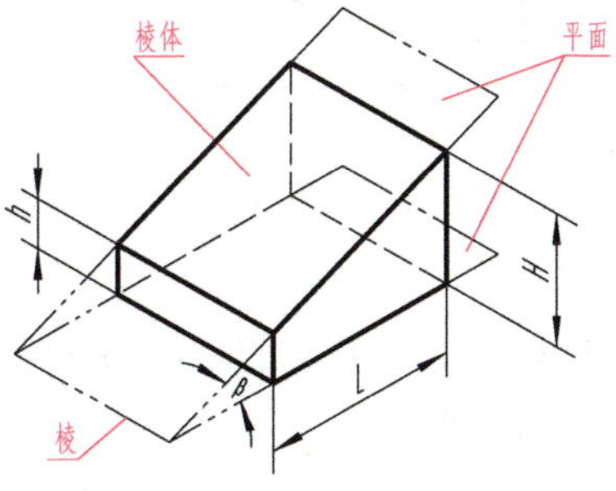

图 1-32　斜度的概念

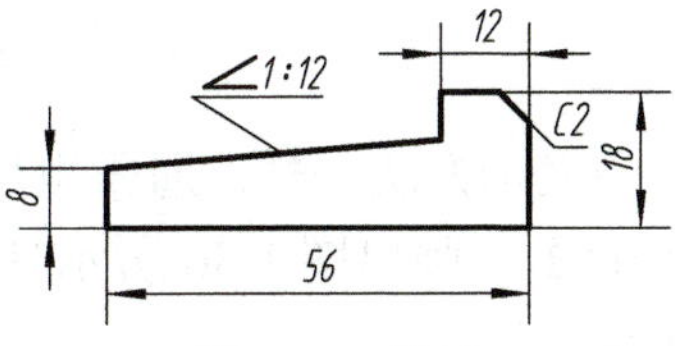

图 1-33　楔键

【例 1-10】　画出图 1-33 所示楔键的图形。

作图步骤

1）根据图中的尺寸，画出已知的直线部分。

2）过点 A，按 1∶12 的比例画出直角三角形，求出斜边 AC，如图 1-34a 所示。

3）过已知点 D，作 AC 的平行线，如图 1-34b 所示。

4）描粗加深楔键图形，标注斜度符号，如图 1-34c 所示。

斜度符号的底线应与基准面（线）平行，符号的尖端方向应与斜面的倾斜方向一致。斜度符号的大小及画法，如图 1-34d 所示。

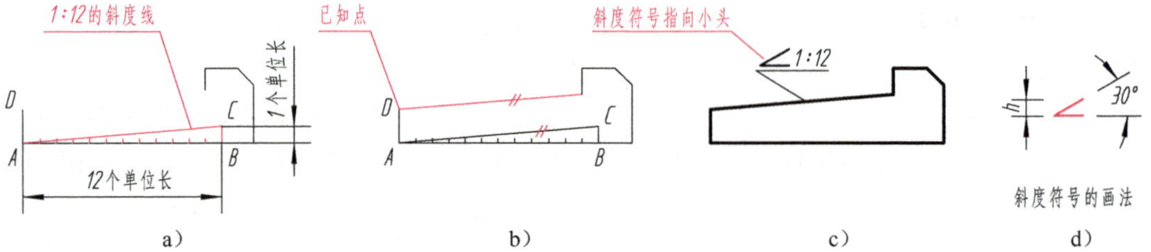

图 1-34　楔键的画法

> 提示：斜度符号和锥度符号的线宽均为 $h/10$（h 为图样中字体高度）。

2．锥度（GB/T 157—2001、GB/T 4458.4—2003）

两个垂直圆锥轴线截面的圆锥直径 D 和 d 之差与该两截面之间的轴向距离 L 之比，称为锥度，代号为“C”。可以把锥度简单理解为圆锥底圆直径与锥高之比。

由图 1-35 可知，α 为圆锥角，D 为最大端圆锥直径，d 为最小端圆锥直径，L 为圆锥台长度，即

$$C=\frac{D-d}{L}=2\tan\frac{\alpha}{2}$$

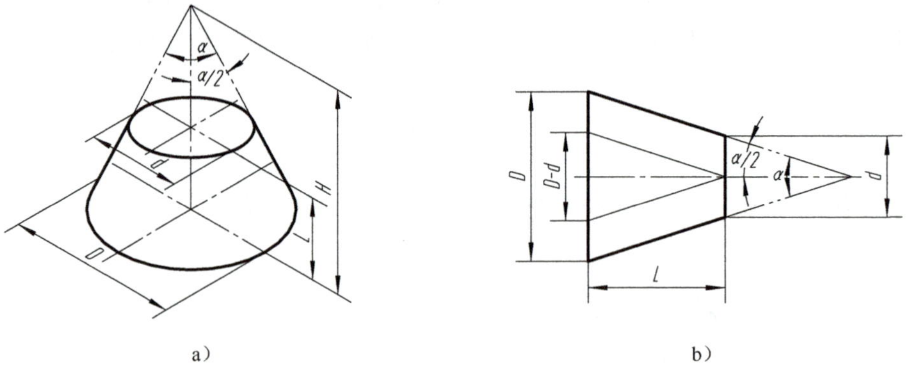

图 1-35　锥度的定义

与斜度的表示方法一样，通常也把锥度的比例前项化为 1，写成 1∶n 的形式。

【例 1-11】　画出图 1-36 所示具有 1∶5 锥度的图形。

作图步骤

1）根据图中的尺寸，画出已知的直线部分。

2）任意确定等腰三角形的底边 AB 为 1 个单位长度，高为 5 个单位长度，画出等腰三角形 ABC，如图 1-37a 所示。

3）分别过已知点 D、E，作锥度线 AC、BC 的平行线，如图 1-37b 所示。

4）描粗加深图形，标注锥度符号，如图 1-37c 所示。

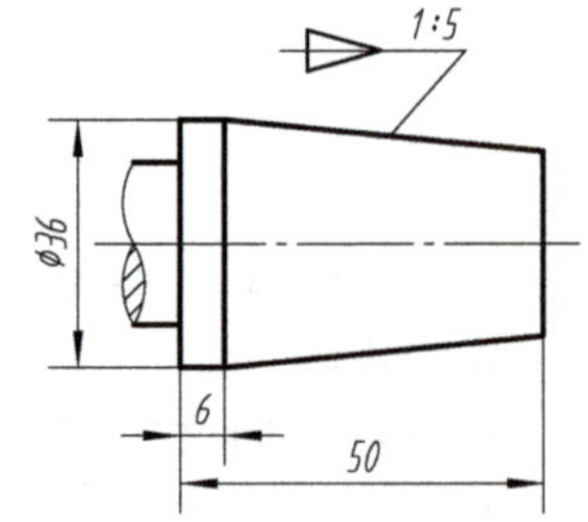

图 1-36　具有 1∶5 锥度的图例

标注锥度时用引出线从锥面的轮廓线上引出，锥度符号的

尖端指向锥度的小头方向。锥度符号的大小及画法，如图 1-37d 所示。

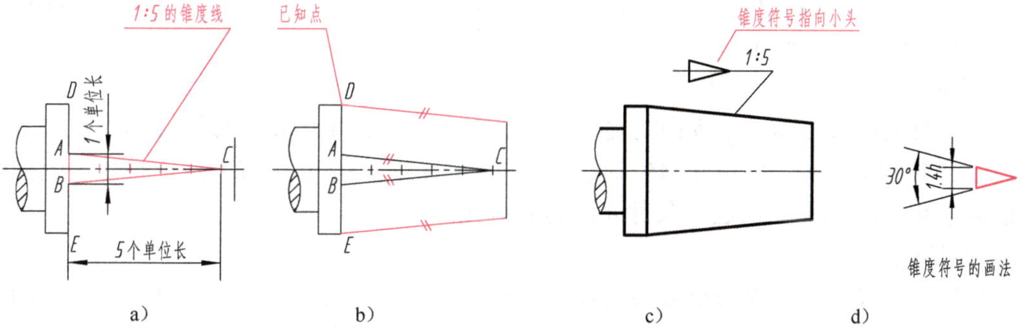

图 1-37　锥度的画法

提示：斜度是用比例法画直角三角形获得的，锥度是用比例法画等腰三角形获得的，二者不存在可比性。

第四节　平面图形分析及作图

平面图形是由一些线段（直线或曲线）连接而成的，这些线段之间的相对位置和连接关系，靠给定的尺寸来确定。画平面图形时，只有通过分析尺寸，确定线段性质，明确作图顺序，才能正确地画出图形。

一、尺寸分析

平面图形中的尺寸，按其作用可分为两类：

1．定形尺寸

将确定平面图形上几何元素形状大小的尺寸，称为定形尺寸。例如：线段长度、圆及圆弧的直径和半径、角度大小等。如图 1-38 所示手柄平面图形中的 $\phi5$、$\phi20$、$R10$、$R15$、$R12$ 等。

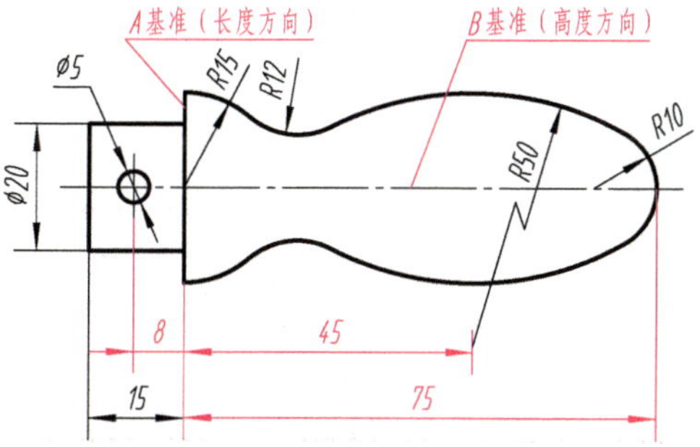

图 1-38　手柄的平面图形

2．定位尺寸

将确定几何元素位置的尺寸称为定位尺寸。如图 1-38 中的 8 确定了 $\phi5$ 的圆心位置；75 确定了 $R10$ 的圆心位置；45 确定了 $R50$ 圆心的一个坐标值。

确定尺寸位置的几何元素（点、线、面）称为尺寸基准。平面图形有长度和高度两个方向，每个方向至少应有一个尺寸基准。定位尺寸通常以图形的对称中心线、轴线、较长的底线或边线作为尺寸基准，如图 1-38 中的 A 基准和 B 基准。

二、线段分析

在平面图形中，有些线段具有完整的定形和定位尺寸，绘图时，可根据标注的尺寸直接绘出；而有些线段的定形和定位尺寸并未完全注出，要根据已注出的尺寸和该线段与相邻线段的连接关系，通过几何作图才能画出。

1. 已知弧

给出半径大小及圆心两个方向定位尺寸的圆弧，称为已知弧。如图 1-38 中的 $R10$、$R15$ 圆弧，此类圆弧可直接画出。

2. 中间弧

给出半径大小及圆心一个方向的定位尺寸的圆弧，称为中间弧。如图 1-38 中的 $R50$ 圆弧，圆心的左右位置由定位尺寸 45 确定，但缺少确定圆心上下位置的定位尺寸，画图时，必须根据它和 $R10$ 圆弧相切这一条件才能将它画出。

3. 连接弧

已知圆弧半径，而缺少两个方向定位尺寸的圆弧，称为连接弧。如图 1-38 中的 $R12$ 圆弧，只能根据和它相邻的 $R50$、$R15$ 两圆弧同时外切的几何条件，才能将其画出。

提示：画图时，应先画已知弧，再画中间弧，最后画连接弧。

三、平面图形的绘图方法和步骤

1. 准备工作

分析平面图形的尺寸及线段，拟定作图步骤→确定比例→选择图幅→固定图纸→画出图框、对中符号和标题栏，如图 1-39a 所示。

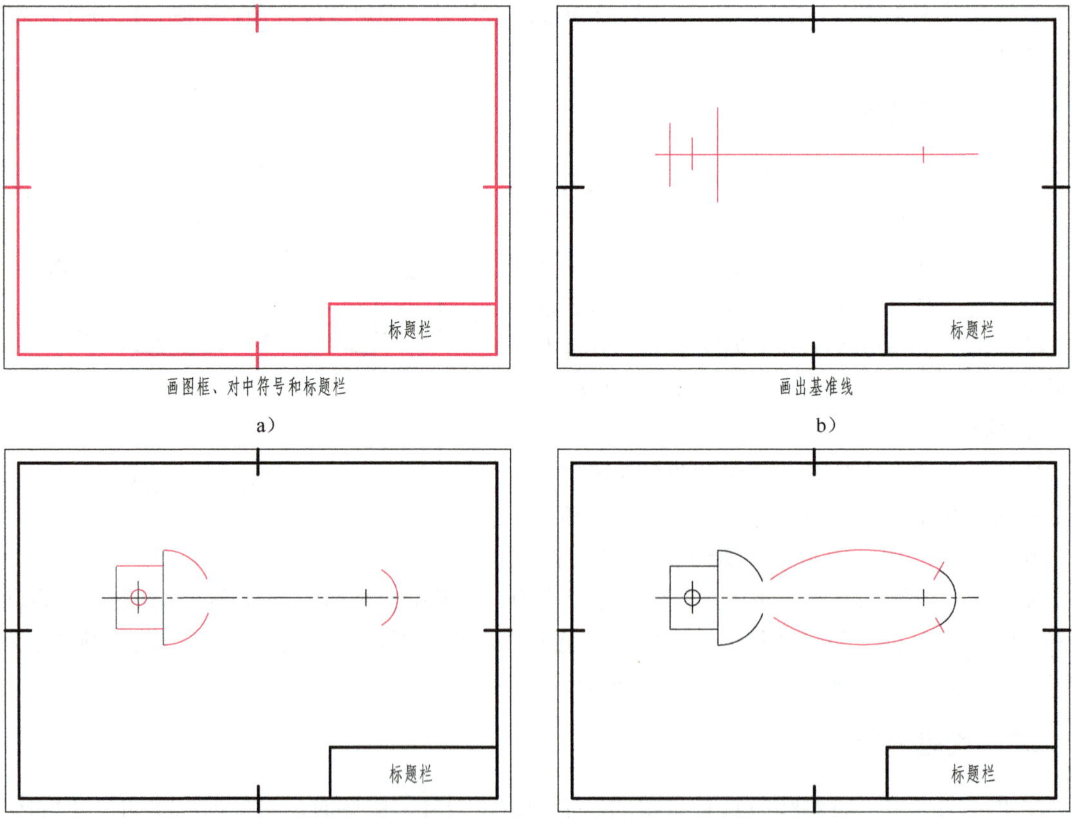

画图框、对中符号和标题栏

a）

画出基准线

b）

画已知弧

c）

画中间弧

d）

图 1-39 平面图形的画图步骤

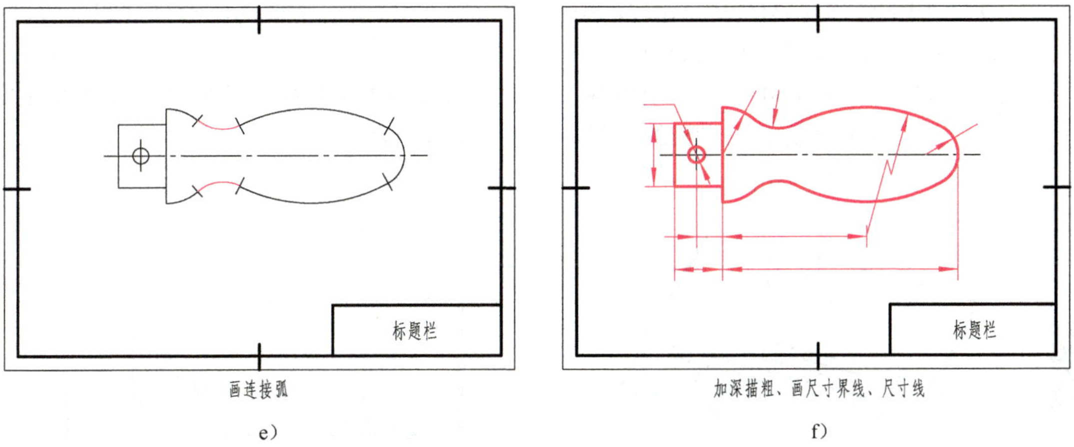

图 1-39　平面图形的画图步骤（续）

2. 绘制底稿

合理、匀称地布图，画出基准线，先画已知弧，再画中间弧，最后画连接弧，如图 1-39b、c、d、e 所示。

提示：绘制底稿时，图线要清淡、准确，并保持图面整洁。

3. 加深描粗

加深描粗前，要全面检查底稿，修正错误，擦去画错的线条及作图辅助线。加深描粗的步骤如下：

（1）*先粗后细*　先加深全部粗实线，再加深全部细虚线、细点画线及细实线等。

（2）*先曲后直*　在加深同一种线（特别是粗实线）时，应先画圆弧或圆，后画直线。

（3）*先水平、后垂斜*　先用丁字尺自上而下画出水平线，再用三角板自左向右画出垂直线，最后画倾斜的直线。

加深描粗时，应尽量使同类图线粗细、浓淡一致，连接光滑，字体工整，图面整洁。

4. 标注尺寸

画出尺寸界线、尺寸线和箭头，如图 1-39f 所示。最后将图纸从图板上取下来，填写尺寸数值和标题栏。

第五节　常用绘图工具的使用方法

正确地使用和维护绘图工具，对提高手工绘图质量和绘图速度是十分重要的。本节介绍几种常用的绘图工具和绘图仪器的使用方法。

一、图板、丁字尺和三角板

图板是用来铺放、固定图纸的，一般用胶合板制成，板面比较平整光滑，图板左侧为丁字尺的导边。丁字尺由尺头和尺身构成，尺身的上边为工作边，主要用来画水平线。使用丁字尺时，尺头内侧必须靠紧图板的导边，用左手推动丁字尺上、下移动，沿尺身的上边自左向右画出一系列水平线，如图 1-40a 所示。

三角板由 45°和 30°（60°）各一块组成一副。三角板与丁字尺配合使用时，可画垂直线，也可画 30°、45°、60°以及 15°、75°的斜线，如图 1-40b 所示。

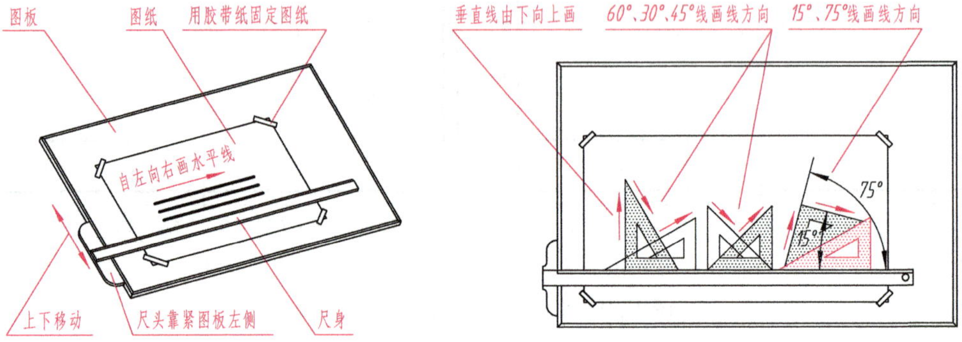

a）　　b）

图 1-40　丁字尺和三角板的使用方法

如将两块三角板配合使用，还可以画出任意方向已知直线的平行线和垂直线，如图 1-41 所示。

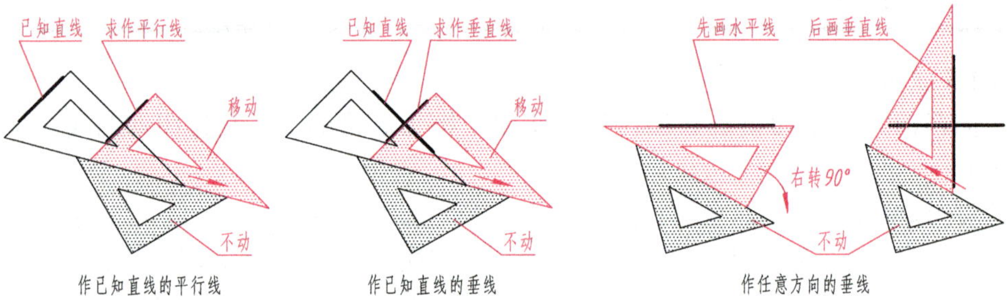

a）　　b）　　c）

图 1-41　用三角板作任意方向的平行线和垂直线

二、圆规和分规

圆规是用来画圆和圆弧的工具。圆规的一条腿上装有钢针，另一条腿上除具有肘形关节外，还可以根据作图需要装上不同的附件。

圆规的钢针一端为圆锥形，另一端为带有肩台的针尖。画图时应使用有肩台的一端，以防止圆心针孔扩大。同时还应使肩台与铅芯尖平齐，针尖及铅芯与纸面垂直，如图 1-42 所示。

为了画出各种图线，应备有各种不同硬度和形状的铅芯。加深圆弧时用的铅芯，一般要比画粗实线的铅芯软一些。圆规铅芯的削法如图 1-43 所示。

画圆时，先将圆规两腿分开至所需的半径尺寸，借左手食指把针尖放在圆心位置，将钢针扎入图纸和图板，按顺时针方向稍微倾斜地转动圆规，转动速度和用力要均匀，如图 1-44 所示。

分规是用来量取尺寸和等分线段或圆周的工具。分规的两条腿均安有钢针，当两条腿并拢时，分规的两个针尖应对齐，如图 1-45a 所示。调整分规两脚间距离的手法，如图 1-45b

所示。分规的使用方法，如图 1-45c 所示。

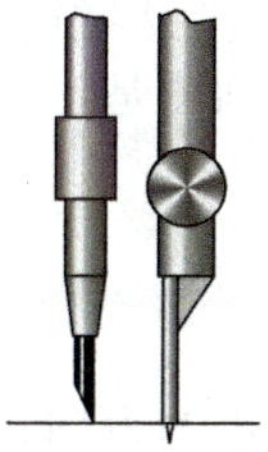

图 1-42　钢针与铅芯

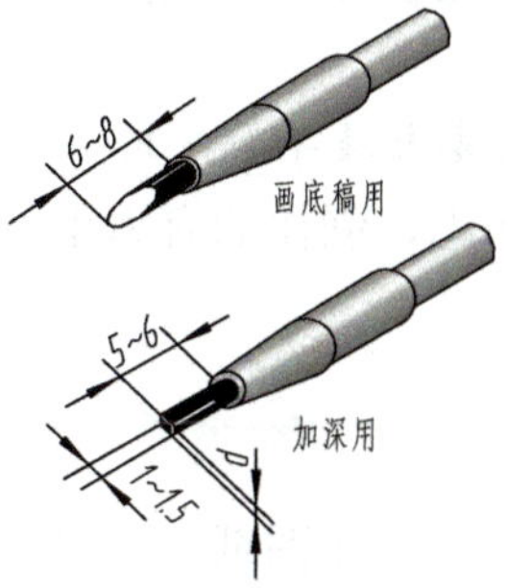

图 1-43　铅芯的削法

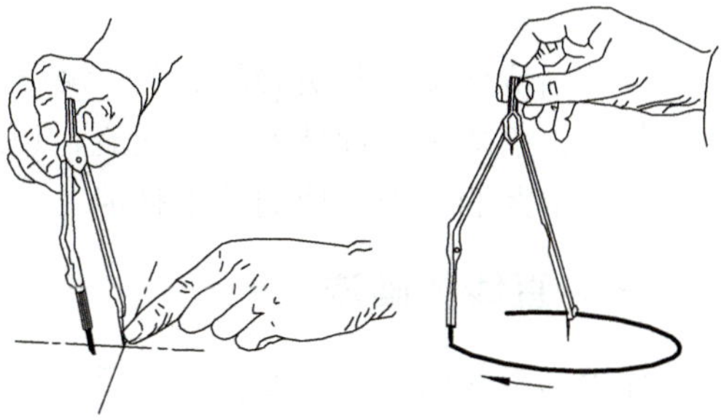

图 1-44　圆规的用法

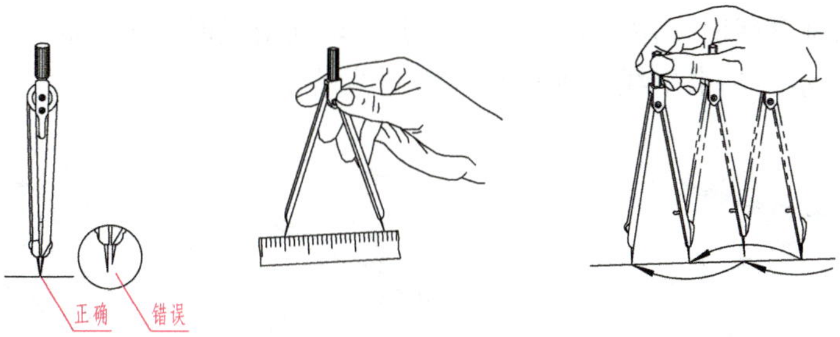

a）　　b）　　c）

图 1-45　分规的用法

三、铅笔

绘图铅笔的铅芯有软硬之分，用代号 H、B 和 HB 来表示。B 前的数字越大，表示铅芯越软，绘出的图线颜色越深；H 前的数字越大，表示铅芯越硬；HB 表示铅芯软硬适中。

画粗实线常用 2B 或 B 的铅笔；画细实线、细虚线、细点画线和写字时，常用 H 或 HB 的铅笔；画底稿线常用 2H 的铅笔。铅笔应从没有代号的一端开始使用，以便保留铅芯软硬的代号。画粗实线时，应将铅芯磨成铲形（扁平四棱柱），如图 1-46a 所示。画其余的线型时，应将铅芯磨成圆锥形，如图 1-46b 所示。

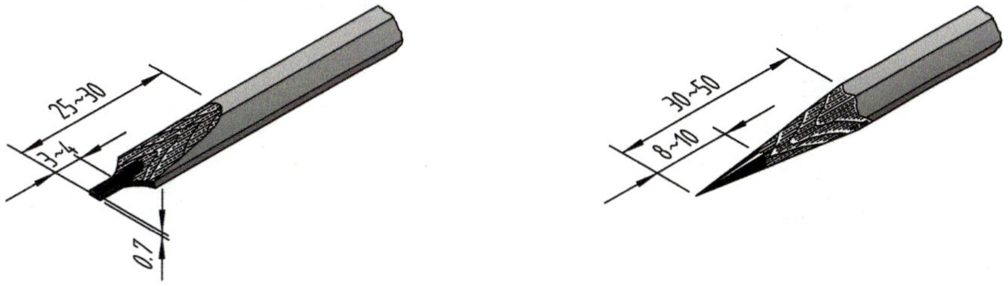

a）　　b）

图 1-46　铅笔的削法

除上述常用工具外，绘图时还要备有削修铅笔的小刀、固定图纸的胶带纸、清理图纸的小刷子，以及橡皮、擦图片等工具和用品。

第六节 徒手画图的方法

以目测估计图形与实物的比例，按一定画法要求徒手（或部分使用绘图仪器）绘制的图，称为草图。草图是工程技术人员交流、记录、构思、创作的有力手段，徒手画图是工程技术人员必须掌握的一项重要的基本技能。

一、直线的画法

徒手画直线时，执笔要自然，手腕抬起，不要靠在图纸上，眼睛朝着前进的方向，注意画线的终点。同时，小手指可与纸面接触，作为支点，保持运笔平稳。

短直线应一笔画出，长直线则可分段相接而成。画水平线时，可将图纸稍微倾斜放置，从左到右画出。画垂直线时，由上向下较为顺手。画倾斜线时，最好将图纸转动到适宜运笔的角度。图 1-47 所示为画水平线、垂直线和倾斜线的手势。

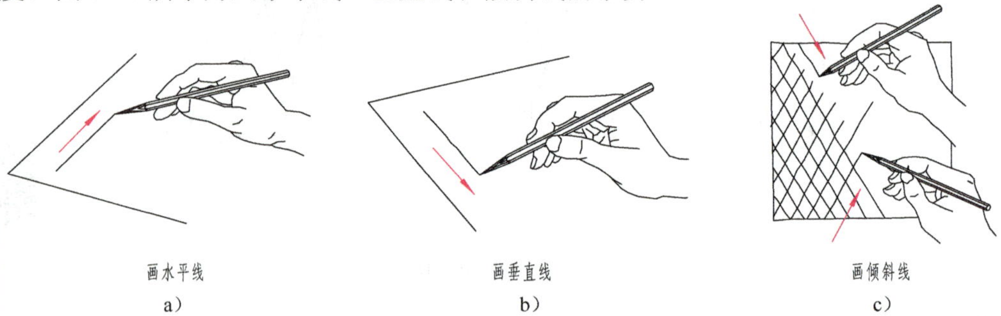

图 1-47 徒手画直线的方法

二、圆、圆角的画法

画小圆时，先画中心线，在中心线上按半径大小，目测定出四点，然后过四点分两段画出，如图 1-48a 所示。也可以过四点先画正方形，再画其内切的四段圆弧，如图 1-48b 所示。

画直径较大的圆时，可过圆心加画一对十字线，按半径大小，目测定出八点，然后依次连点画出，如图 1-48c 所示。

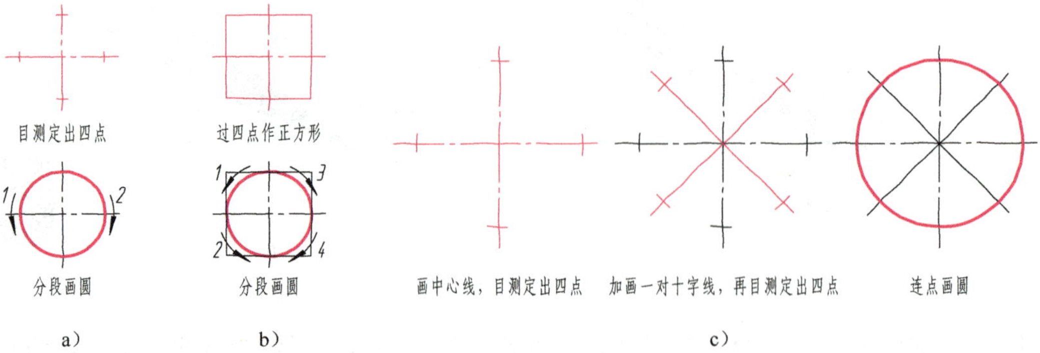

图 1-48 圆的徒手画法

画圆角时，先将直线画成相交后作角平分线，在角平分线上定出圆心位置，使其与角两边的距离等于圆角半径的大小；过圆心向角两边引垂线，定出圆弧的起点和终点，同时在角平分线上定出圆周上的一点；徒手把三点连成圆弧，如图 1-49a 所示。采用类似的方法，还可画圆弧连接，如图 1-49b 所示。

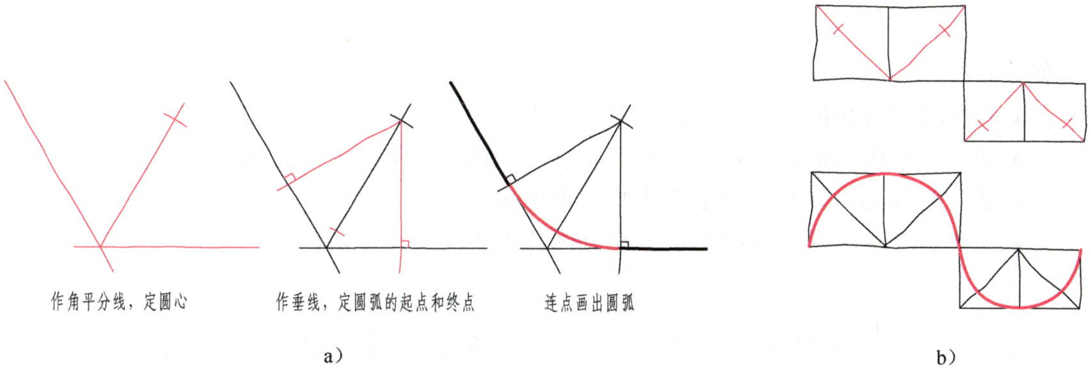

图 1-49　圆弧连接的徒手画法

三、特殊角度线的画法

画 45°、30°、60°等特殊角度，可根据直角三角形两直角边的比例关系，在两直角边上定出两端点，然后连接而成，如图 1-50 所示。

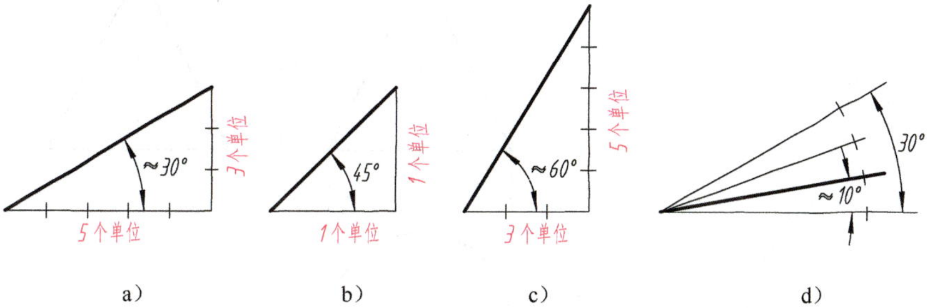

图 1-50　特殊角度线的徒手画法

四、椭圆的画法

画椭圆时，先根据长、短轴定出四点，画出一个矩形，然后画出与矩形相切的椭圆，如图 1-51a 所示。也可先画出椭圆的外切菱形，然后画出椭圆，如图 1-51b 所示。

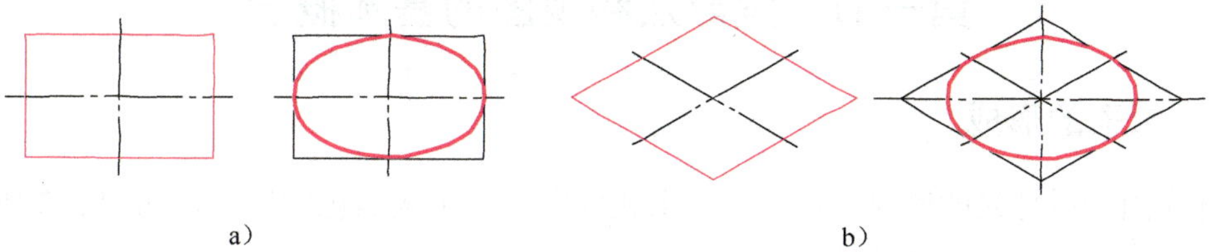

图 1-51　椭圆的徒手画法

第二章　投影基础

知识目标

- 理解投影法的概念，熟悉正投影的性质。
- 掌握三视图的形成及对应关系，能绘制和识读简单形体的三视图。
- 掌握基本几何体的三视图画法及尺寸注法。
- 掌握用特殊位置平面截切基本几何体的画法和尺寸注法。

图2-1a所示是一个圆锥的立体图形，即使我们还没学过制图课，也能看懂圆锥体的结构形状。但在工厂中制造加工圆锥却不是依靠立体图完成的，而是依据图2-1b所示圆锥的平面图形加工出来的。那么，立体的圆锥是根据什么转换成平面图形的呢？通过本章及后几章的学习，我们将逐步掌握从立体到平面、再到立体的转换方法和规律，进而掌握绘图和看图的本领，为自己走向工作岗位打下坚实的基础。

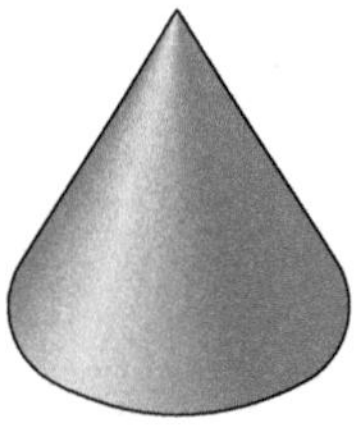

a）

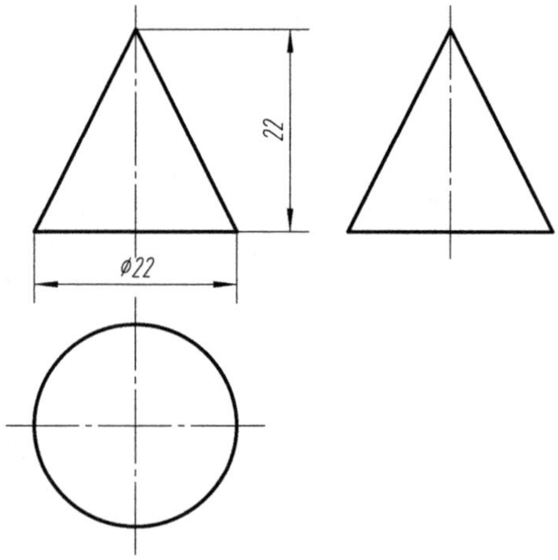

b）

图 2-1　圆锥

第一节　投影法和视图的基本概念

一、影子的形成

物体在阳光或灯光的照射下，会在墙上或地面上产生灰黑色的影子，如图 2-2 所示。形成这种现象应具备以下三个条件：

（1）物体　不同的物体有不同的影子。如人和桌子的影子不可能一样。

（2）光源　同一物体处在同一位置，若光源不同，则影子也不同。如早晨和中午看到自己的影子是不一样的。

（3）投影面　同一物体处在同一位置，影子落到不同地方，得到的影子也不一样。如人的影子落在地面上与落在墙面上是不一样的。

光源、物体、投影面称为投影的三要素，缺一不可。

a）

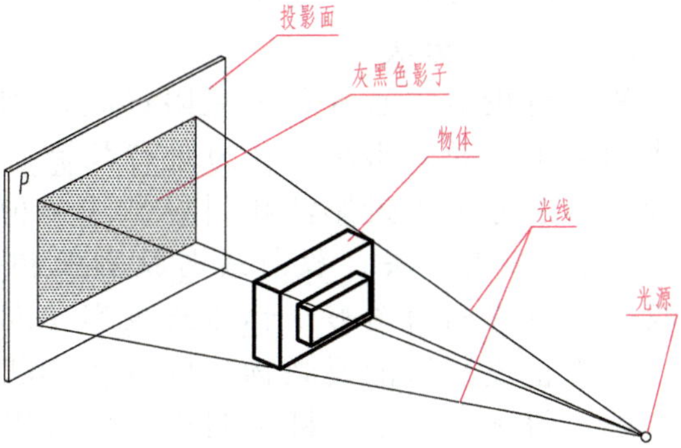

b）

图 2-2　影子的形成

二、投影法的基本概念

人们从物体与其影子的几何关系中，经过科学的总结、抽象，逐步形成了投影法，使在图纸上准确而全面地表达物体形状和大小的要求得以实现。

投射线通过物体，向选定的面投射，并在该面上得到图形的方法称为投影法。

根据投影法得到的图形，称为投影。

在投影法中，把光线称为投射线，物体的影子称为投影，影子所在的墙面或地面称为投影面，如图 2-3 所示。由此可看出，要获得投影，必须具备投射线、物体、投影面这三个基本条件，亦称为投影三要素。

根据投射线的类型（平行或汇交），投影法分为以下两类：

投影法
- 中心投影法
- 平行投影法
  - 正投影法
  - 斜投影法

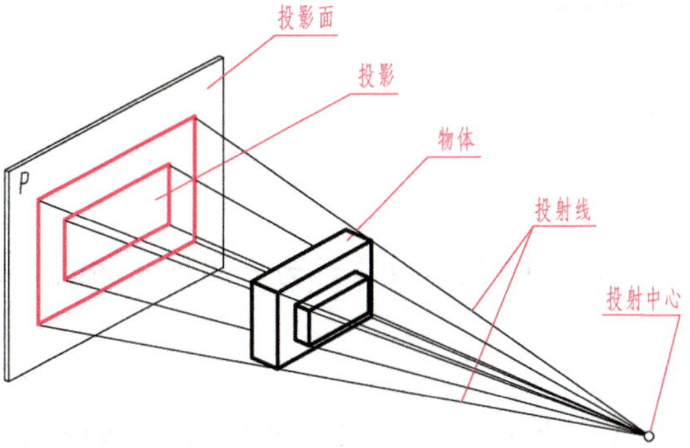

图 2-3　中心投影法

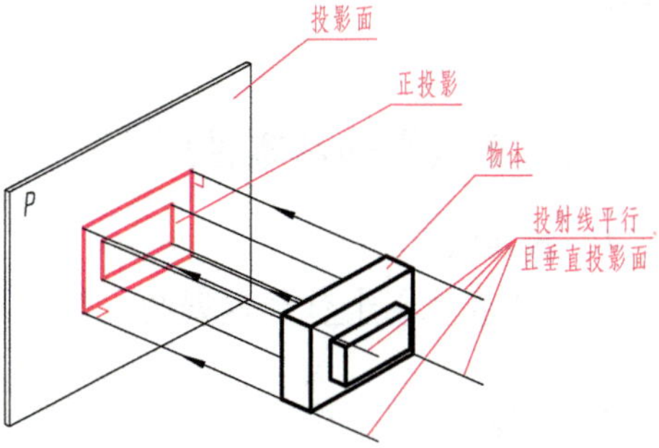

图 2-4　平行投影法（正投影法）

1．中心投影法

投射线汇交一点的投影法，称为中心投影法，如图2-3所示。用中心投影法所得的投影大小，随着投影面、物体、投射中心三者之间距离的变化而变化。用中心投影法绘制的图样具有较强的立体感，但不能反映物体的真实形状和大小，且度量性差，作图比较复杂，在机械图样中很少采用。

2．平行投影法

假设将投射中心 S 移至无限远处，则投射线相互平行，如图2-4所示。这种投射线相互平行的投影法，称为平行投影法。根据投射线与投影面是否垂直，又可将平行投影法分为正投影法和斜投影法两种。

（1）正投影法　投射线与投影面相垂直的平行投影法，称为正投影法。根据正投影法所得到的图形，称为正投影（或正投影图），如图2-5a所示。

由于正投影法能反映物体的真实形状和大小，度量性好，作图简便，所以在工程上应用得十分广泛。机械图样都是采用正投影法绘制的，正投影法是机械制图的理论基础。

提示：为了叙述方便，以后把正投影简称为投影。

（2）斜投影法　投射线与投影面相倾斜的平行投影法，称为斜投影法。根据斜投影法所得到的图形，称为斜投影（或斜投影图），如图2-5b所示。

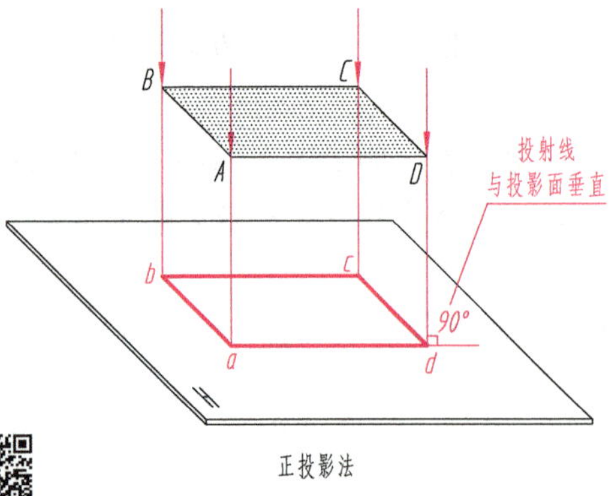

a）

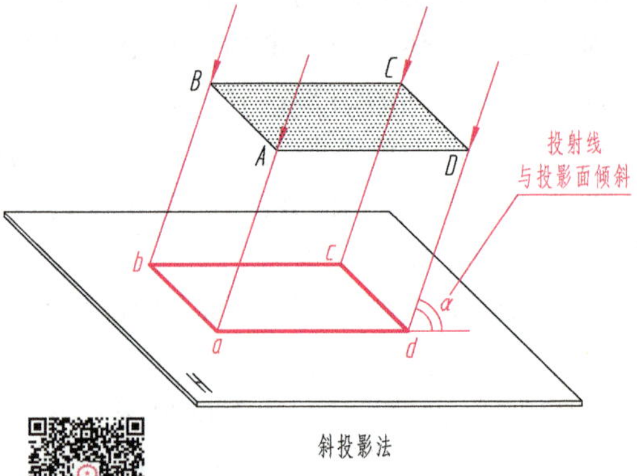

b）

图2-5　平行投影法

三、正投影的基本性质

1．真实性

平面（直线）平行于投影面，投影反映实形（实长），这种性质称为真实性，如图2-6a所示。

2．积聚性

平面（直线）垂直于投影面，投影积聚成直线（一点），这种性质称为积聚性，如图2-6b所示。

3. 类似性

平面（直线）倾斜于投影面，投影变小（短），这种性质称为类似性，如图 2-6c 所示。

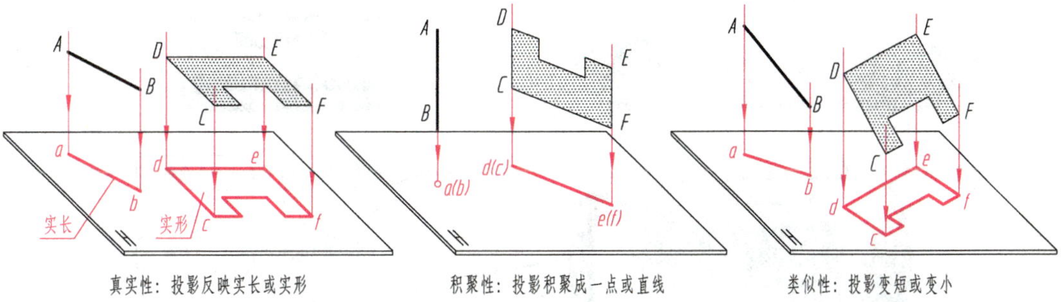

a）　　b）　　c）

图 2-6　正投影的基本性质

四、视图的基本概念

用正投影法绘制物体的图形时，可把人的视线假想成相互平行且垂直于投影面的一组投射线。根据有关标准和规定，用正投影法所绘制出物体的图形称为视图，如图 2-7 所示。

一般情况下，一个视图不能完整地表达物体的形状。由图 2-7 中可以看出，这个视图只反映物体的长度和高度，而没有反映物体的宽度。

如图 2-8 所示，两个不同的物体，在同一投影面上的投影却相同。因此，要反映物体的完整形状，常需要从几个不同方向进行投射，获得多面正投影，以表示物体各个方向的形状，综合起来反映物体的完整形状。

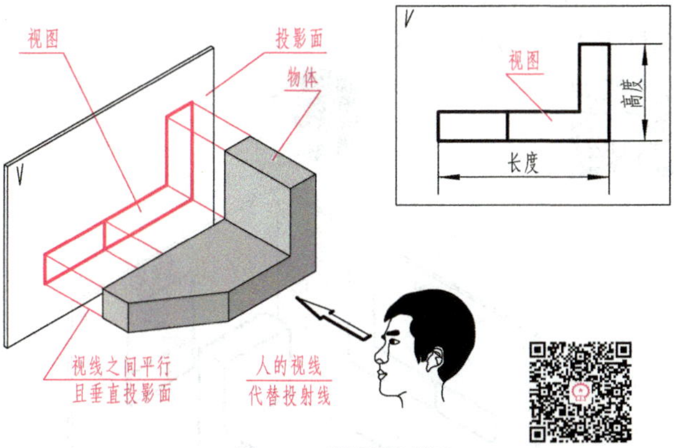

图 2-7　视图的概念

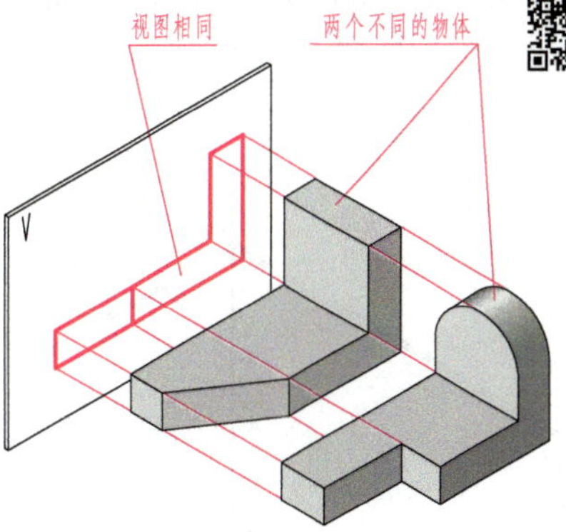

图 2-8　一个视图不能确定物体的形状

> 提示：绘制视图时，可见的棱线和轮廓线用粗实线绘制，不可见的棱线和轮廓线用细虚线绘制。

第二节　三视图的形成及其对应关系

欣赏一辆汽车的外观时，不会只从一个方向去观察，而是要从多个方向去观察，才能得到整体的印象，如图 2-9 所示。实际上三视图也是利用这种方法得到的。

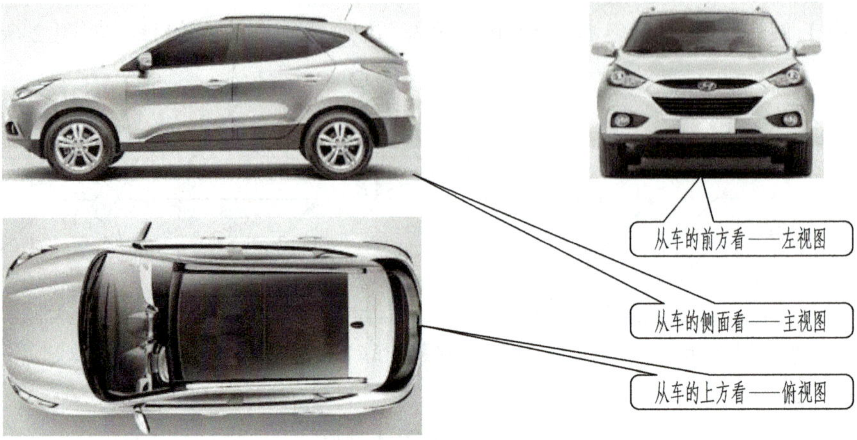

图 2-9　汽车外观的三视图

一、三投影面体系的建立

在多面正投影中，相互垂直的三个投影面构成三投影面体系，分别称为正立投影面（简称正面或 *V* 面）、水平投影面（简称水平面或 *H* 面）和侧立投影面（简称侧面或 *W* 面），如图 2-10a 所示。

投影法中，相互垂直的投影面之间的交线，称为投影轴，它们分别是：

OX 轴（简称 *X* 轴），是 *V* 面与 *H* 面的交线，代表左右即长度方向。

OY 轴（简称 *Y* 轴），是 *H* 面与 *W* 面的交线，代表前后即宽度方向。

OZ 轴（简称 *Z* 轴），是 *V* 面与 *W* 面的交线，代表上下即高度方向。

三条投影轴相互垂直，其交点称为坐标原点，用 *O* 表示。

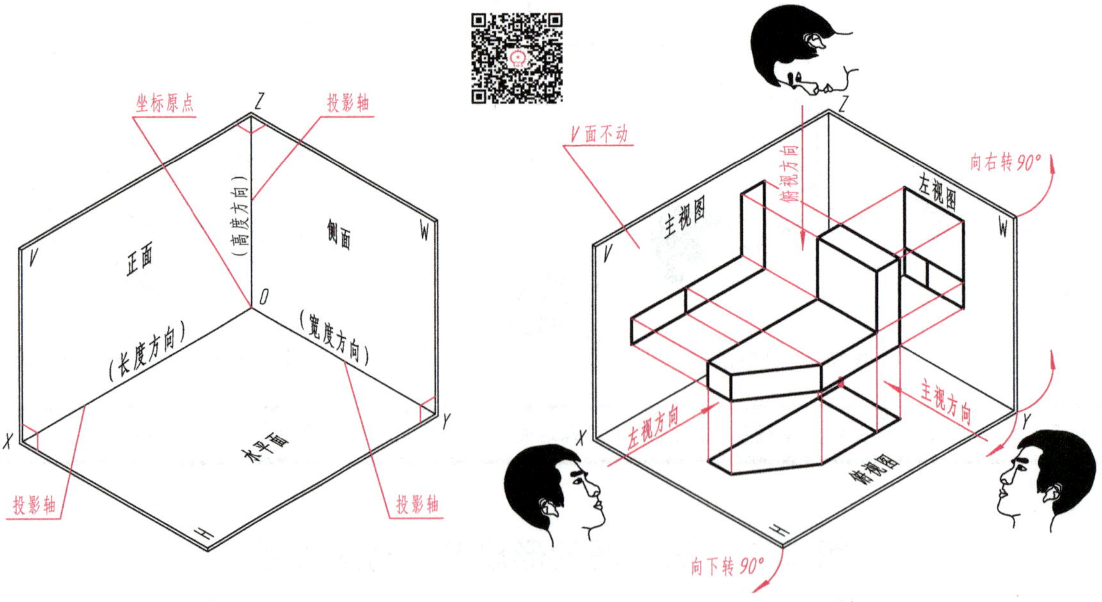

a)　　b)

图 2-10　三视图的获得

二、三视图的形成

将物体置于三投影面体系内，然后从物体的三个方向进行观察，就可以在三个投影面上得到三个视图，如图 2-10b 所示。规定的三个视图名称是：

主视图——由前向后投射所得的视图
左视图——由左向右投射所得的视图　（三个视图统称为三视图）
俯视图——由上向下投射所得的视图

为把三个视图画在同一张图纸上，必须将相互垂直的三个投影面展开在同一个平面上。展开方法如图 2-10b 所示，规定：*V* 面保持不动，将 *H* 面绕 *X* 轴向下旋转 90°，将 *W* 面绕 *Z* 轴向右旋转 90°，就得到展开后的三视图，如图 2-11a 所示。实际绘图时，应去掉投影面边框和投影轴，如图 2-11b 所示。

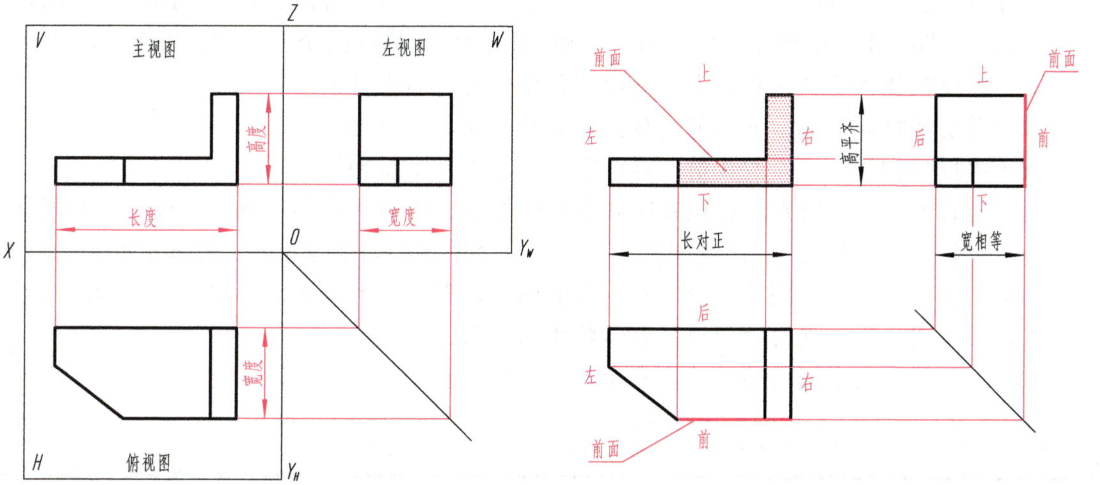

a）　　b）

图 2-11　投影面展开后的三视图

三、三视图之间的对应关系及投影规律

由三视图的形成过程可以总结出三视图之间的位置关系、投影规律及方位关系。

1. 三视图之间的位置关系

从图 2-11a 中可以看出，三视图之间的相对位置是固定的，即主视图的位置确定后，左视图在主视图的右方，俯视图在主视图的下方。

> 提示：无须标注各视图的名称。

2. 三视图之间的投影规律

规定：物体左右之间的距离（*X* 轴方向）为长度；物体前后之间的距离（*Y* 轴方向）为宽度；物体上下之间的距离（*Z* 轴方向）为高度。从图 2-11a 中可以看出，每一个视图只能反映物体两个方向的尺度，即

主视图——反映物体的长度（*X*）和高度（*Z*）。

左视图——反映物体的高度（Z）和宽度（Y）。

俯视图——反映物体的长度（X）和宽度（Y）。

从图 2-11b 中可以得出三视图之间的投影规律，即

主俯长对正
主左高平齐　（简称“三等”规律）
左俯宽相等

> 提示：三视图之间的“三等”规律，不仅反映在物体的整体上，也反映在物体的任意一个局部结构上。这一规律是画图和看图的依据，必须深刻理解和熟练运用。

3．三视图与物体的方位关系

物体有左右、前后、上下六个方位，搞清楚三视图的六个方位关系，对画图、看图是十分重要的。从图 2-11b 中可以看出，每一个视图只能反映物体两个方向的位置关系，即

主视图反映物体的左、右和上、下位置关系（前、后重叠）。

左视图反映物体的上、下和前、后位置关系（左、右重叠）。

俯视图反映物体的左、右和前、后位置关系（上、下重叠）。

画图与看图时，要特别注意俯视图和左视图的前、后对应关系，在三个投影面的展开过程中，由于水平面向下旋转，俯视图的下方表示物体的前面，俯视图的上方表示物体的后面；当侧面向右旋转后，左视图的右方表示物体的前面，左视图的左方表示物体的后面。即

左、俯视图远离主视图的一边，表示物体的前面。

左、俯视图靠近主视图的一边，表示物体的后面。

> 提示：物体的左、俯视图不仅宽相等，还应保持前、后位置的对应关系。

四、三视图的画图步骤

根据物体（或轴测图）画三视图时，应先选定主视图的投射方向，然后将物体摆正（使物体的主要表面平行于投影面）。

【例 2-1】　根据支座的轴测图（图 2-12a）画出其三视图。

分析

图 2-12a 所示支座的下方为一长方形底板；底板后部有一块立板，立板中间有一半圆形缺口；立板坐在底板之上，后面平齐；立板前面有一块三角形肋板。根据支座的形状特征，由前向后为主视图的投射方向。

作图步骤

1）先画出中心线、基准线，确定三视图的位置，如图 2-12b 所示。

2）该物体由三部分组成，应分部分画出。依次画出底板、立板和肋板，如图 2-12c、d、e 所示。

3）最后画出细节（半圆形缺口），如图 2-12f 所示。

画三视图时，物体的每一组成部分，最好是三个视图配合着画。不要先把一个视图画完后，再画另一个视图。这样，不但可以提高绘图速度，还能避免漏线、多线。画物体某一部

分的三视图时，应先画反映形状特征的视图，再按投影关系画出其他视图。

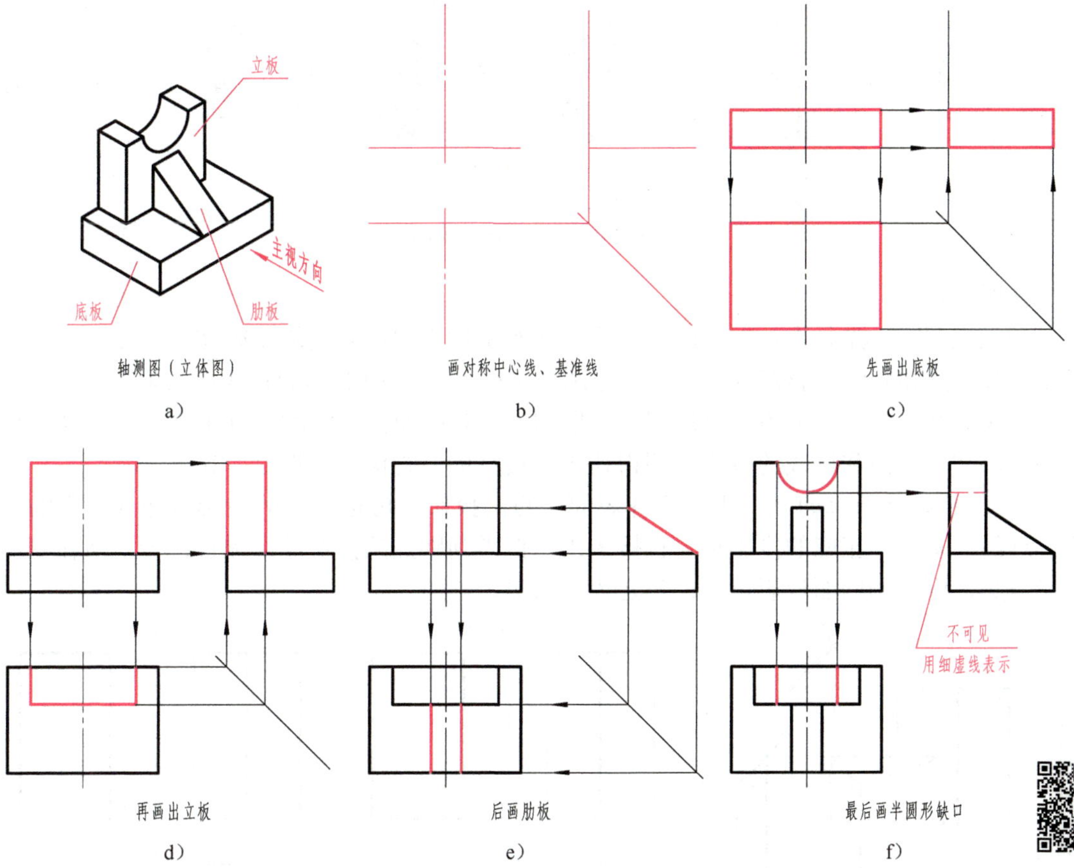

图 2-12　三视图的画图步骤

> 提示：①国家标准规定：可见的轮廓线和棱线用粗实线表示，不可见的轮廓线和棱线用细虚线表示。
> ②图线重合时，其优先顺序为：可见轮廓线和棱线（粗实线）→不可见轮廓线和棱线（细虚线）→剖面线（细实线）→轴线、中心线（细点画线）→假想轮廓线（细双点画线）→尺寸界线和分界线（细实线）。

第三节　几何体的投影

几何体分为平面立体和曲面立体两大类。表面均为平面的立体，称为平面立体，如图 2-13a、b 所示。表面由曲面与平面，或全部由曲面所组成的立体，称为曲面立体，如图 2-13c、d、e、f 所示。

一、平面立体

1. 棱柱

（1）棱柱的三视图　图 2-14a 所示为一个正三棱柱的投影。它的顶面和底面平行于 *H*

面，三个矩形侧面中，后面平行于 V 面，左右两面垂直于 H 面，三条侧棱垂直于 H 面。

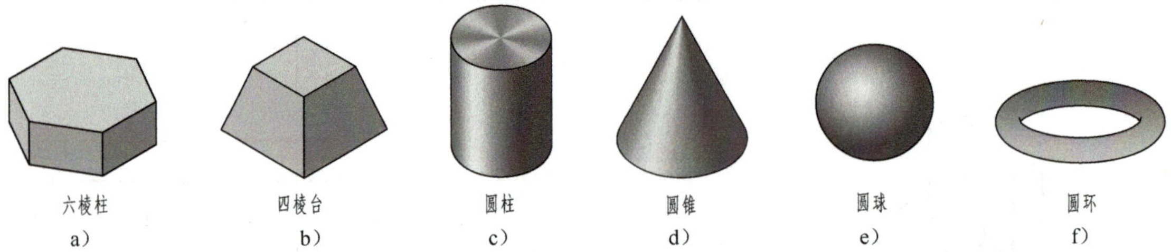

图 2-13　几何体轴测图

作图步骤

画三视图时，先画上、下底面的投影。在水平投影中，它们均反映实形（正三角形）且重影；其正面和侧面投影都有积聚性，分别为平行于 X 轴和 Y 轴的直线；三条侧棱的水平投影都有积聚性，为三角形的三个顶点，它们的正面和侧面投影，均平行于 Z 轴且反映了棱柱的高。画完这些面和棱线的投影，即得该正三棱柱的三视图，如图 2-14b 所示。

（2）棱柱表面上的点　平面立体表面上点的投影，可根据点的投影规律（即点的两面投影连线，垂直于相应的投影轴）直接求出。但需判别点的投影的可见性：若点所在表面的投影可见，则点的同面投影可见；反之为不可见。

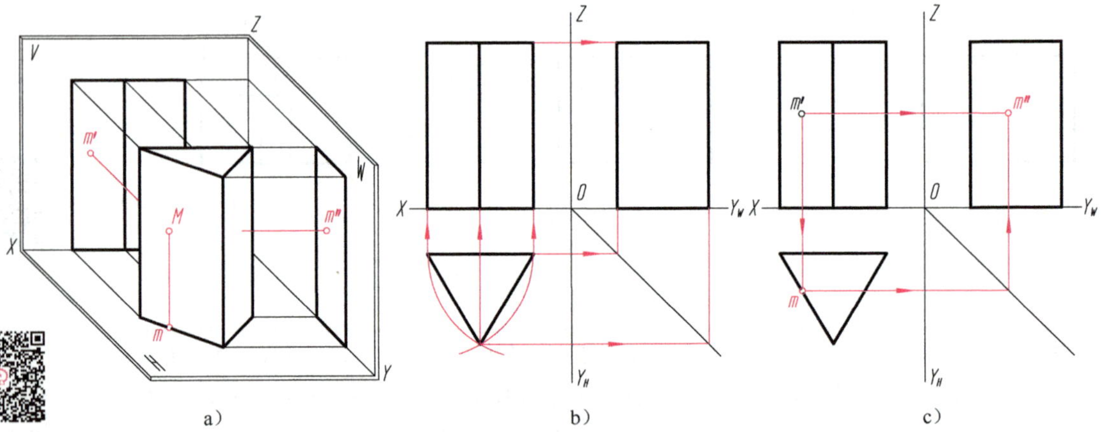

图 2-14　正三棱柱的三视图及其表面上点的求法

【例 2-2】　如图 2-14c 所示，已知正三棱柱上一点 M 的正面投影 m'，求 m 和 m''。

分析

根据 m' 的位置，可判定点 M 在正三棱柱的左前棱面上。因左前棱面垂直于水平面，该棱面的水平投影积聚为一条直线，所以点的水平投影 m 必落在该直线上。根据 m' 和 m 即可求出侧面投影 m''。

作图步骤

1）过 m' 作 X 轴的垂线，求出 m。

2）过 m' 作 Z 轴的垂线，再过 m 作 Y_H 轴的垂线，与等宽线相交后再向上作垂线，两条垂线的交点即为 m''。

判别可见性

由于点 M 在三棱柱的左前棱面上，该棱面的侧面投影可见，故 m'' 可见（不加圆括号）。

提示：空间的点用大写拉丁字母表示，如 A、B、C…；点的水平投影用相应的小写字母表示，如 a、b、c…；点的正面投影用相应的小写字母加一撇表示，如 a′、b′、c′…；点的侧面投影用相应的小写字母加两撇表示，如 a″、b″、c″…。

（3）平面截切棱柱　当立体被平面截断成两部分时，其中任何一部分均称为截断体，用来截切立体的平面称为截平面，截平面与立体表面的交线称为截交线，如图 2-15 所示。截交线具有两个基本性质：

1）共有性。截交线是截平面与立体表面的共有线。

2）封闭性。由于任何立体都有一定的范围，所以截交线一定是闭合的平面图形。

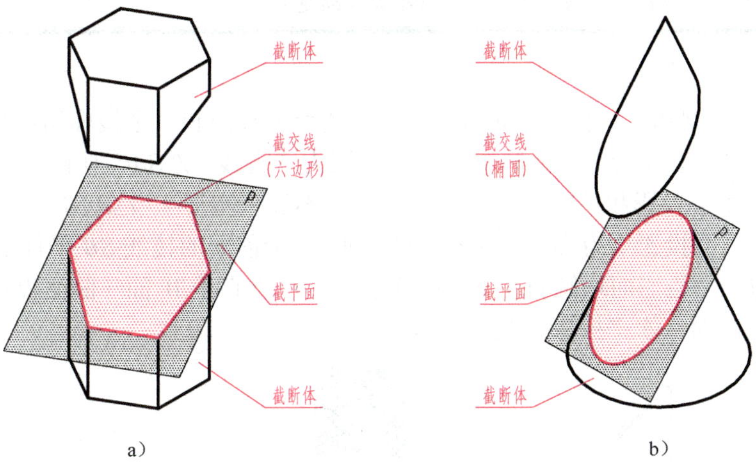

图 2-15　截交线的产生

【例 2-3】　如图 2-16a、b 所示，在正四棱柱上方切割一个矩形通槽，试完成正四棱柱矩形通槽的水平投影和侧面投影。

分析

如图 2-16b 所示，正四棱柱上方的矩形通槽是由三个特殊位置平面切割而成的。槽底平行于 *H* 面，其正面投影和侧面投影均积聚成水平方向的直线，水平投影反映实形。两侧壁平行于 *W* 面，其正面投影和水平投影均积聚成竖直方向的直线，侧面投影反映实形且重合在一起。可利用积聚性求出通槽的水平投影和侧面投影。

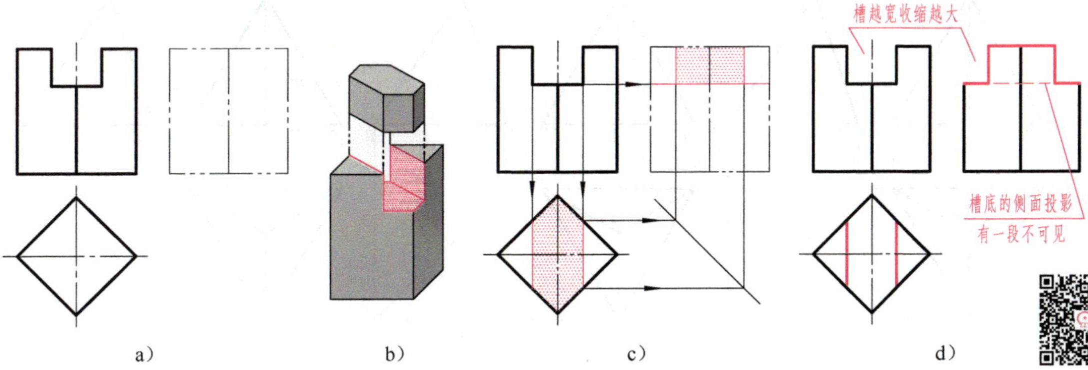

图 2-16　正四棱柱开槽的画法

作图步骤

1）根据通槽的主视图，先在俯视图中作出两侧壁的积聚性投影；再按“高平齐、宽相等”的投影规律，画出通槽的侧面投影，如图 2-16c 所示。

2）擦去作图线，校核切割后的图形轮廓，加深描粗，如图 2-16d 所示。

判别可见性

注意区分槽底侧面投影的可见性，即槽底的侧面投影积聚成直线，中间一段不可见，应画成细虚线。

> 提示：因正四棱柱最前、最后两条侧棱在开槽部位被切去，故左视图中的外形轮廓线，在开槽部位向内“收缩”。其收缩程度与槽宽有关，槽越宽收缩越大。

2．棱锥

（1）棱锥的三视图　如图 2-17a 所示，正三棱锥由底面和三个棱面所组成。底面平行于 *H* 面，其水平投影反映实形，正面和侧面投影积聚为一直线。△*SAC* 垂直于 *W* 面，侧面投影积聚为一斜线，水平投影和正面投影都是类似形（不反映实形）。△*SAB* 和△*SBC* 与三个投影面均倾斜，其三面投影均为类似形（不反映实形）。最前面的棱线 *SB* 平行于 *W* 面（反映实长），*SA*、*SC* 与三个投影面均倾斜（不反映实长），*AC* 垂直于 *W* 面（侧面投影积聚成一点），*AB*、*BC* 平行于 *H* 面（水平投影反映实长）。

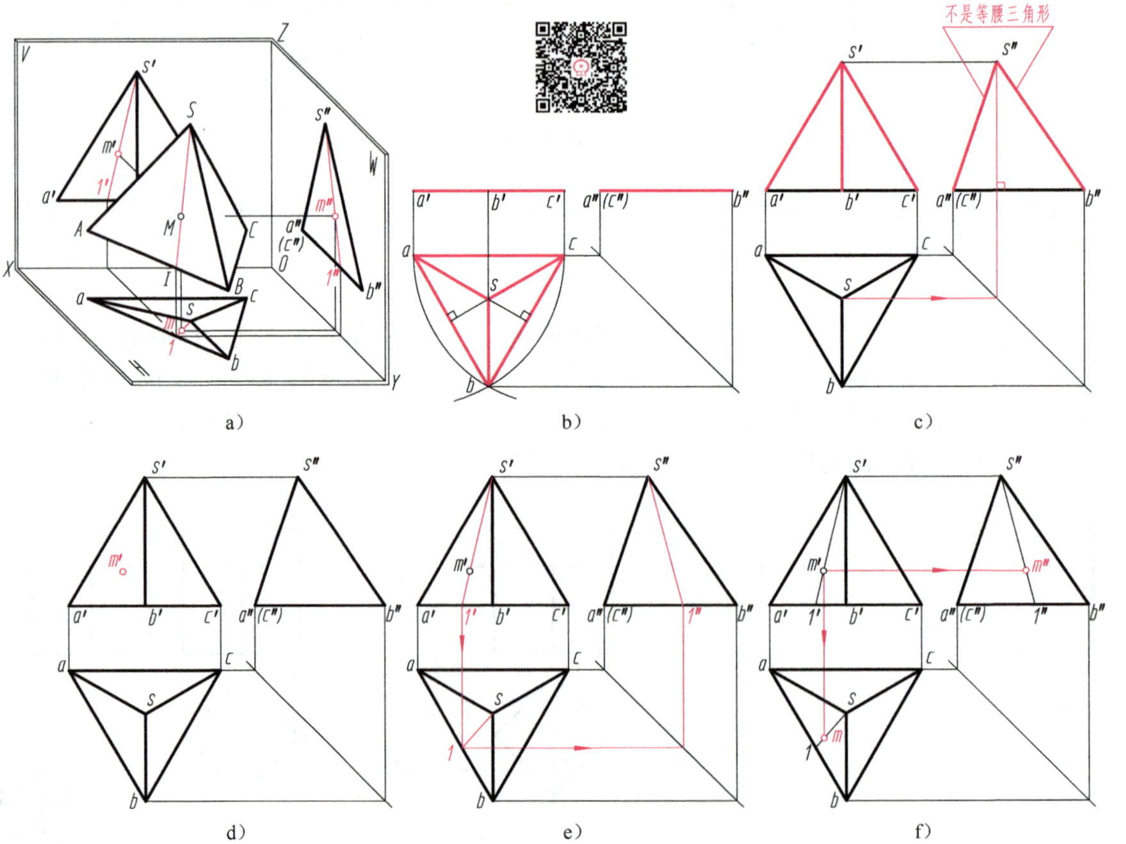

图 2-17　正三棱锥的三视图及其表面上点的求法

作图步骤

1）画正三棱锥的三视图时，先画出底面△*ABC*（正三角形）的各面投影，如图 2-17b 所示。

2）根据锥高画出锥顶 *S* 的各面投影，连接各顶点的同面投影，即为正三棱锥的三视图，如图 2-17c 所示。

> 提示：正三棱锥的侧面投影不是等腰三角形，如图 2-17c 所示。

（2）棱锥表面上的点　正三棱锥的表面有平行于投影面的平面，也有同时倾斜于三个投影面的平面。求平行于投影面的平面上点的投影，可利用该平面投影的积聚性直接作图；求同时倾斜于三个投影面的平面上点的投影，可通过在平面上作辅助线的方法求得。

【例 2-4】　如图 2-17d 所示，已知棱面△*SAB* 上点 *M* 的正面投影 *m*′，求点 *M* 的其他两面投影。

分析

由于棱面△*SAB* 同时倾斜于三个投影面，没有积聚性，所以不能利用平面的积聚性直接作图，只有通过在平面上作辅助线的方法才能解决，如图 2-17a 所示。

作图步骤

1）连接锥顶 *s*′及点 *m*′并延长得辅助线的正面投影 *s*′1′，求出辅助线的水平投影 *s*1 和侧面投影 *s*″1″，如图 2-17e 所示。

2）再由 *m*′直接求出 *m* 和 *m*″即可，如图 2-17f 所示。

（3）平面截切棱锥　平面切割平面立体时，其截交线为平面多边形。

【例 2-5】　正六棱锥被垂直于正面的平面截切，补全截切后正六棱锥的俯、左视图。

分析

如图 2-18a、b 所示，正六棱锥被垂直于 *V* 面的平面截切，截交线是六边形，六个顶点分别是截平面与六条侧棱的交点。由此可见，平面立体的截交线是一个平面多边形；多边形的每一条边，是截平面与平面立体各棱面的交线；多边形的各个顶点就是截平面与平面立体棱线的交点。求平面立体的截交线，实质上就是求截平面与各条棱线交点的投影。

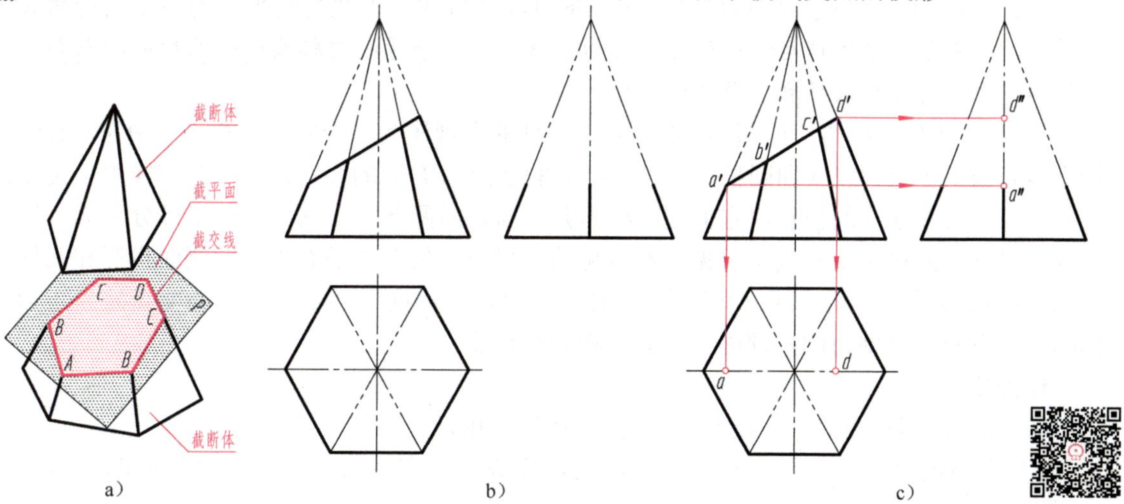

图 2-18　正六棱锥截交线的画法

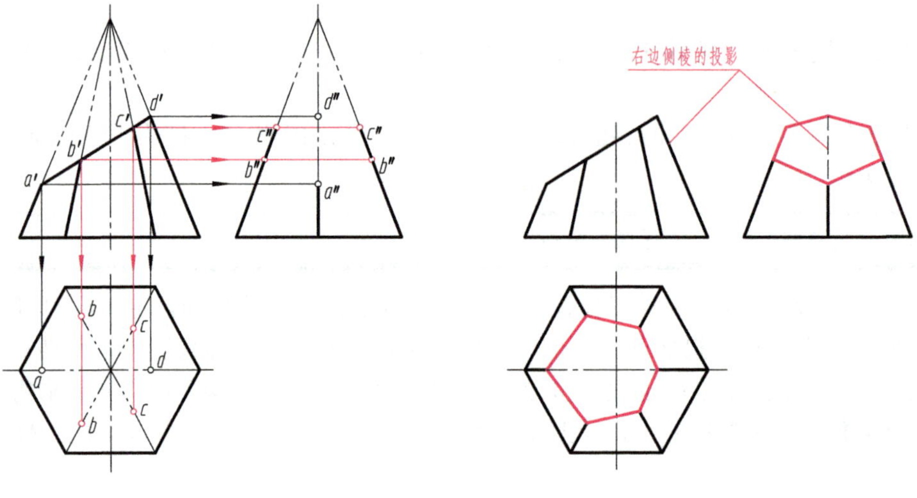

d)　　　　　　　　e)

图 2-18　正六棱锥截交线的画法（续）

作图步骤

1）利用截平面的积聚性投影，先确定截交线各顶点的正面投影 a'、b'、c'、d'（B、C 各为前后对称的两个点）；直接求出最低点（也是最左点）和最高点（也是最右点）的水平投影 a、d 及侧面投影 a''、d''，如图 2-18c 所示。

2）再直接求出 B、C 两个点的水平投影 b、c 及侧面投影 b''、c''，如图 2-18d 所示。

3）擦去作图线，依次连接各顶点的同面投影，即为截交线的投影，如图 2-18e 所示。

提示：正六棱锥右边棱线在侧面投影中有一段不可见，应画成细虚线，如图 2-18e 所示。

二、曲面立体

1. 圆柱

（1）圆柱面的形成　圆柱面可看作一条直线（母线）围绕与它平行的轴线回转而成，如图 2-19a 所示。母线转至任一位置时称为素线。由一条母线绕轴线回转而形成的表面称为回转面，由回转面构成的立体称为回转体。

（2）圆柱的三视图　如图 2-19b 所示，圆柱的主视图为一个矩形线框。其中左、右两条轮廓线是两组由投射线（和圆柱面相切）组成的平面与 V 面的交线。这两条交线也正是圆柱面上最左、最右素线的投影，它们把圆柱面分为前、后两部分，其投影前半部分可见，后半部分不可见，而这两条素线是可见与不可见的分界线。最左、最右素线的侧面投影和圆柱轴线的侧面投影重合（无须画出其投影），其水平投影在横向中心线和圆周的交点处。矩形线框的上、下两边分别为圆柱顶面、底面的积聚性投影。

作图步骤

1）先画出圆柱面的水平投影——具有积聚性的圆。

2）再根据“三等”规律和圆柱的高度，完成主、左两视图——两个相同的矩形，如图 2-19c 所示。

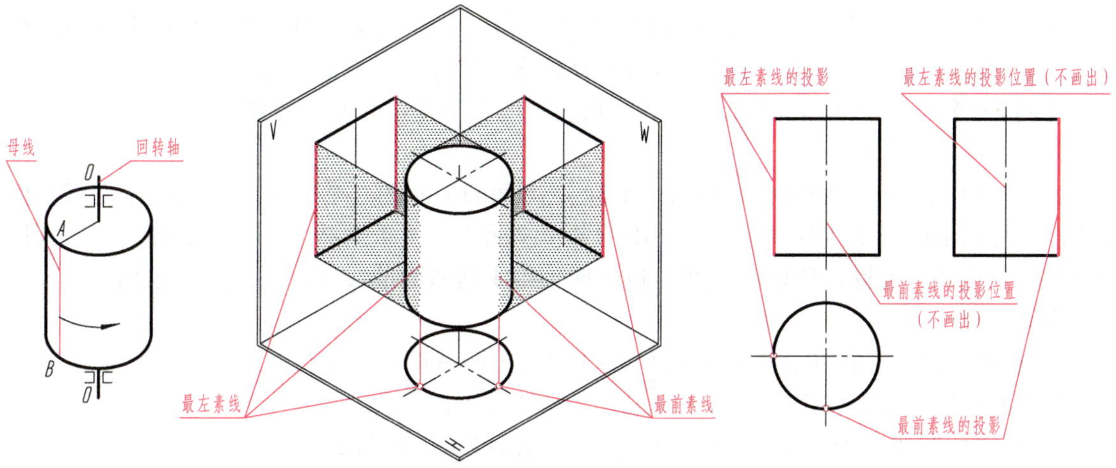

a）　　b）　　c）

图 2-19　圆柱面的形成、视图及其分析

（3）圆柱表面上的点　当圆柱面的回转轴垂直于某一投影面时，则圆柱面在该投影面上的投影具有积聚性。利用这一投影性质在圆柱面上取点，作图较为简捷。

【例 2-6】　如图 2-20a 所示，已知圆柱面上点 M、N 的一面投影，求其另两面投影。

分析

由于圆柱的轴线垂直 H 面，圆柱面的水平投影积聚成圆，因此可根据“三等”规律直接求出点 M、N 的另两面投影。

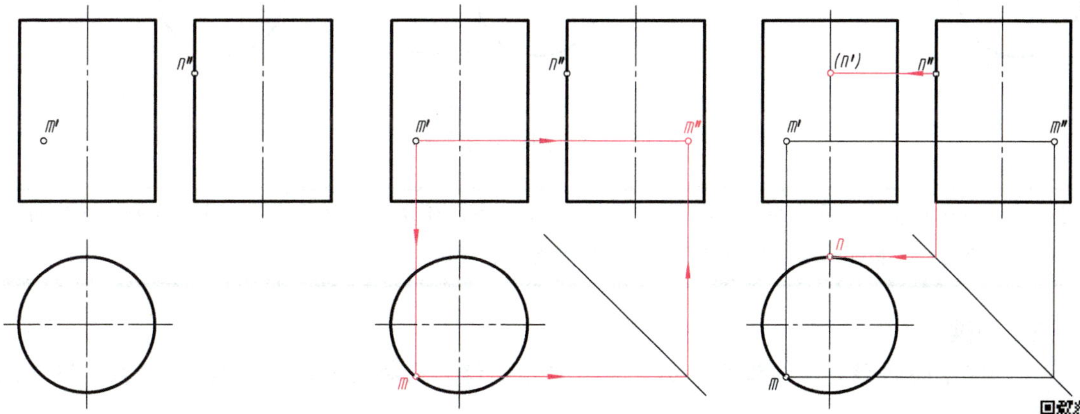

a）　　b）　　c）

图 2-20　求圆柱表面上点的投影

作图步骤

1）根据给定的 m' 的位置，可判定点 M 在前半圆柱面的左半部分；因圆柱面的水平投影有积聚性，故 m 必在前半圆周的左部。可根据 m' 先直接求出 m，再根据 m' 和 m 求得 m''，如图 2-20b 所示。

2）根据给定的 n'' 的位置，可判定点 N 在圆柱面的最后素线上，其正面投影不可见。根据 n'' 直接求出 n 和（n'），如图 2-20c 所示。

（4）平面截切圆柱　当截平面与圆柱轴线平行时，其截交线为矩形；当截平面与圆柱轴线垂直时，其截交线为圆；当截平面与圆柱轴线倾斜时，其截交线为椭圆。

【例 2-7】　如图 2-21a 所示，完成开槽圆柱的水平投影和侧面投影。

分析

如图 2-21b 所示，开槽部分是由两个平行于 *W* 面的平面和一个平行于 *H* 面的平面截切而成的，圆柱面上的截交线分别位于被切出的各个平面上。由于这些面均与投影面平行，其投影具有积聚性或真实性，所以截交线的投影应依附于这些面的投影，无须另行求出。

作图步骤

1）根据开槽圆柱的主视图，先在俯视图中作出两侧壁的积聚性投影；再按“高平齐、宽相等”的投影规律，作出通槽的侧面投影，如图 2-21c 所示。

2）擦去作图线，校核切割后的图形轮廓，加深描粗，如图 2-21d 所示。

判别可见性

槽底的侧面投影积聚成直线，中间有一段不可见，应画成细虚线。

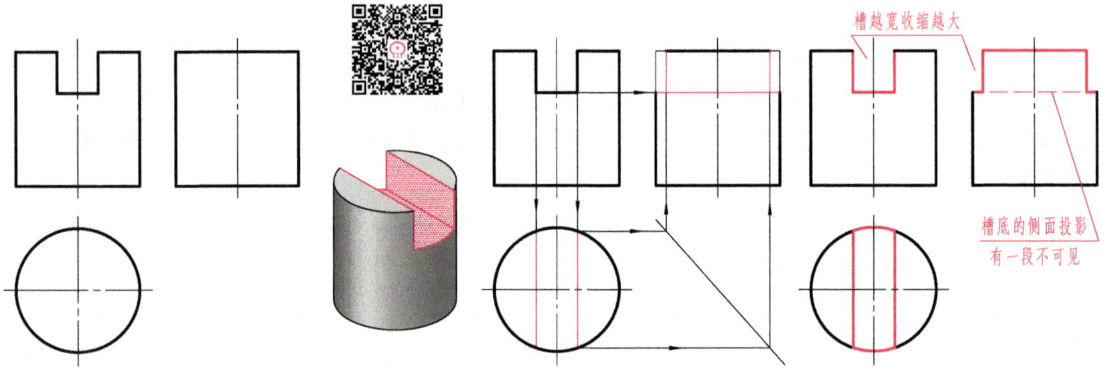

a）　b）　c）　d）

图 2-21　圆柱开槽的画法

> 提示：因圆柱的最前、最后两条素线均在开槽部位被切去，故左视图中的外形轮廓线在开槽部位向内“收缩”。其收缩程度与槽宽有关，槽越宽收缩越大。

2．圆锥

（1）圆锥面的形成　圆锥面是由一条直母线围绕和它相交的轴线回转而成的，如图 2-22a 所示。

（2）圆锥的三视图　图 2-22b 所示为圆锥的三视图。俯视图的圆形，反映圆锥底面的实形，同时也表示圆锥面的投影。主、左视图的等腰三角形线框，其下边为圆锥底面的积聚性投影。主视图中三角形的两边，分别表示圆锥面最左素线 *SA* 和最右素线 *SB* 的投影（反映实长），它们是圆锥面正面投影可见与不可见部分的分界线；左视图中三角形的两边，分别表示圆锥面最前、最后素线 *SC*、*SD* 的投影（反映实长），它们是圆锥面侧面投影可见与不可见部分的分界线。

作图步骤

1）画圆锥的三视图时，先画出圆锥底面的投影——圆。

2）再根据“三等”规律和圆锥的高度，画出锥顶的投影，完成主、左两视图——两个相同的等腰三角形，即完成圆锥的三视图，如图 2-22b 所示。

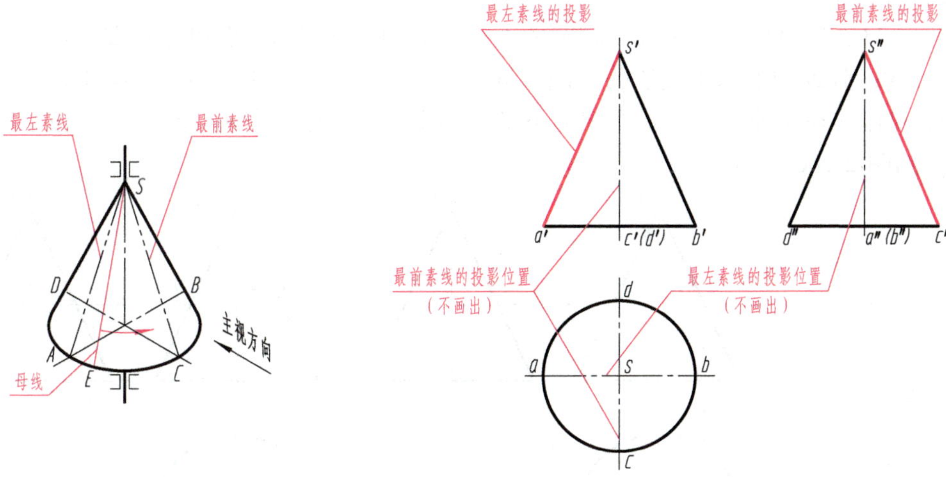

a） b）

图 2-22 圆锥的形成、视图及其分析

（3）圆锥表面上的点 由于圆锥面在三个投影面上的投影都没有积聚性，所以在圆锥面上取点时（特殊位置的点除外），必须在圆锥面上作辅助线或辅助圆求得其投影。

【例 2-8】 如图 2-23a、图 2-24a 所示，已知圆锥面上点 M 的正面投影 m'，求 m 和 m''。

分析

根据点 M 的位置和可见性，可判定点 M 在前、左圆锥面上，点 M 的三面投影均可见。作图可采用如下两种方法。

第一种作图方法——辅助线法

1）过锥顶 S 和点 M 作一辅助线 SⅠ，即连接 s'、m'，并延长到与底面的正面投影相交于 1'，

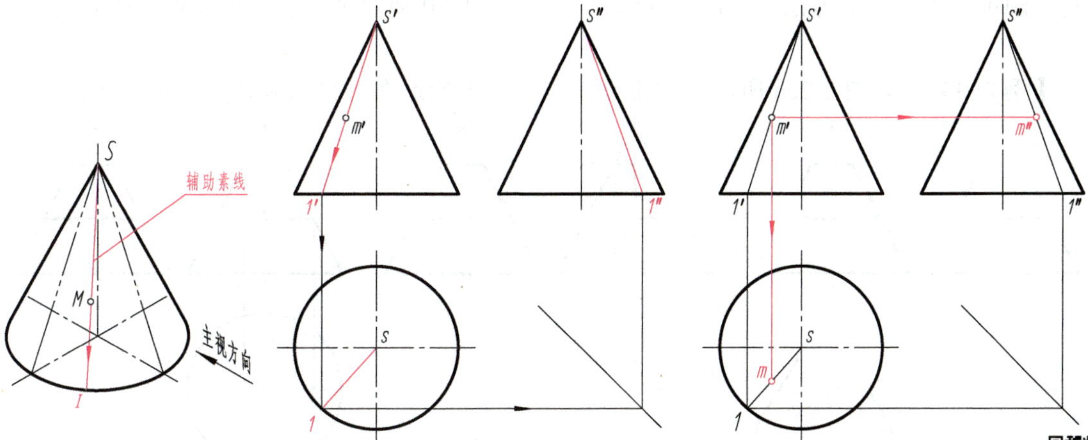

辅助线法 作辅助线 求点M的另两面投影

a） b） c）

图 2-23 用辅助线法求圆锥表面上点的投影

求得 *s*1 和 *s*″1″，如图 2-23b 所示。

2）过 *m*′分别向辅助线作垂线，求出 *m* 和 *m*″，如图 2-23c 所示。

第二种作图方法——辅助圆法

1）过点 *M* 在圆锥面上作平行于底圆的水平辅助圆（该圆的正面投影积聚成直线），即过 *m*′所作的 2′3′；辅助圆的水平投影为底圆的同心圆（直径等于 2′3′），如图 2-24b 所示。

2）过 *m*′作 *X* 轴的垂线，与辅助圆的下半圆相交，其交点即为 *m*；再根据 *m* 按“宽相等”求出 *m*″，如图 2-24c 所示。

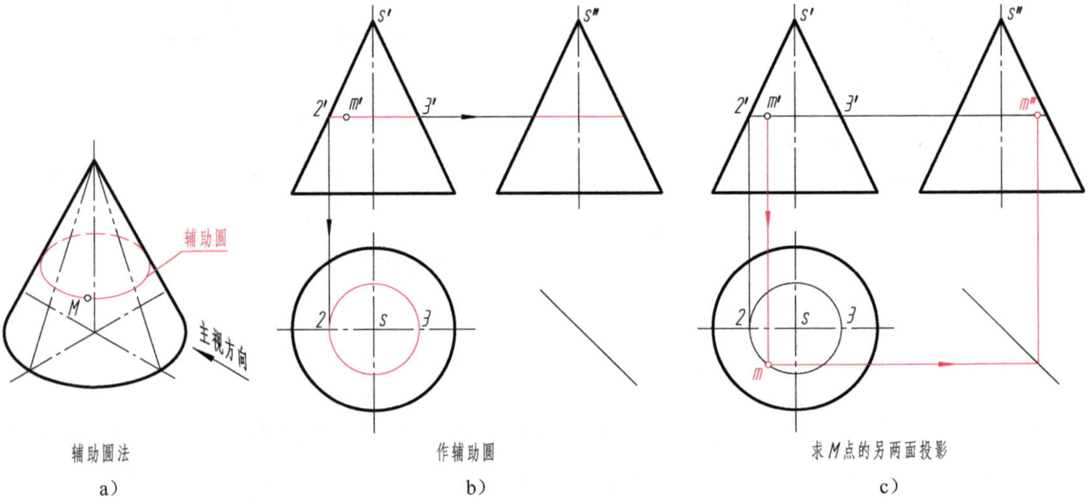

图 2-24 用辅助圆法求圆锥表面上点的投影

（4）平面截切圆锥 因截平面与圆锥轴线的相对位置不同，其截交线有五种形状。当截平面垂直圆锥轴线时，其截交线为圆；当截平面通过圆锥顶点时，其截交线为相交两直线；当截平面与圆锥轴线相交时，其截交线为椭圆；当截平面与圆锥某一素线平行时，其截交线为抛物线；当截平面与圆锥轴线平行时，其截交线为双曲线。当知道截交线的一个投影时，可利用圆锥面上取点的方法，求出截交线上一系列点的其他两个投影，再分别连成光滑的曲线。

【例 2-9】 如图 2-25a 所示，圆锥被三个平行于投影面的平面截切，补画其俯视图。

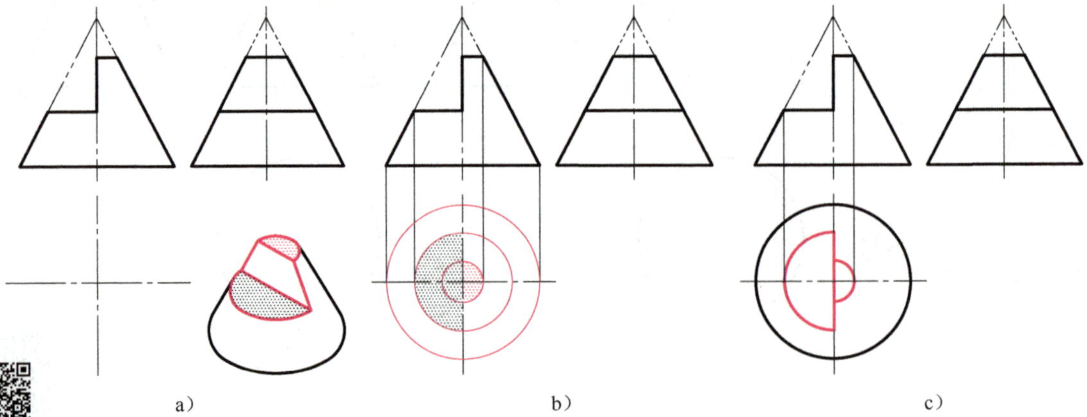

图 2-25 求圆锥的截交线

分析

如图 2-25a 所示，参与截切的两个水平方向的平面（平行于 *H* 面）与圆锥的底面平行，其截交线为圆。另一个平面（平行于 *W* 面）通过圆锥的左右对称面，其截交线为梯形。

作图步骤

1）按照“长对正”画出三个直径不同的圆，如图 2-25b 所示。

2）去掉小圆的左半圆，再去掉中圆的右半圆，增画中间一段粗实线，即完成俯视图，如图 2-25c 所示。

3. 圆球

（1）圆球面的形成　如图 2-26a 所示，圆球面可看作一圆（母线）围绕它的直径回转而成。

（2）圆球的三视图　图 2-26b 为圆球的三视图。它们都是与圆球直径相等的圆，均表示圆球面的投影。圆球的各个投影虽然都是圆，但各个圆的意义不同。

1）正面投影是平行于 *V* 面的圆素线的投影，即前、后半球的分界线，圆球面在正面投影中可见与不可见的分界线。

2）水平投影是平行于 *H* 面的圆素线的投影，即上、下半球的分界线，圆球面在水平投影中可见与不可见的分界线。

3）侧面投影是平行于 *W* 面的圆素线的投影，即左、右半球的分界线，圆球面在侧面投影中可见与不可见的分界线。

这三条圆素线的其他两面投影，都与圆的相应中心线重合。

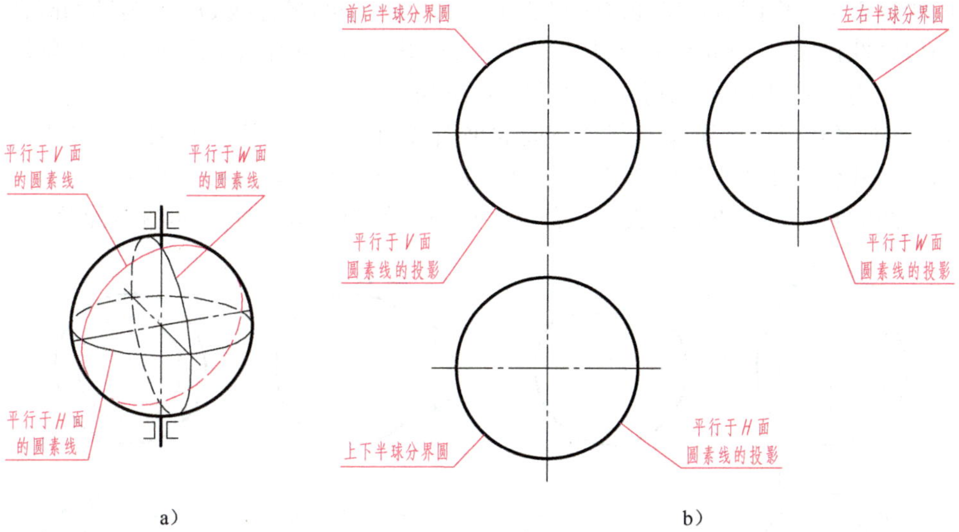

图 2-26　圆球的形成及三视图

（3）圆球表面上的点　由于任一平面与圆球面的交线都是圆，所以求圆球表面上点的投影，可取圆球面上的圆作为辅助线。

【例 2-10】　如图 2-27a 所示，已知圆球面上点 *M*、*N* 的一面投影，求其他两面投影。

分析

根据点的位置和可见性，可判定：点 *N* 在前、后半球的分界圆上且位于右半球，其侧面投影不可见；点 *M* 在前、左、上半球上，其三面投影均可见。

作图步骤

1）点 *N* 在前、后两半球的分界线上，*n* 和 *n″*可直接求出。因为点 *N* 在右半球，其侧面投影 *n″*不可见，需加圆括号表示，如图 2-27b 所示。

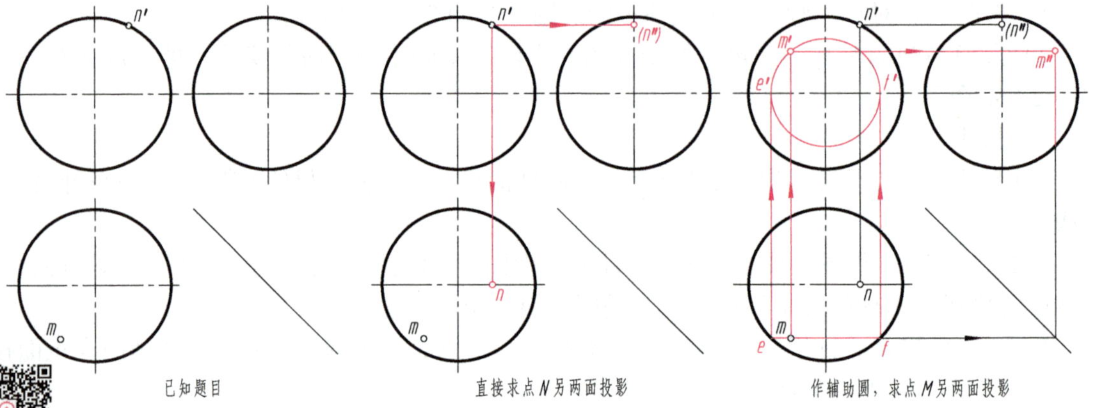

a）　　b）　　c）

图 2-27　圆球表面上点的求法

2）点 *M* 在前、左、上半球，需采用辅助圆法求 *m′*和 *m″*。根据点 *m* 在球面上作一平行于正面的辅助圆（也可作平行于水平面或侧面的圆）。因点在辅助圆上，故点的投影必在辅助圆的同面投影上。作图时，先在水平投影中过 *m* 作 *X* 轴的平行线 *ef*（*ef* 为辅助圆在水平投影面上的积聚性投影），其正面投影为直径等于 *ef* 的圆；过 *m* 作 *X* 轴的垂线，与辅助圆正面投影的交点即为 *m′*；再由 *m′*求得 *m″*，如图 2-27c 所示。

（4）平面截切圆球　圆球被任意方向的平面截切，其截交线都是圆。当截平面为投影面平行面时，截交线在所平行的投影面上的投影为一圆，其余两面投影积聚为直线。该直线的长度等于圆的直径，其直径的大小与截平面至球心的距离 *B* 有关，如图 2-28 所示。

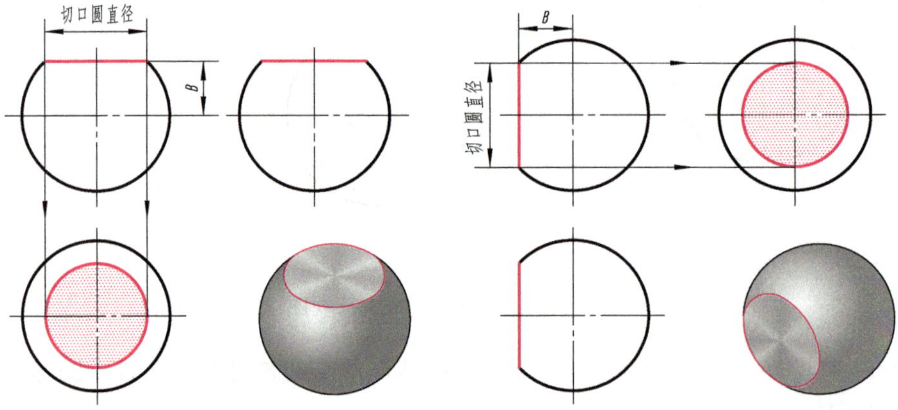

a）　　b）

图 2-28　圆球被平面截切的画法

【例 2-11】　补画图 2-29a 所示半圆球开槽的三视图。

分析

由于半圆球被两个对称的侧平面和一个水平面截切，所以两个侧平面与球面的截交线各为一段平行于侧面的圆弧，而水平面与球面的截交线为两段水平圆弧。

作图步骤

1）根据槽宽画出槽底面的水平面和侧面投影。作图的关键在于确定辅助圆半径 R_1（R_1 小于半圆球的半径 R），如图 2-29b 所示。

2）根据槽深画出侧面投影。作图的关键在于确定辅助圆半径 R_2（R_2 小于半圆球的半径 R），如图 2-29c 所示。

3）去掉作图线，完成半圆球开槽的三视图，如图 2-29d 所示。

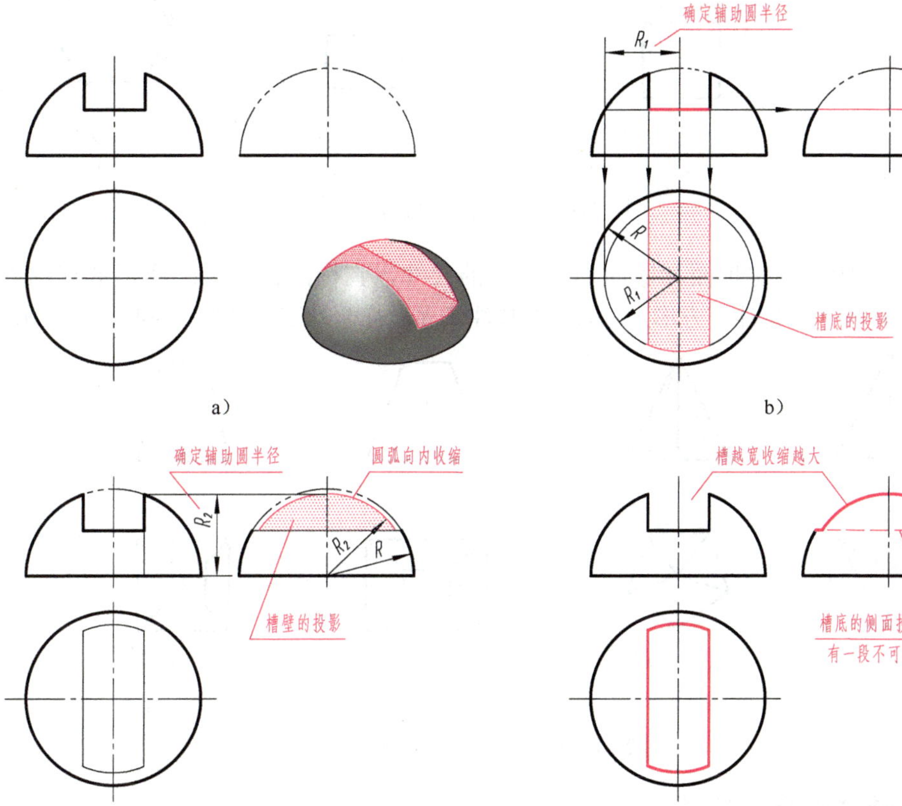

图 2-29　半圆球开槽的画法

> 提示：①因圆球的最高处在开槽后被切掉，故左视图上方的轮廓线向内“收缩”，其收缩程度与槽宽有关，槽越宽，收缩越大。②注意区分槽底侧面投影的可见性，槽底的中间部分是不可见的，应画成细虚线。

第四节　几何体的尺寸注法

视图的作用是表达物体的结构和形状，而物体的大小是根据图中所注的尺寸来确定的。

掌握几何体的尺寸注法，是学习比较复杂物体尺寸注法的基础。

一、平面立体的尺寸注法

棱柱、棱锥及棱台，除了标注确定其顶面和底面形状大小的尺寸外，还要标注高度尺寸，如图 2-30 所示。

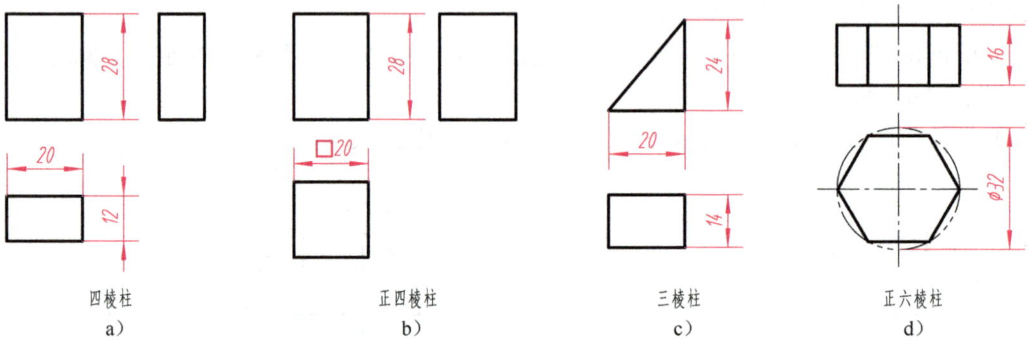

图 2-30　棱柱的尺寸注法

为了便于看图，确定顶面和底面形状大小的尺寸，宜标注在其反映实形的视图上，如图 2-30、图 2-31 所示。标注正方形尺寸时，要加注正方形符号“□”，如图 2-30b、图 2-31d 所示。

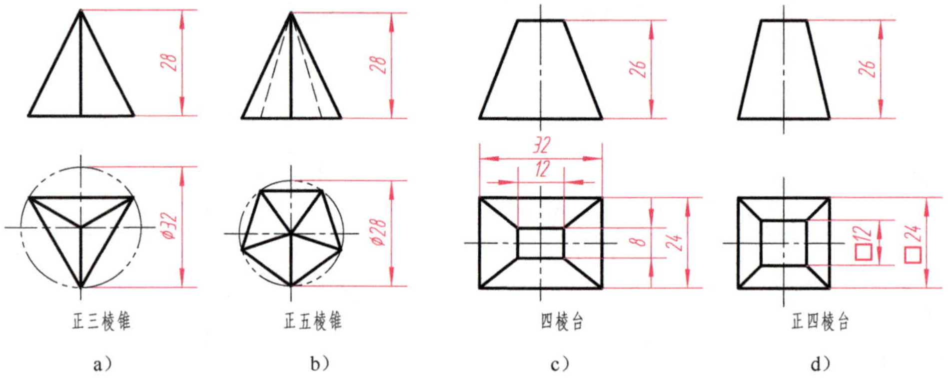

图 2-31　棱锥、棱台的尺寸注法

二、回转体的尺寸注法

圆柱、圆锥和圆锥台，应标注底圆直径和高度尺寸，并在直径数字前加注直径符号“ ϕ ”。标注圆球尺寸时，在直径数字前加注球直径符号“$S\phi$”。直径尺寸一般标注在非圆视图上。

当尺寸集中标注在一个非圆视图上时，一个视图即可表达清楚它们的形状和大小。圆柱、圆锥、圆台、圆球、半圆球等用一个视图表达即可，如图 2-32 所示。

三、带切口几何体的尺寸注法

对带切口的几何体，除标注几何体的尺寸外，还要注出确定截平面位置的尺寸。但要注意，由于几何体与截平面的相对位置确定后，切口的截交线即完全确定，所以，不应在截交线上标注尺寸。图 2-33 中画“×”的尺寸是错误的注法。

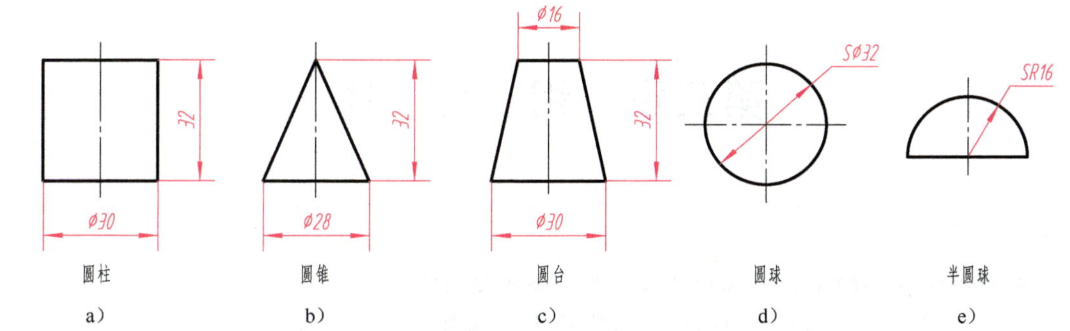

图 2-32　回转体的尺寸注法

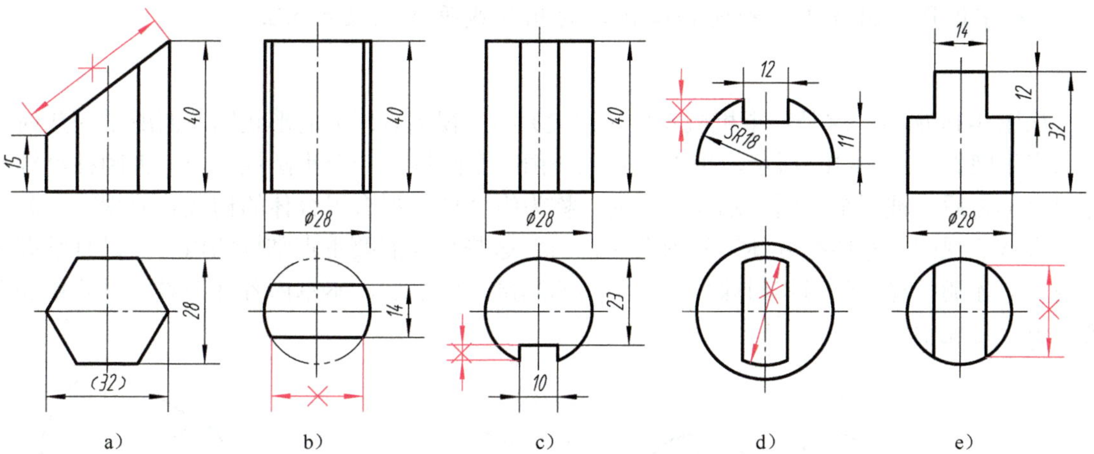

图 2-33　带切口几何体的尺寸注法

第三章　组　合　体

知识目标

- 理解组合体的组合形式和画法，熟悉形体分析法。
- 掌握组合体三视图的画法和识读组合体三视图的基本要领。
- 掌握简单组合体的尺寸注法。
- 掌握异径圆柱正交和同轴回转体的相贯线画法及尺寸注法。

如图 3-1a 所示，这是一个机械零件（顶尖）的三视图。顶尖的形状比前面所学的几何体复杂多了吧？如图 3-1b 所示，顶尖实际上是由一个圆锥、一个小圆柱、一个大圆柱沿轴线方向叠加之后，被两个平面切割而形成的，称为组合体。那么组合体的构成有何规律？怎么画组合体三视图？看懂组合体三视图有何窍门？这些是我们要重点掌握的内容。只有掌握这些内容，才能为深入学习本门课程打下坚实的基础。同学们，本章内容并不难，只要稍加努力，就一定能学会。

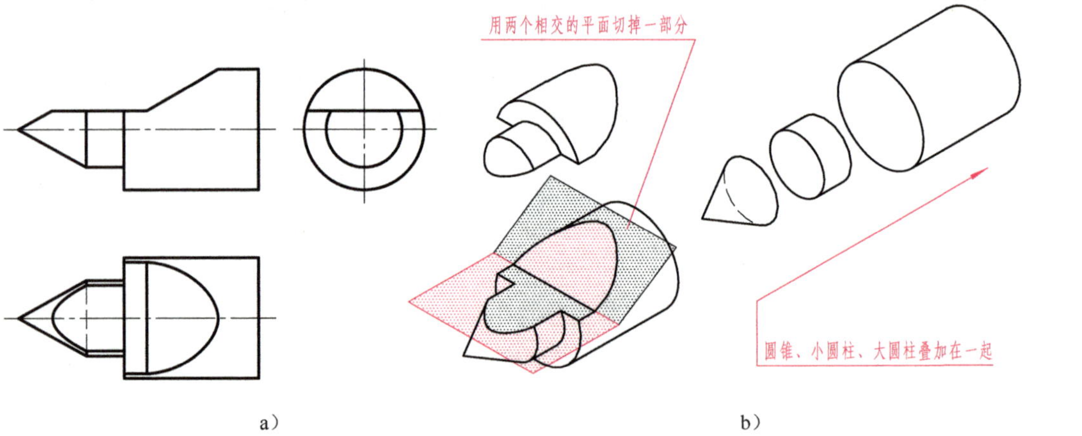

图 3-1　组合体视图分析

第一节　组合体的形体分析

任何一个机器零件，从形体的角度来分析，都可以看成是由若干基本几何体（柱、锥、球等），按一定的方式（叠加、切割或穿孔等）组合而成的。由两个或两个以上的基本几何体组合构成的整体，称为组合体。

一、形体分析法

图 3-2a 所示的轴承座，可看成是由一个半圆柱和两个尺寸不同的四棱柱叠加起来后，再

切去一个较大圆柱体和两个小圆柱体而形成的组合体，如图 3-2b、c 所示。

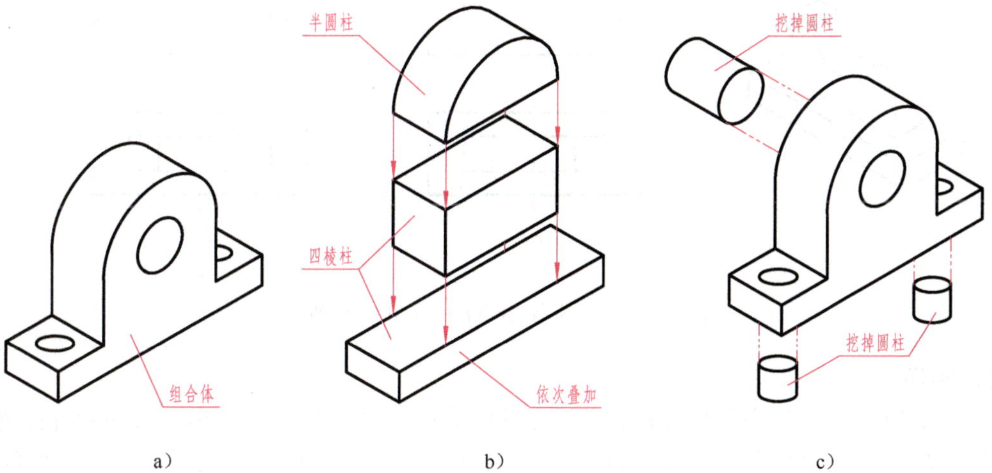

a）　　b）　　c）

图 3-2　轴承座的形体分析

画组合体三视图时，就可采用“先分后合”的方法，即先在想象中将组合体分解成若干个基本几何体，然后按其相对位置逐个地画出各基本几何体的投影，最后综合起来，得到整个组合体的视图。这样，就可把一个复杂的问题分解成几个简单的问题加以解决。

假想将物体分解成若干个基本几何体，并搞清它们之间相对位置和组合形式的方法，称为形体分析法。

二、组合体的组合形式

讨论组合体的组合形式，关键是搞清相邻两基本体间的接合形式，以便于分析接合处两基本体分界线的投影。

1．共面与非共面

画这种组合形式的视图时，应注意区分分界处的情况。当两基本体的相邻表面共面时，在共面处没有交线，如图 3-3 所示。

当两基本体的相邻表面不共面时，在两基本体的连接处应有交线，如图 3-4 所示。

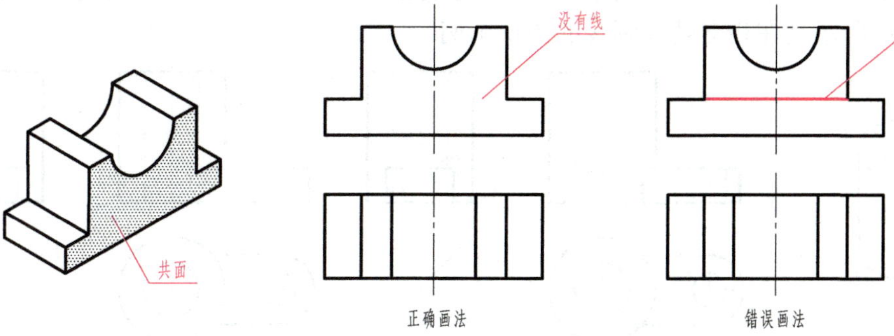

a）　　b）　　c）

图 3-3　两基本体相邻表面共面的画法

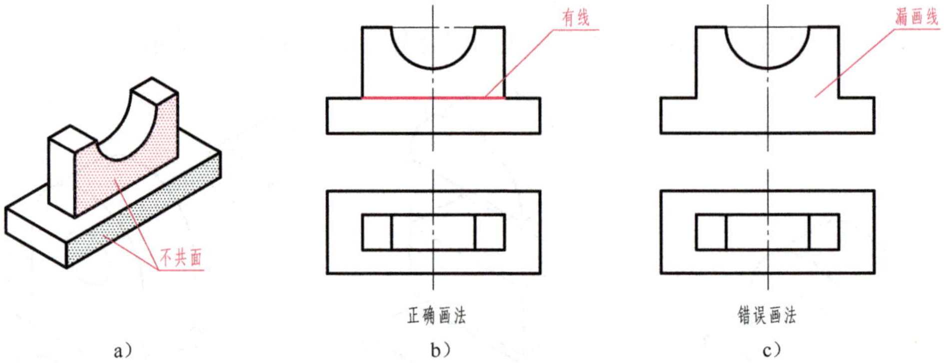

图 3-4　两基本体相邻表面不共面的画法

2. 相切

图 3-5a 所示组合体由耳板和圆筒组成。耳板前后两平面与左右一小一大两圆柱面光滑连接，即相切。在水平投影中，表现为直线和圆弧相切。在正面和侧面投影中，相切处不画线，耳板上表面的投影只画至切点处，如图 3-5b 所示。图 3-5c 所示是在相切处画线的错误示例。

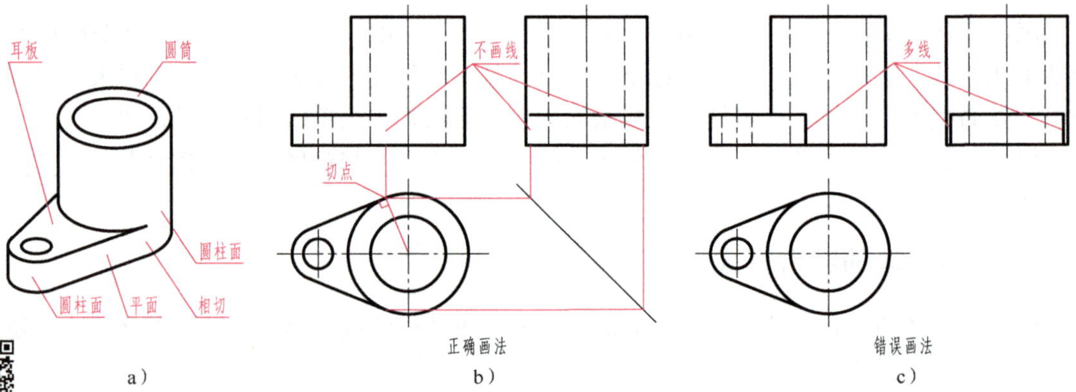

图 3-5　两基本体表面相切的画法

3. 相交

图 3-6a 所示组合体也是由耳板和圆筒组成，但耳板前后两平面平行，与右侧大圆柱面相交。在水平投影中，表现为直线和圆弧相交。在正面和侧面投影中，应画出交线，如图 3-6b 所示。图 3-6c 所示是在相交处漏画线的错误示例。

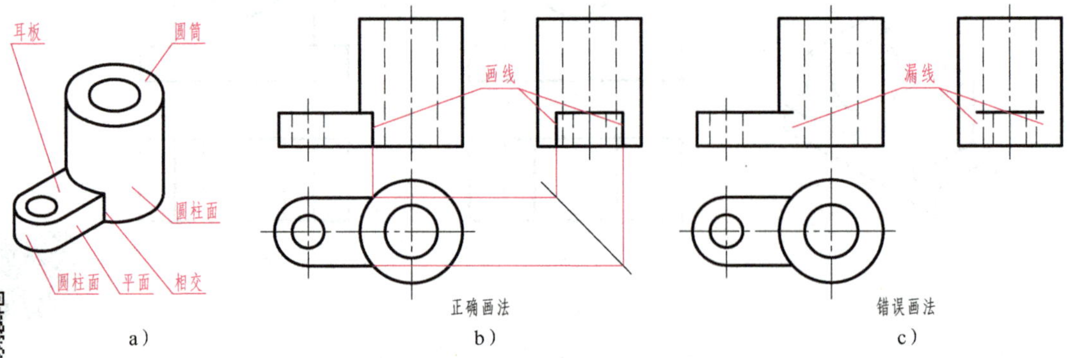

图 3-6　两基本体表面相交的画法

4. 相贯

两回转体的表面相交称为相贯，相交处的交线称为相贯线。由于两相交回转体的形状、大小和相对位置不同，相贯线的形状也不同。相贯线具有下列基本性质：

1）共有性。相贯线是两回转体表面上的共有线，也是两回转体表面的分界线，所以相贯线上的所有点，都是两回转体表面上的共有点。

2）封闭性。一般情况下，相贯线是封闭的空间曲线，在特殊情况下是平面曲线或直线。

（1）相贯线的简化画法　当不需要准确求作两圆柱正交相贯线的投影时，可采用简化画法，即用圆弧代替相贯线。

【例 3-1】　如图 3-7a 所示，两圆柱异径正交，补画主视图中所缺的相贯线。

分析

由于两圆柱的轴线垂直相交，所以相贯线是一条前后、左右对称的闭合的空间曲线，如图 3-7b 所示。小圆柱的轴线垂直于水平面，相贯线的水平投影为圆（与小圆柱面的积聚性投影重合），大圆柱面的轴线垂直于侧面，相贯线的侧面投影为一段圆弧（与大圆柱面的部分积聚性投影重合），只需补画相贯线的正面投影，如图 3-7c 所示。

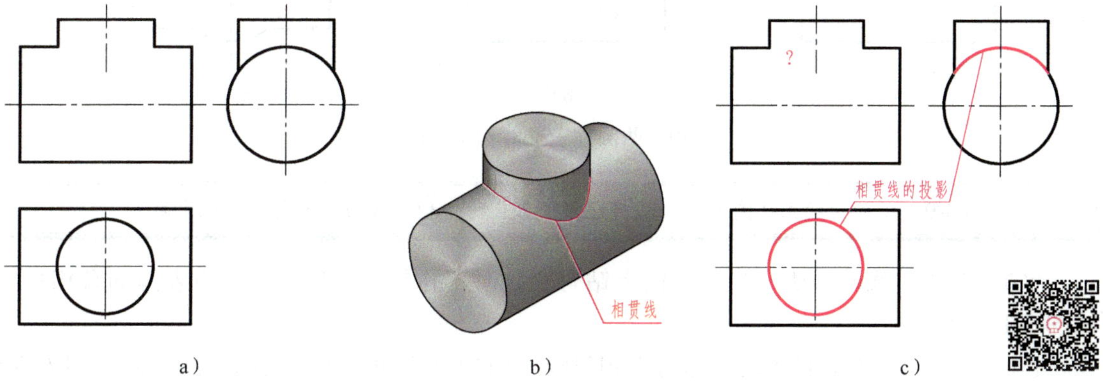

图 3-7　两圆柱异径正交相贯线的分析

作图步骤

1）先直接求出相贯线的最左点 A、最右点 B 和最低点 K，如图 3-8a 所示。

2）作 AK 的垂直平分线，与轴线相交得点 O，如图 3-8b 所示。

3）以点 O 为圆心、OA 为半径画弧即可，如图 3-8c 所示。

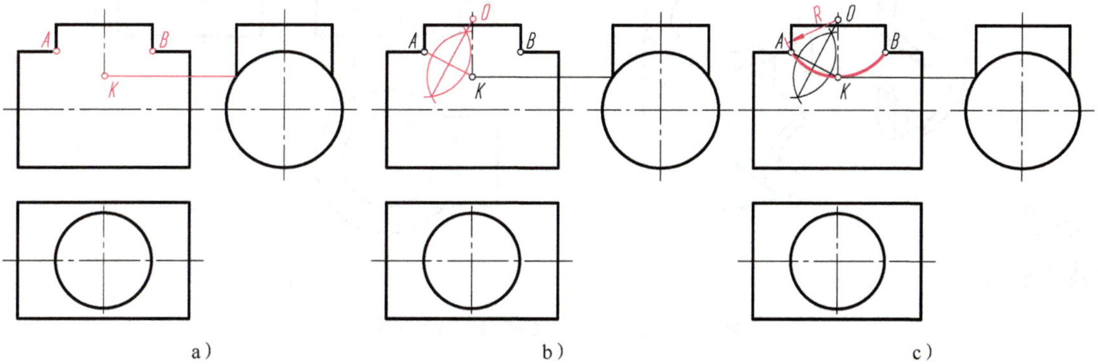

图 3-8　两圆柱异径正交相贯线的简化画法

（2）两圆柱正交时相贯线的变化　当两圆柱的相对位置不变，而两圆柱的直径发生变化时，相贯线的形状和位置也将随之变化。

当 $\phi_1>\phi$ 时，相贯线的正面投影为上、下对称的曲线，如图 3-9a 所示。

当 $\phi_1=\phi$ 时，相贯线在空间为两个相交的椭圆，其正面投影为两条相交的直线，如图 3-9b 所示。

当 $\phi_1<\phi$ 时，相贯线的正面投影为左、右对称的曲线，如图 3-9c 所示。

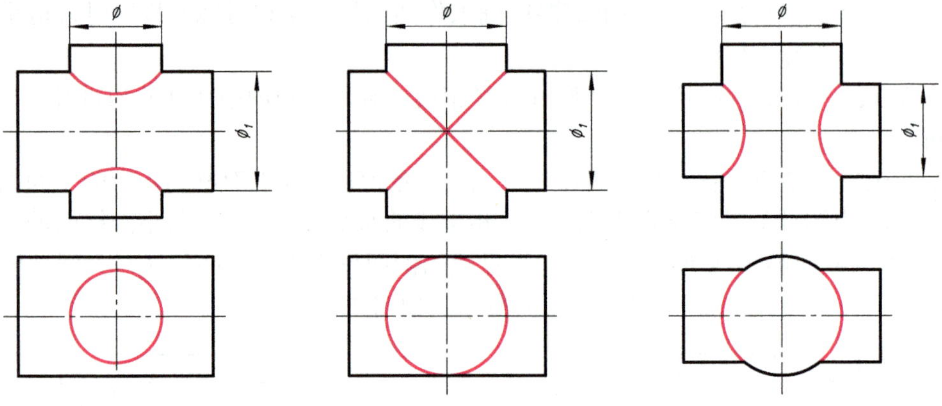

a）　b）　c）

图 3-9　两圆柱正交时相贯线的变化

> 提示：由图 3-9a、c 所示的主视图可知，两圆柱异径正交时，相贯线向直径大的圆柱弯曲。

（3）内相贯线的画法　当在圆筒上钻有通孔时，孔与圆筒外表面及内表面均有相贯线，如图 3-10a 所示。

在物体内表面产生的交线，称为内相贯线。内相贯线和外相贯线的画法相同，因为内相贯线的投影不可见而画成细虚线，如图 3-10b 所示。

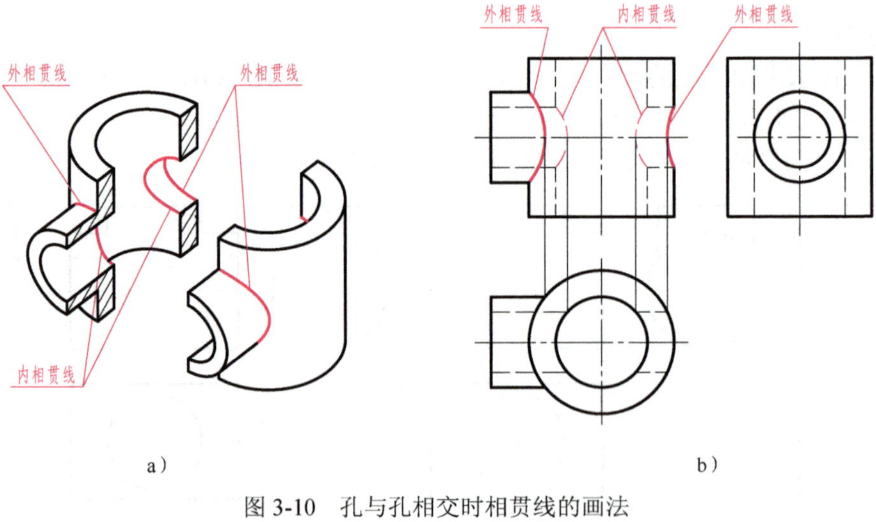

a）　b）

图 3-10　孔与孔相交时相贯线的画法

（4）相贯线的特殊情况　两回转体相交，在一般情况下相贯线为空间曲线。但在特殊情况下，相贯线为平面曲线或直线。当两个同轴回转体相交时，相贯线一定是垂直于轴线的圆。当回转体轴线平行于某一投影面时，这个圆在该投影面上的投影为垂直于轴线的直线，如图 3-11 所示。

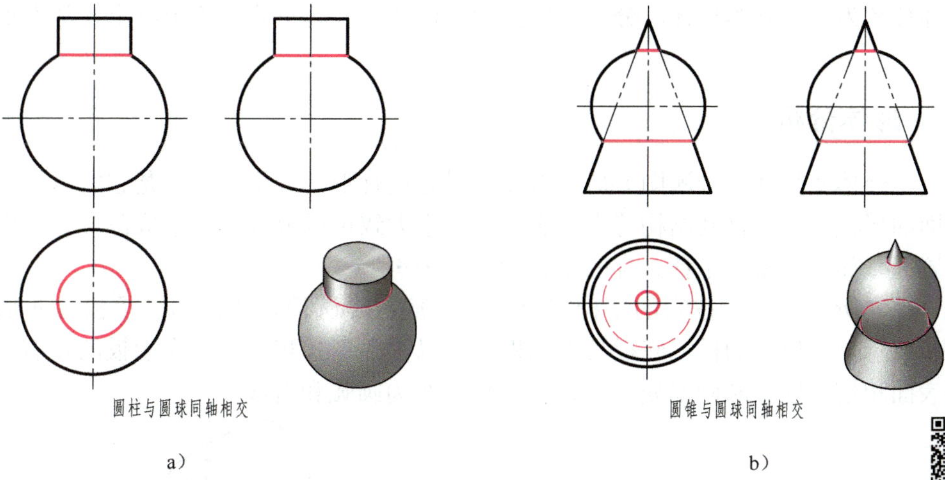

图 3-11 同轴回转体的相贯线——圆

5. 综合型

在实际应用时，对那些简单清楚或实难分辨的形体，没必要硬性分解，只要能正确地作出投影即可。大部分组合体属于综合型，如图 3-12a 所示。画图时，按底板与四棱柱共面画出三视图，如图 3-12b 所示。再按切掉两个 U 形柱、上部半圆柱、小圆柱与半圆柱相贯的顺序画出三视图，如图 3-12c、d、e、f 所示。

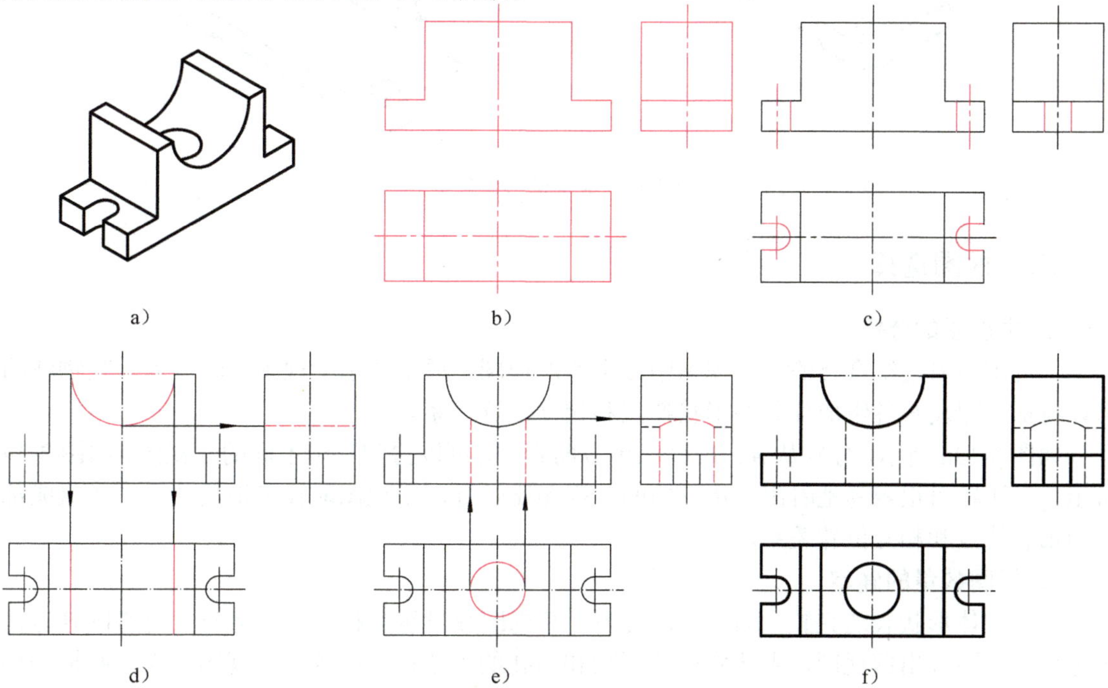

图 3-12 综合型组合体视图的画法

第二节 组合体三视图的画法

形体分析法是将复杂形体简单化的一种思维方法。画组合体视图，一般采用形体分析法，将组合体分解为若干基本形体，分析它们的相对位置和组合形式，逐个画出各基本形体的三视图。

一、形体分析

拿到组合体实物（或轴测图）后，首先应对它进行形体分析，搞清楚它的前后、左右和上下六面的形状，并根据其结构特点，想一想：它大致可以分成几个组成部分？它们之间的相对位置关系如何？采用了什么样的组合形式？……

图3-13a所示支架，按它的结构特点可分为底板、圆筒、肋板和支承板等四部分，如图3-13b所示。底板与肋板、底板与支承板之间以平面形式相接触；支承板的左右两侧面和圆筒外表面相切；肋板和圆筒属于相贯，其相贯线为圆弧和直线。

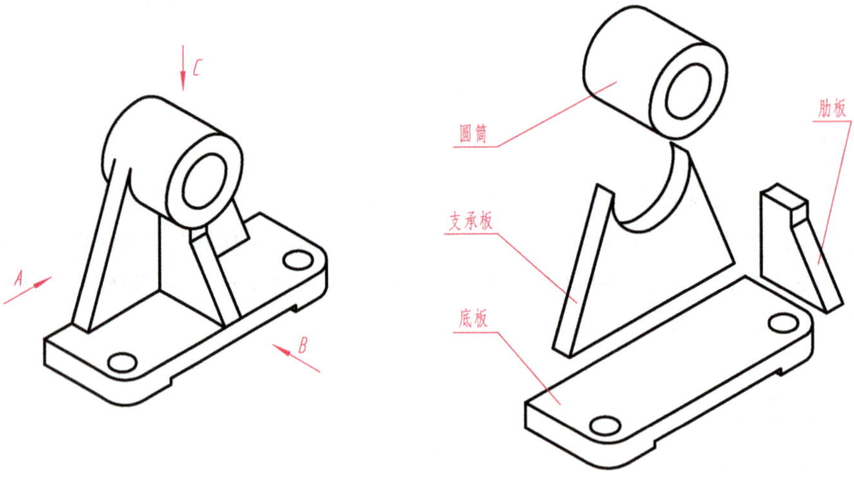

a）　　b）

图3-13 支架的形体分析

二、视图选择

1. 主视图的选择

主视图是表达组合体的一组视图中最主要的视图。通常要求主视图能较多地反映物体的形体特征，即反映各组成部分的形状特点和相互位置关系。

如图3-13a所示，分别从*A*、*B*、*C*三个方向看去，可以得到三组不同的三视图，如图3-14所示。经比较可很容易地看出，*B*方向的三视图比较好，主视图能较多地反映支架各组成部分的形状特点和相互位置关系。

2. 视图数量的确定

在组合体形状表达完整、清晰的前提下，其视图数量越少越好。支架的主视图按*B*方向确定后，还要画出俯视图，表达底板的形状和两孔的中心位置；画出左视图，表达肋板的形状。因此，要完整表达出该支架的形状，必须要画出主、俯、左三个视图。

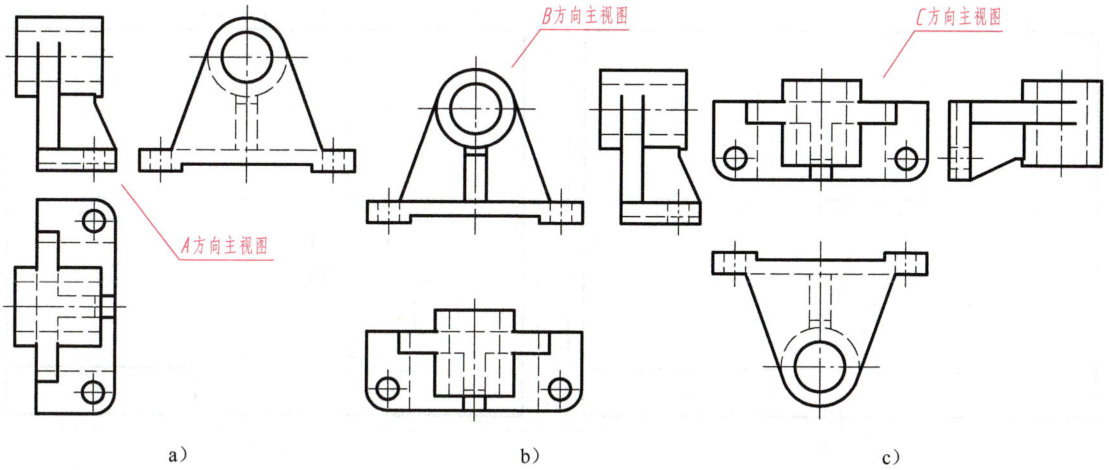

图 3-14 不同三视图的比较

三、画图的方法与步骤

1. 选择比例，确定图幅

视图确定以后，便要根据组合体的大小和复杂程度，选定作图比例和图幅。

> 提示：所选的幅面要比绘制视图所需的面积大一些，以便标注尺寸和绘制标题栏。

2. 布置视图

布图时，应将视图匀称地布置在幅面上，视图间的空当应保证能注全所需的尺寸。

3. 绘制底稿

支架三视图的画图步骤如图 3-15 所示。

为了迅速而正确地画出组合体的三视图，画底稿时，应注意以下两点：

1）画图的先后顺序，一般应从形状特征明显的视图入手。先画主要部分，后画次要部分；先画看得见的部分，后画看不见的部分；先画圆或圆弧，后画直线。

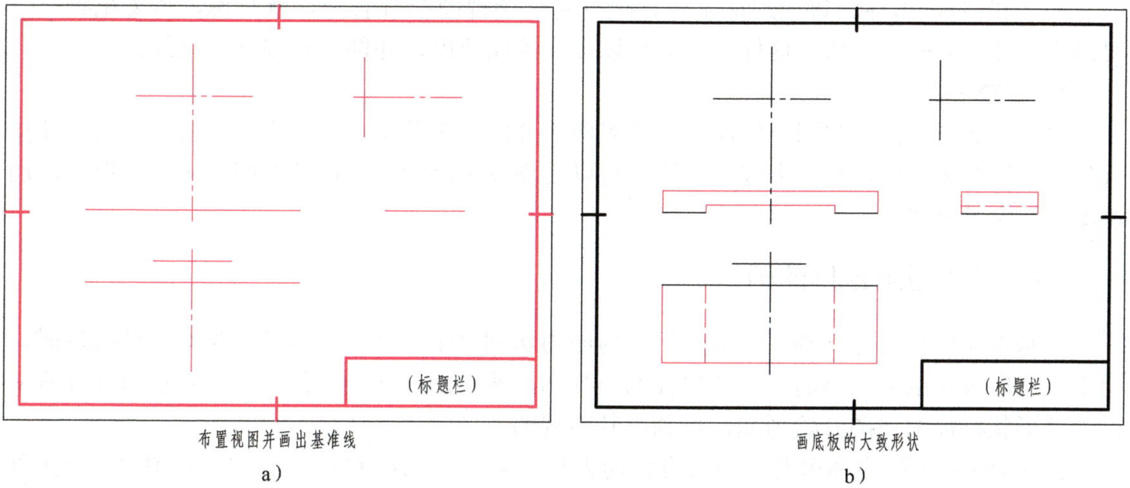

图 3-15 支架三视图的画图步骤

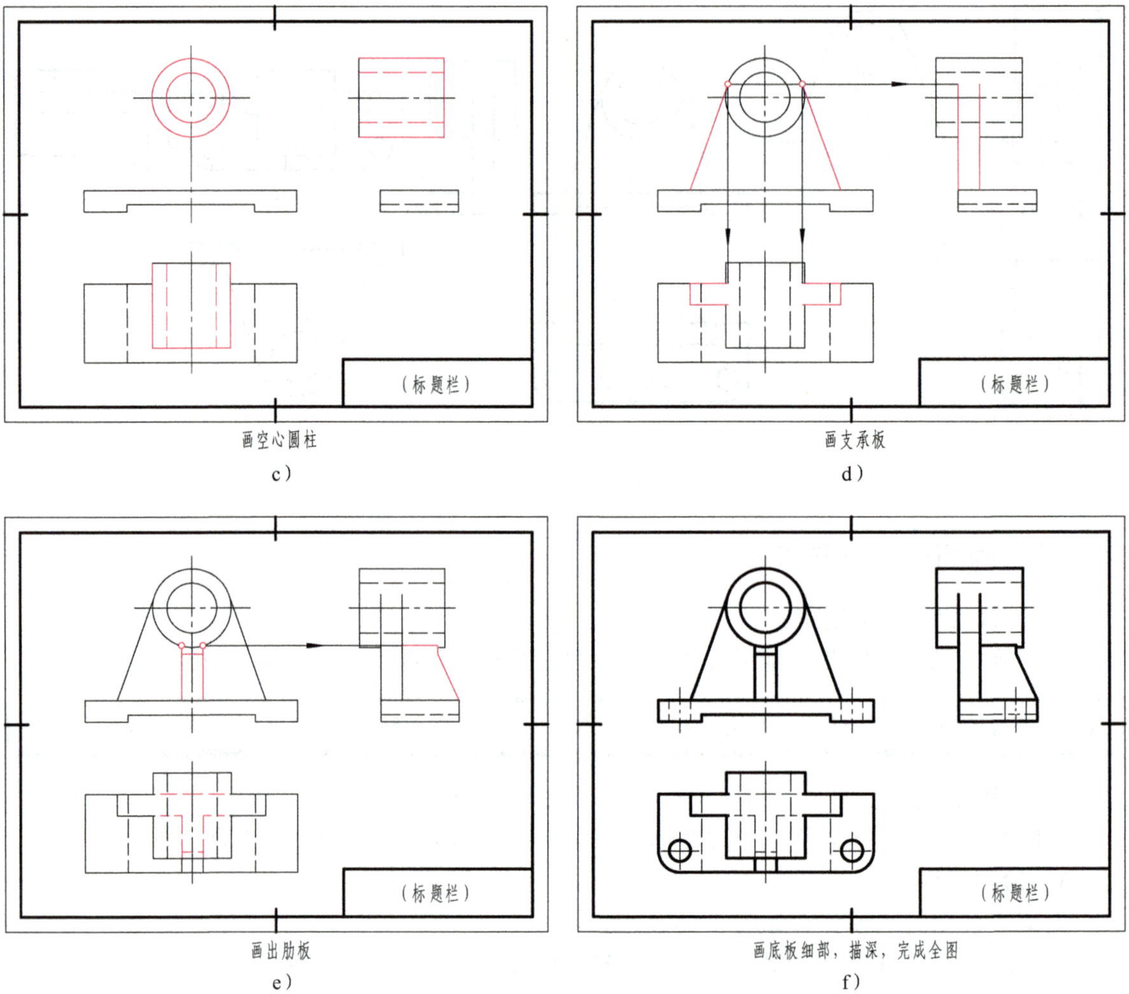

图 3-15　支架三视图的画图步骤（续）

2）画图时，形体的每一组成部分，最好是三个视图配合着画。就是说，不要先把一个视图画完再画另一个视图。这样，不但可以提高绘图速度，还能避免多线或漏线。

4．检查加深

底稿完成后，在三视图中依次核对各组成部分的投影关系正确与否；分析相邻两形体接合处的画法有无错误，是否多线、漏线；再以实物或轴测图与三视图对照，确认无误后，加深图线，完成全图。

四、切割型组合体的画法

对基本几何体进行切割而形成的组合体即为切割型组合体。绘制切割型组合体视图时，通常先画出未切割前完整的基本几何体的三视图，然后画出切割后的形体。各切口部分应从反映其形状特征的视图开始画起，再画出其他视图。

图 3-16a 所示组合体可看作由长方体切去基本形体 *A*、*B*、*C* 而形成的。画图时，首先画出（未切割前）长方体的三视图，如图 3-16b 所示。然后将 *A*、*B*、*C* 形体依次地切割下来，

其作图步骤如图 3-16c、d、e 所示。

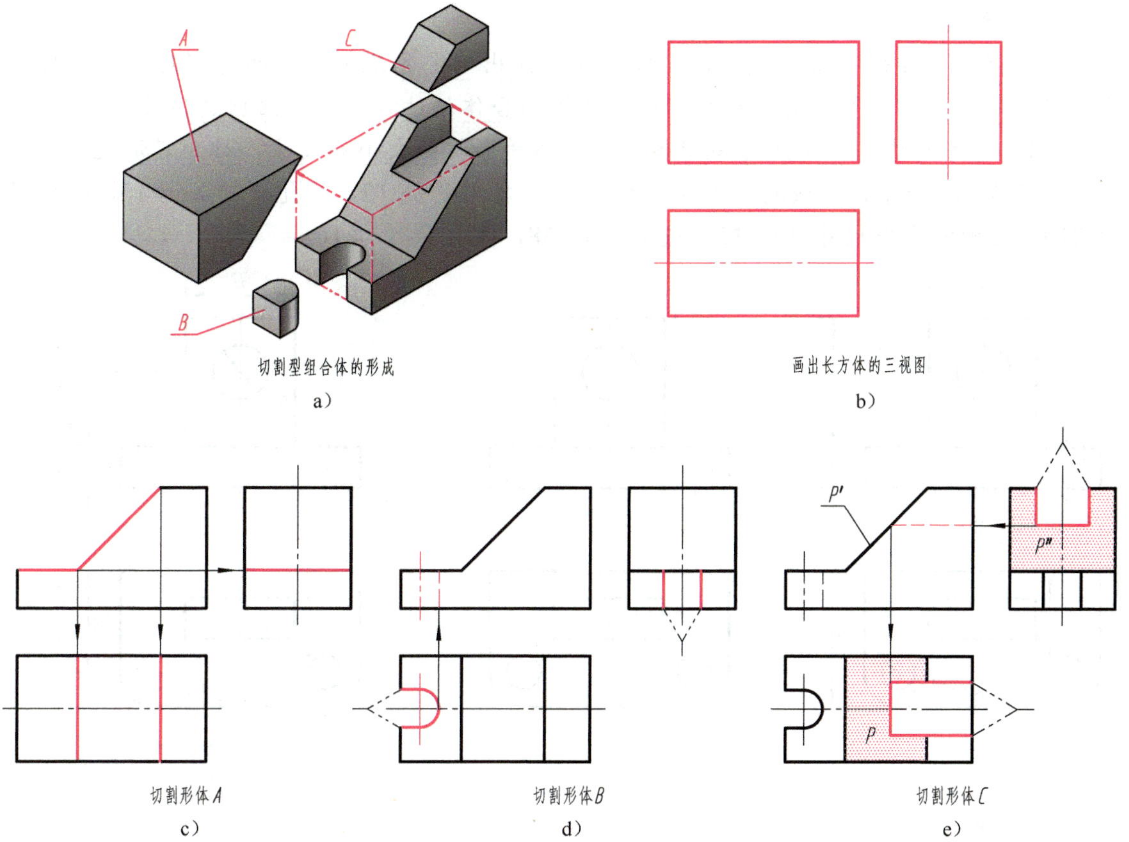

图 3-16 切割型组合体的画法

画切割体三视图时应注意以下两点：

1）作每个切口的投影时，应先从反映形体特征轮廓且具有积聚性投影的视图开始，再按投影关系画出其他视图。例如，切割形体 A 时，先画出切口的主视图，再画出俯、左视图中的图线；切割形体 B 时，先画出圆形槽的俯视图，再画出主、左视图中的图线；切割形体 C 时，先画出矩形槽的左视图，再画出主、俯视图中的图线。

2）注意切口截面投影的类似性。如图 3-16c 所示的矩形槽与斜面 P 相交而形成的截面，其水平投影与侧面投影应为类似形。

第三节 组合体的尺寸注法

视图只能表达组合体的结构和形状，要表示它的大小，则需通过图中所标注的尺寸。因此，在视图中不但需要注出尺寸，而且必须注得完整、清晰，符合国家标准关于尺寸注法的规定。

一、尺寸标注的基本要求

1. 正确性

应确保尺寸数值正确无误，所注的尺寸（包括尺寸数字、符号、箭头、尺寸线和尺寸界线等）要符合国家标准的有关规定。

2．完整性

为了将尺寸注得完整，应先按形体分析法注出确定各基本形体的定形尺寸，再标注确定它们之间相对位置的定位尺寸，最后根据组合体的结构特点，注出总体尺寸。

（1）定形尺寸　确定组合体中各基本形体的形状和大小的尺寸，称为定形尺寸。

如图 3-17a 所示，底板的定形尺寸有长 70、宽 40、高 12，圆孔直径 2× ϕ10，圆角半径 *R*10；立板的定形尺寸有长 32、宽 12、高 38，圆孔直径 ϕ16。

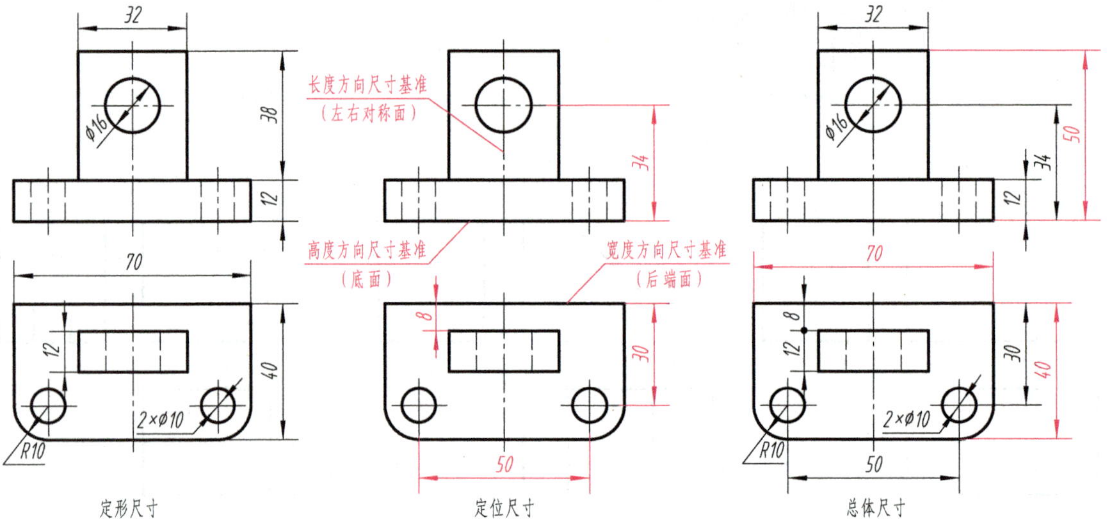

a）　b）　c）

图 3-17　组合体的尺寸注法

> 提示：相同的圆孔要标注孔的数量（如 2× ϕ10），但相同的圆角无须标注数量。两者都不要重复标注。

（2）定位尺寸　确定组合体中各基本形体之间相对位置的尺寸，称为定位尺寸。

标注定位尺寸时，应先选择尺寸基准。尺寸基准是指标注或测量尺寸的起点。由于组合体具有长、宽、高三个方向的尺寸，每个方向都应有尺寸基准，以便从基准出发，确定基本形体在各方向上的相对位置。选择尺寸基准必须体现组合体的结构特点，并便于尺寸度量。通常以组合体的底面、端面、对称面、回转体轴线等作为尺寸基准。

如图 3-17b 所示，组合体左右对称面为长度方向的尺寸基准，由此注出两圆孔的定位尺寸 50；后端面为宽度方向的尺寸基准，由此注出底板上圆孔的定位尺寸 30，立板与后端面的定位尺寸 8；底面为高度方向的尺寸基准，由此注出立板上圆孔与底面的定位尺寸34。

（3）总体尺寸　确定组合体外形的总长、总宽、总高尺寸，称为总体尺寸。

如图 3-17c 所示，该组合体总长和总宽尺寸即底板的长 70、宽 40，不再重复标注。总高尺寸 50 从高度方向的尺寸基准注出。总高尺寸标注之后，要去掉立板的高度尺寸 38，否则会出现多余尺寸。

> 提示：当组合体的一端或两端为回转体时，总体尺寸是不能直接注出的，否则会出现重复尺寸。如图 3-18a 所示组合体，其总长尺寸（76=52+$R$12×2）和总高尺寸（42=28+$R$14）是间接确定的。因此，图 3-18b 所示标注总长 76、总高 42 是错误的。

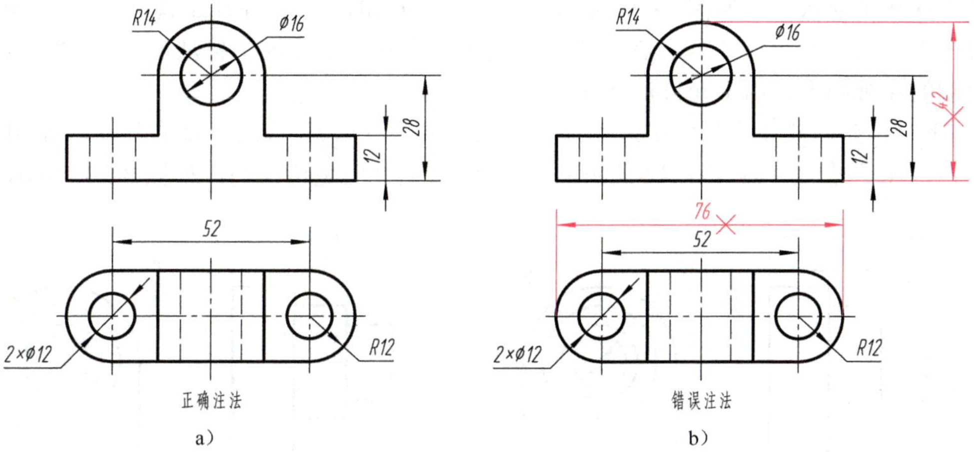

图 3-18　不注总体尺寸的情况

综上所述，定形尺寸、定位尺寸、总体尺寸可以相互转化。实际标注尺寸时，应认真分析，避免多注或漏注尺寸。

3. **清晰性**

尺寸标注除要求完整外，还要求标得清晰、明显，以方便看图。为此，标注尺寸时应注意以下几个问题：

1）定形尺寸尽可能标注在表示形体特征明显的视图上，定位尺寸尽可能标注在位置特征清楚的视图上。如图 3-19a 所示，将五棱柱的五边形尺寸标注在主视图上，比分开标注（图 3-19b）要好。如图 3-19c 所示，腰形板的俯视图形体特征明显，半径 $R$4、$R$7 等尺寸标注在俯视图上是正确的，而图 3-19d 的标注是错误的。

如图 3-17b 所示，底板上两圆孔的定位尺寸 50、30 注在俯视图上，则两圆孔的相对位置比较明显。

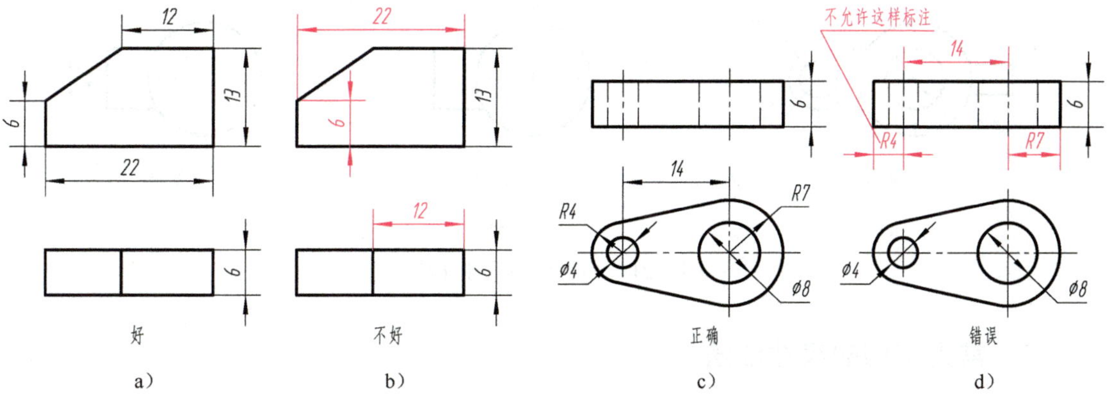

图 3-19　定形尺寸标注在形体特征明显的视图上

2）同一形体的尺寸应尽量集中标注。如图 3-17c 所示，底板的长度 70、宽度 40、两圆孔直径 2× ϕ10、圆角半径 R10、两圆孔定位尺寸 50、30 都集中注在俯视图上，便于看图时查找。

3）直径尺寸尽量注在投影为非圆的视图上，圆弧的半径应注在投影为圆的视图上。尺寸尽量不注在细虚线上。如图 3-20 所示，圆的直径 ϕ20、ϕ30 注在主视图上是正确的，注在左视图上是错误的。而 ϕ14 注在左视图上是为了避免在细虚线上标注尺寸。R20 只能注在投影为圆的左视图上，而不允许注在主视图上。

4）平行排列的尺寸应将较小尺寸注在里面（靠近视图），大尺寸注在外面。如图 3-20a 所示，12、16 两个尺寸应注在 42 的里面，注在 42 的外面是错误的，如图 3-20b 所示。

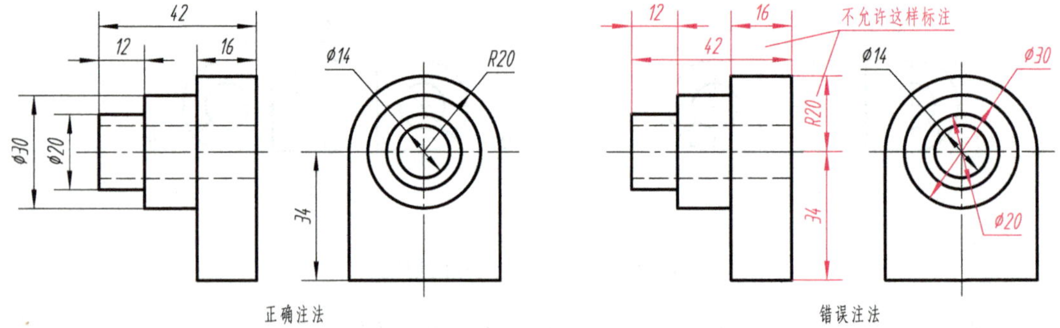

a） b）

图 3-20 直径与半径、大尺寸与小尺寸的注法

5）相贯线不标注尺寸。如图 3-21a、b 所示，两形体表面相交产生相贯线，其相贯线本身不标注尺寸。图 3-21c 所示的注法是错误的。

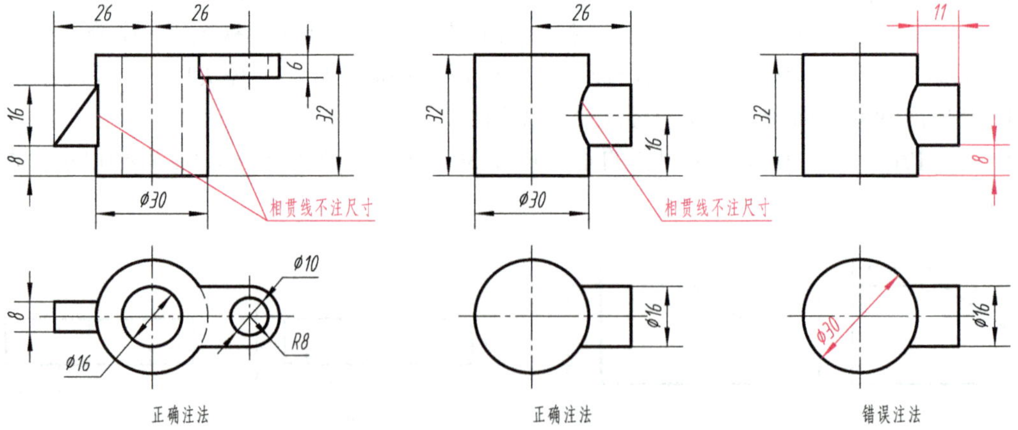

a） b） c）

图 3-21 相贯体的尺寸注法

二、常见结构的尺寸注法

组合体常见结构的尺寸注法如图 3-22 所示。

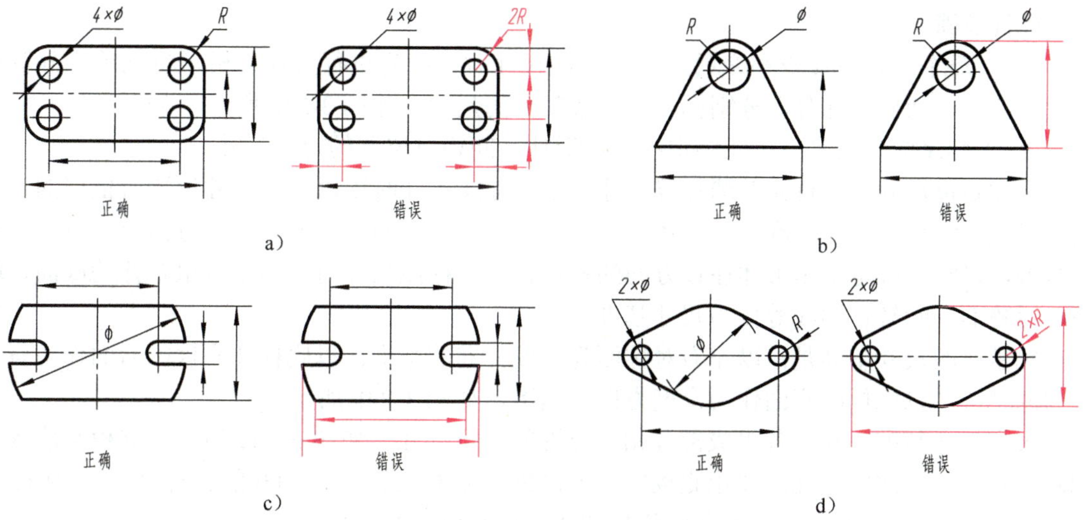

图 3-22　组合体常见结构的尺寸注法

> 提示：在图 3-22b、c、d 所示情况下，即组合体的一端或两端为回转面时，总高（总长）是不能直接注出的，否则会出现重复尺寸。

三、标注组合体尺寸的方法和步骤

组合体是由一些基本形体按一定的连接关系组合而成的。因此，在标注组合体的尺寸时，应先按形体分析法将组合体分解为若干基本形体，再注出各基本形体的定形尺寸和各基本形体之间的定位尺寸，以及组合体长、宽、高三个方向的总体尺寸。

【例 3-2】　标注如图 3-23a 所示轴承座的尺寸。

分析

轴承座由三部分组成，如图 3-23b 所示。轴承座左右对称。它由长方形底板、长方形与半圆柱组成的立板和三角形肋板叠加后，在立板上挖去一个圆柱，在底板上挖去两个圆柱，再在底板前方 1 / 4 圆柱面切去两角而形成的，如图 3-23c 所示。

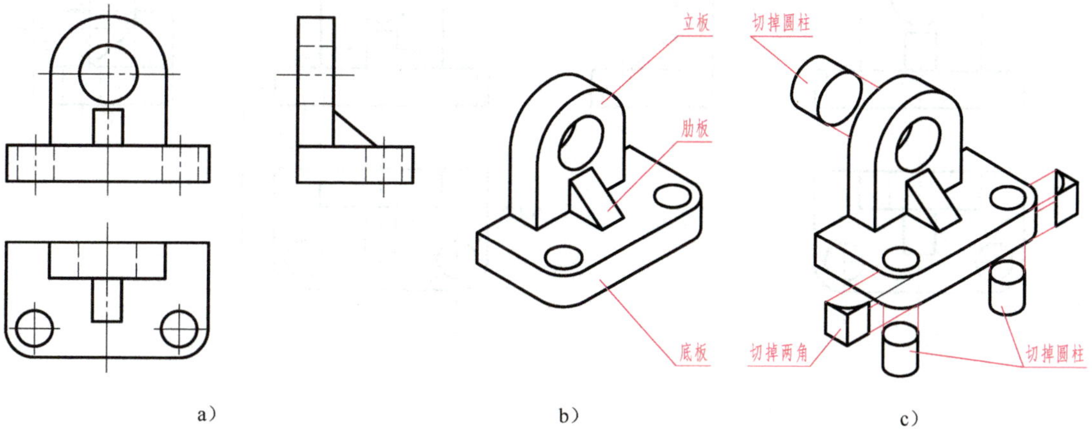

图 3-23　轴承座形体分析

标注步骤

（1）逐个注出各组成部分的尺寸　标注尺寸时，应先进行形体分析，将轴承座分解成底板、立板、肋板三部分，分别标注各组成部分的尺寸，如图 3-24a 所示。

（2）标注定位尺寸　标注确定各基本形体之间相对位置的定位尺寸。

标注定位尺寸时，首先要选择好尺寸基准。标注尺寸时用以确定尺寸位置所依据的一些面、线或点，称为尺寸基准。组合体有长、宽、高三个方向的尺寸，每个方向至少有一个尺寸基准，以它来确定基本形体在该方向的相对位置。标注尺寸时，通常以组合体的底面、端面、对称面、回转体轴线等作为尺寸基准。

轴承座的尺寸基准是：以左右对称面为长度方向的基准；以底板和立板的后面作为宽度方向的基准；以底板的底面作为高度方向的基准，如图 3-24b 所示。

根据尺寸基准，标注各组成部分相对位置的定位尺寸，如图 3-24c 所示。立板与底板的相对位置，需标注轴承孔轴线距底板底面的高30。底板上两个 ϕ10孔的相对位置， 应标注长度方向定位尺寸 40 和宽度方向定位尺寸 24 这两个尺寸。

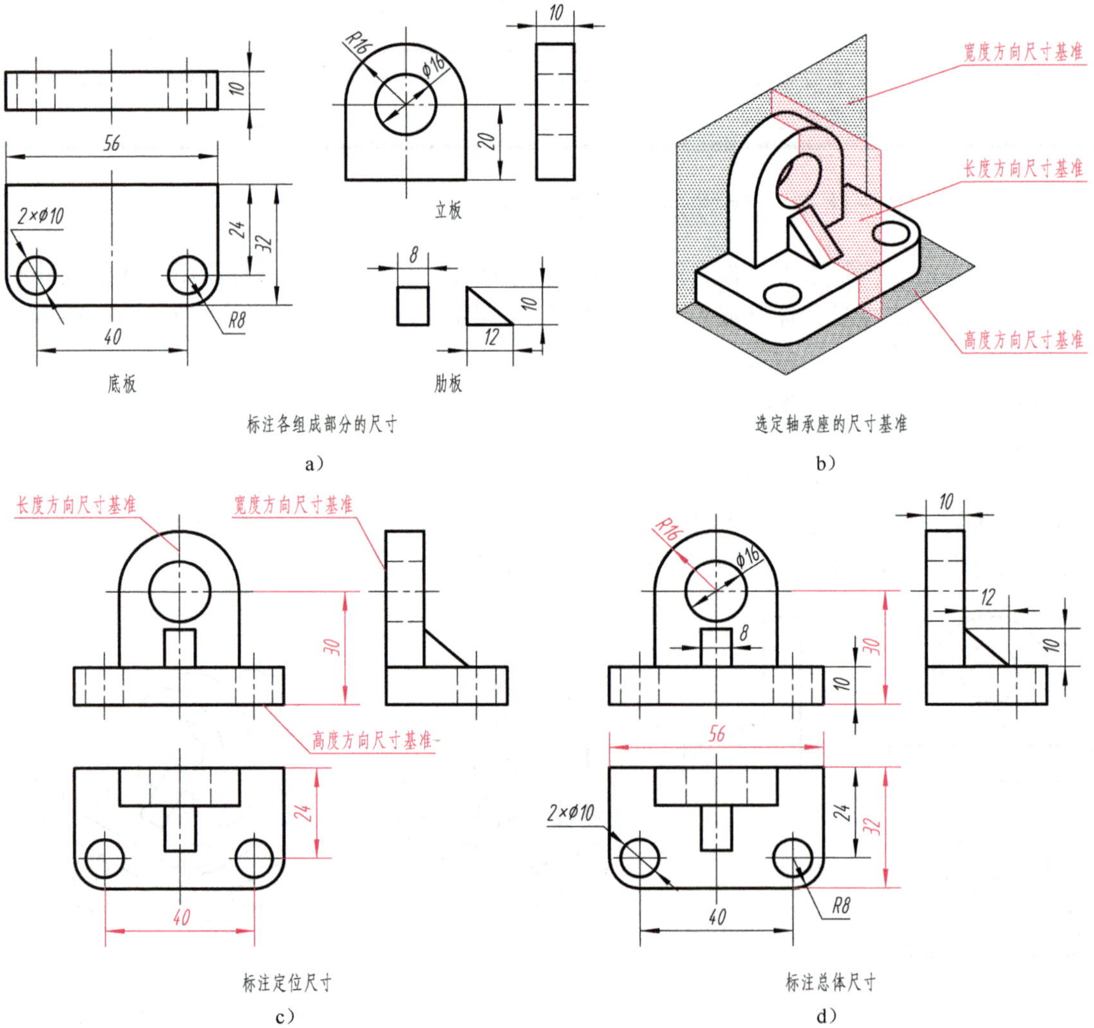

图 3-24　轴承座的尺寸标注

（3）标注总体尺寸　如图 3-24d 所示，底板的长度 56 即为轴承座的总长。底板的宽度 32 即为轴承座的总宽。总高由立板轴承孔轴线高 30 加上立板上方圆弧半径 *R*16 决定，三个总体尺寸已注全。

> 提示：在图 3-24d 所示情况下，总高是不能直接注出的，即组合体的一端或两端为回转面时，应采用这种标注形式，否则会出现重复尺寸，也不便于测量。

第四节　看组合体视图的方法

画图，是将物体用正投影法表示在二维平面上；看图，则是依据视图，通过投影分析想象出物体的形状，是通过二维图形建立三维物体的过程。画图与看图是相辅相成的，看图是画图的逆过程。"照物画图"与"依图想物"相比，后者的难度要大一些。为了能够正确而迅速地看懂组合体视图，必须掌握看图的基本要领和基本方法，通过反复实践，不断培养空间思维能力，提高看图水平。

一、看图的基本要领

1. 将几个视图联系起来看

一个视图不能确定组合体的结构形状。如图 3-25a、b、c 所示，三个主视图都相同，但所表示的是三个不同的物体。

有时，两个视图也无法确定组合体的结构形状。如图 3-25d、e、f 所示，它们的主、俯两个视图完全相同，但实际上也是三个不同的组合体。

由此可见，看图时，必须把所给的视图联系起来看，才能想象出组合体的结构形状。

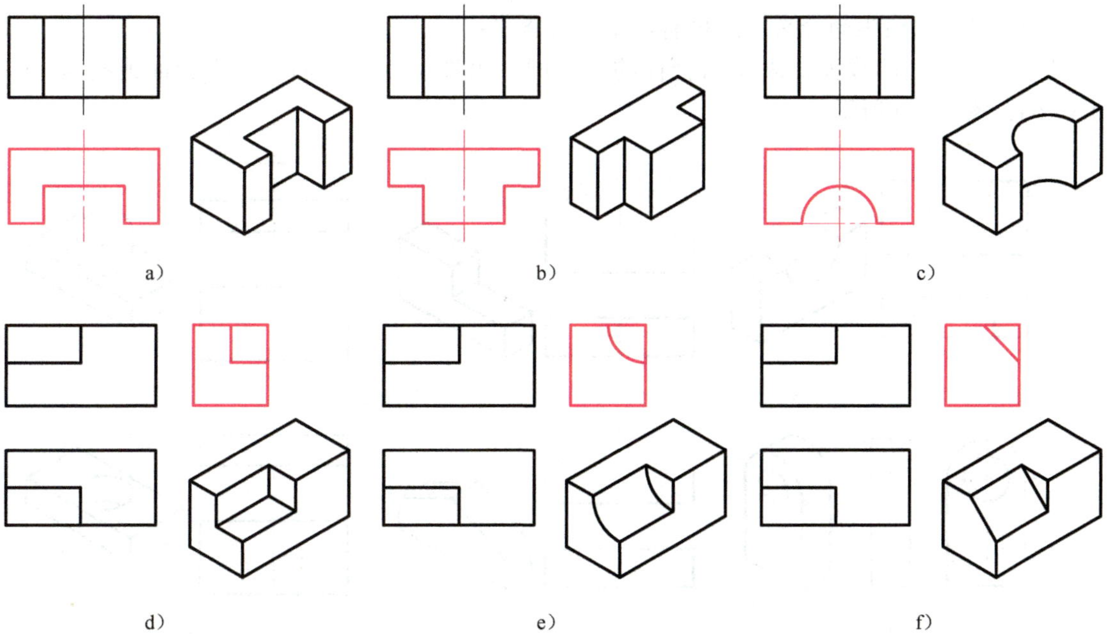

图 3-25　一个或两个视图不能确切表达组合体的结构形状

2. 搞清视图中图线和线框的含义

视图是由一个个封闭线框组成的，而线框又是由图线构成的。因此，弄清图线及线框的含义，是十分必要的。

（1）图线的含义 如图3-26a所示，视图中的图线主要有粗实线、细虚线和细点画线。

1）粗实线或细虚线（包括直线和曲线）可以表示：具有积聚性的面（平面或柱面）的投影；面与面（两平面，或两曲面，或平面与曲面）交线的投影；曲面转向素线的投影。

2）细点画线可以表示：回转体的轴线、中心线。

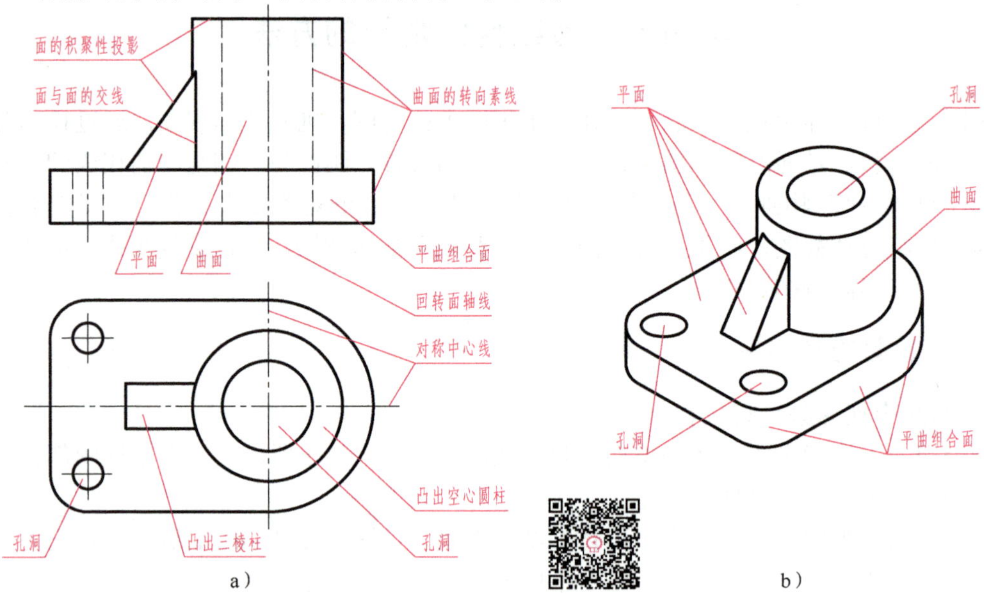

图3-26 视图中图线的含义

（2）视图中线框的含义 线框有以下三种含义：

1）一个封闭的线框，表示组合体的一个面，可能是平面、曲面、组合面或孔洞，如图3-26a、图3-27a所示。

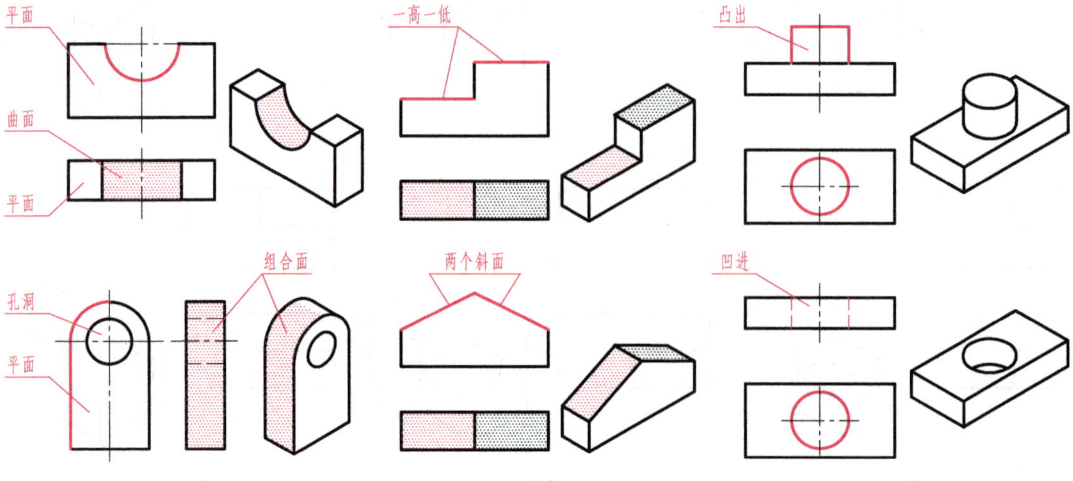

图3-27 视图中线框的含义

2）相邻的两个封闭线框，表示组合体上位置不同的两个面，如图 3-26a、图 3-27b 所示。由于不同线框代表不同的面，它们表示的面有前、后、左、右、上、下的相对位置关系，可以通过这些线框在其他视图中的对应投影来加以判断。

3）一个大封闭线框内所包含的各个小线框，表示在大平面体（或曲面体）上凸出或凹进各个小平面体（或曲面体），如图 3-26a、图 3-27c 所示。

二、看图的基本方法

形体分析法是看图的基本方法。运用形体分析法看图，关键在于掌握分解复杂图形的方法。只有将复杂的图形分解出几个简单图形来，才能通过对简单图形的识读加以综合，达到较快看懂复杂图形的目的。

1. 抓住“特征”分部分

所谓特征，是指组合体的形状特征和各基本形体间的位置特征。

（1）形状特征　如图 3-28a 所示，如果只看主、左视图，至少可以想象出五种组合体形状，画出五个不同的俯视图。也就是说主、左视图表达的组合体形状不是唯一的。如图 3-28b 所示，看图时从俯视图出发，辅以主、左视图，所想象出的组合体形状是唯一的。显然，俯视图是反映该组合体形状特征最明显的视图。

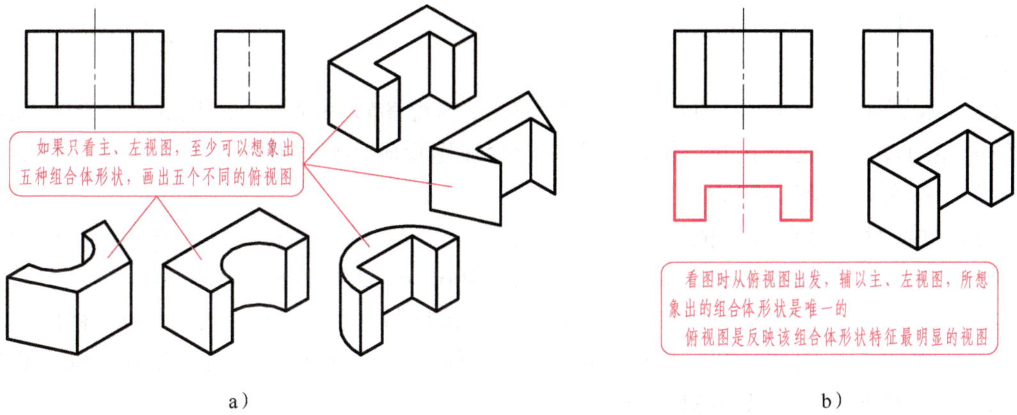

图 3-28　形状特征明显的视图

（2）位置特征　在图 3-29a 中，大线框中包含两个小线框（一个圆、一个矩形），如果只看主、俯视图，两个组合体哪个凸出？哪个凹进？至少有两种答案，如图 3-29b、c 所示。但如果将主、左视图配合起来看，则不仅形状容易想清楚，而且圆柱凸出、四棱柱凹进也确定了。显然，左视图是反映其各组成部分之间位置特征最明显的视图，如图 3-29d 所示。

> 提示：组合体每一组成部分的特征，并非集中在一个视图上。在拆分时，只要形状、位置特征有明显之处，就应从该视图入手，这样就能较快地将组合体分解成若干部分。

2. 对准投影想形状

依据“长对正、高平齐、宽相等”的三等规律，从反映特征部分的线框（一般表示该部分形体）出发，分别在其他两视图上对准投影，并想象出它们的形状。

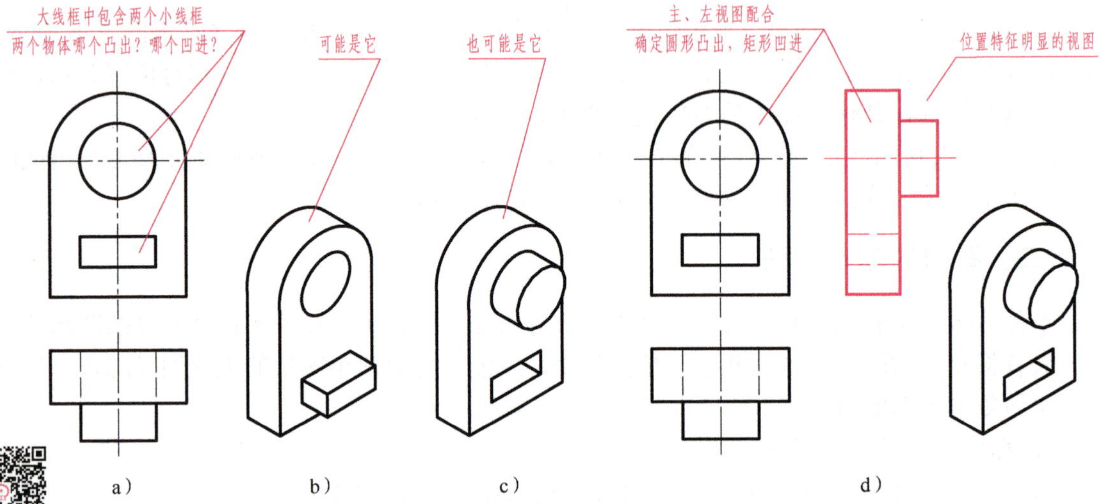

图 3-29　位置特征明显的视图

3. 综合起来想整体

想出各组成部分形状之后，再根据整体三视图，分析它们之间的相对位置和组合形式，进而综合想象出该组合体的整体形状。

【例 3-3】　看懂图 3-30a 所示底座的三视图。

看图步骤

（1）抓住特征分部分　通过形体分析可知，俯视图较明显地反映出底座Ⅰ的特征，主视图较明显地反映出底座Ⅱ的特征，左视图较明显地反映出底座Ⅲ的特征。据此，该底座可大体分为三部分，如图 3-30a 所示。

（2）对准投影想形状　依据“长对正、高平齐、宽相等”的规律，分别在其他两视图上找出对应投影，并想象出它们的形状，如图 3-30b、c、d 中的轴测图所示。

（3）综合起来想整体　半圆形立板Ⅱ在长方形底板Ⅰ的上面，两形体的对称面重合且后面靠齐；梯形立板Ⅲ在半圆形立板Ⅱ的左、右两侧，且与其相接，后面靠齐。综合想象出底座的整体结构形状，如图 3-31 所示。

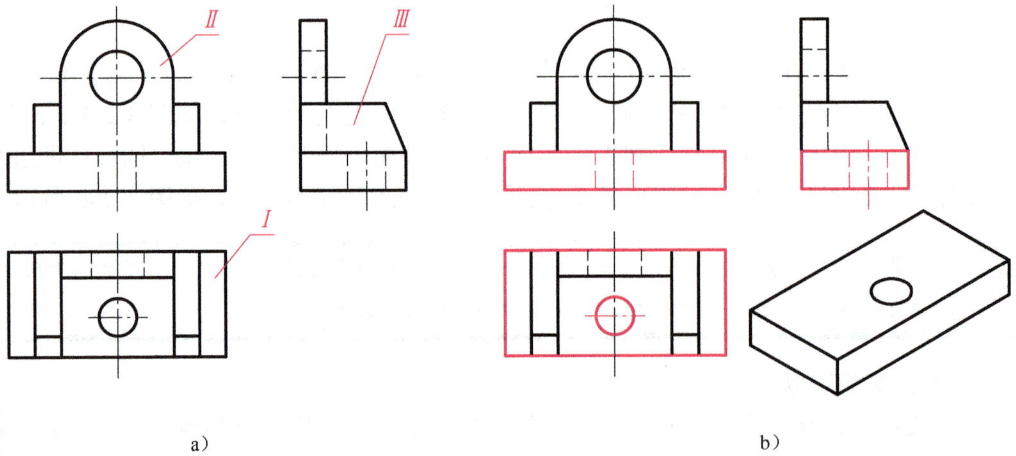

图 3-30　底座的看图方法

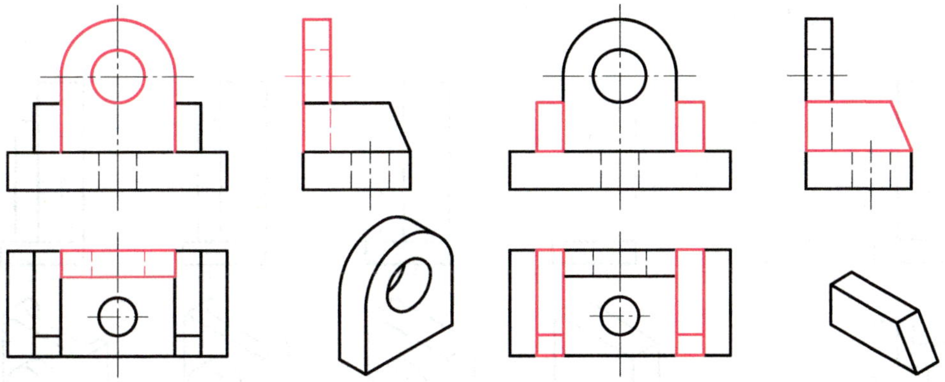

c）　　d）

图 3-30　底座的看图方法（续）

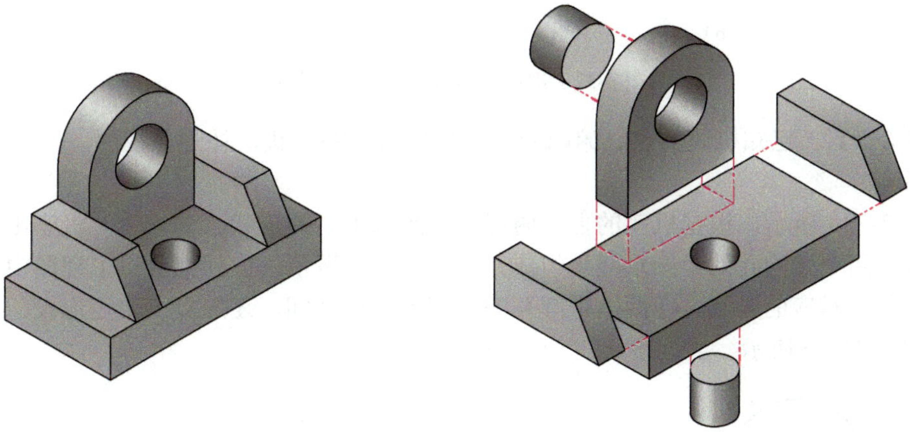

a）　　b）

图 3-31　底座轴测图

三、已知两视图补画第三视图

由已知两视图补画第三视图，是训练看图能力、培养空间想象力的重要手段之一。补画视图，实际上是看图和画图的综合练习，一般可按如下两步进行：

第一步，根据已知的视图按前述方法将视图看懂，并想象出组合体的结构形状。

第二步，在想出结构形状的基础上进行作图。作图时，应根据已知的两个视图，按各组成部分逐个地作出第三视图，进而完成整个组合体的第三视图。

【例 3-4】　如图 3-32a 所示，已知主、俯两视图，补画左视图。

分析

根据已知的两视图，可以看出该组合体是由矩形底板、前半圆板和后立板叠加起来后，在后部上、下方向切去一个通槽，在前后方向钻一个通孔而形成的。

作图步骤

按形体分析法，依次画出矩形底板→后立板→前半圆板→切通槽→加通孔等细节，如图 3-32b、c、d、e、f 所示。

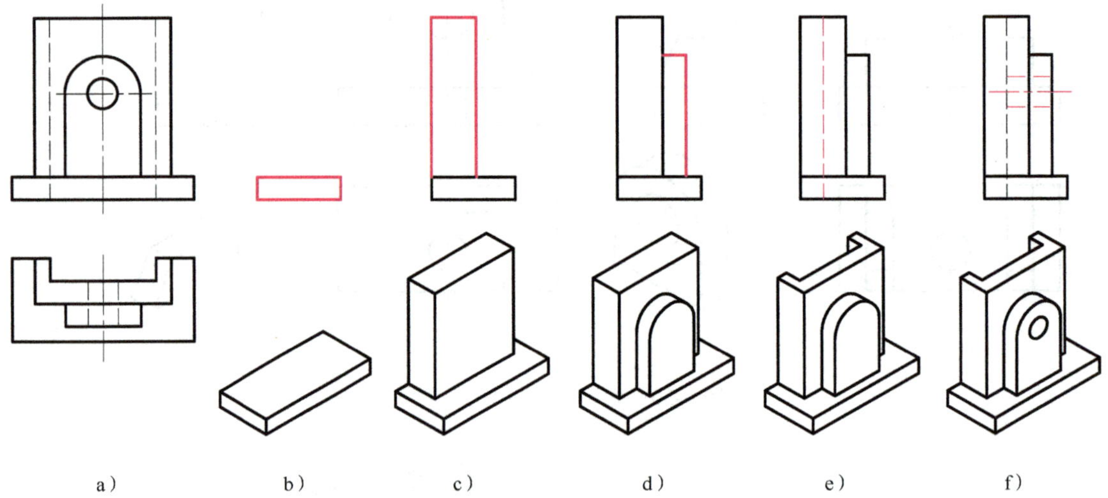

图 3-32　由已知两视图补画第三视图

【例 3-5】　已知机座的主、俯两视图，想象出它的形状，补画左视图。

分析

如图 3-33a 所示，根据机座的主、俯视图，想象出它的形状。乍一看，机座由带矩形通槽的底板、两个带圆孔的半圆形竖板组成，如图 3-33b 所示。但仔细分析主视图中的虚线和俯视图中与之对应的实线，在两个带圆孔的半圆形竖板之间，还应有一块矩形板，机座的整体形状如图 3-33c 所示。

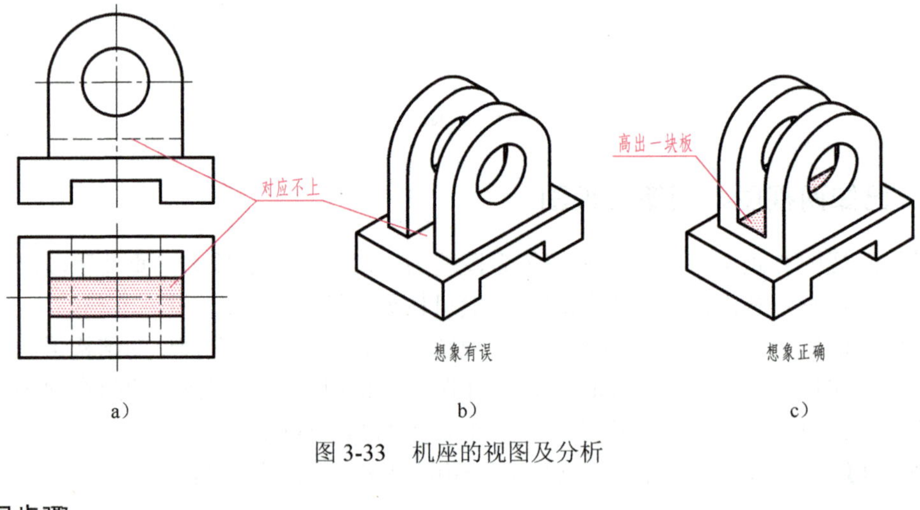

图 3-33　机座的视图及分析

作图步骤

1）根据主、俯视图，画出对称中心线及带通槽底板的左视图，如图 3-34b 所示。

2）画出两个带圆孔的半圆形竖板的左视图，如图 3-34c 所示。

3）画出两半圆形竖板之间矩形板的左视图（只是添加一条横线，但要去掉半圆形竖板上的一小段线），如图 3-34d 所示。

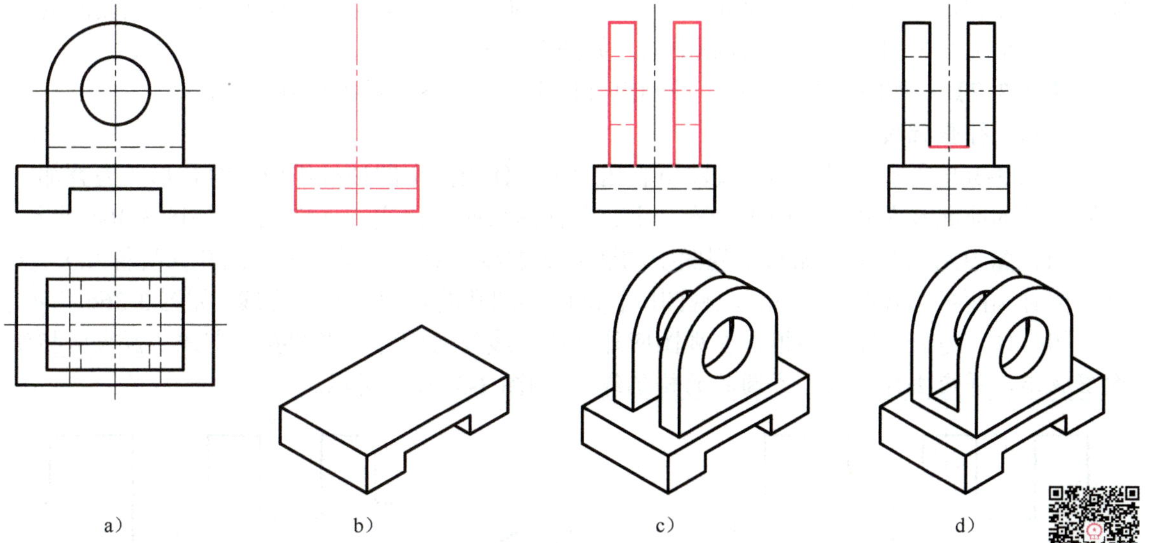

图 3-34 补画机座的左视图

四、补画视图中的漏线

补漏线就是在已知的三视图中，补画缺漏的图线。补漏线也是训练看图能力、培养空间想象力的重要手段之一。一般采用形体分析法，看懂三视图所表达的组合体形状，然后仔细检查组合体中各组成部分的投影是否有漏线，最后将缺漏的图线补出。

【例 3-6】 如图 3-35a 所示，补画组合体三视图中缺漏的图线。

分析

三视图所表达的组合体由圆柱、座板和四棱柱组成。座板和四棱柱的组合形式为叠加，圆柱和座板的组合形式为相切，如图 3-35b 所示。

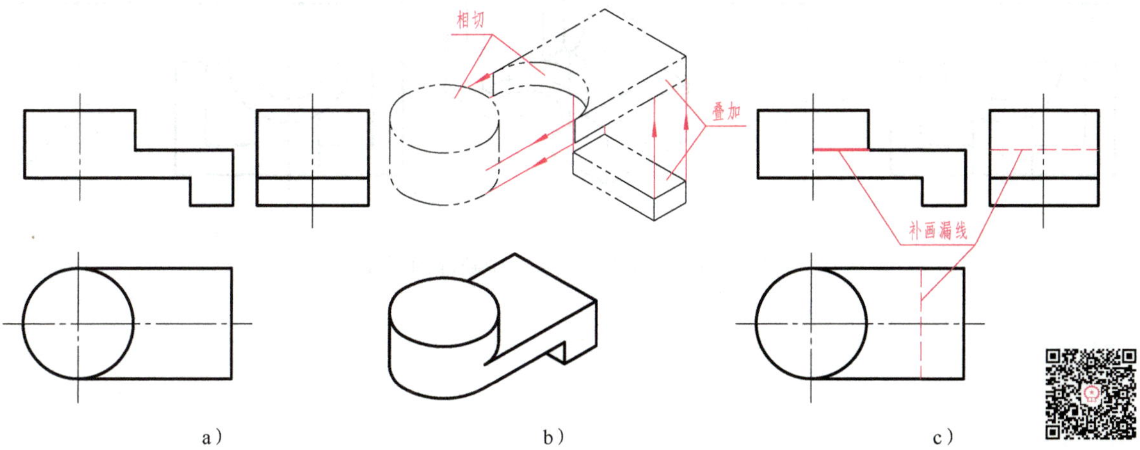

图 3-35 补画组合体视图中缺漏的图线

作图步骤

对照各组成部分在三视图中的投影，发现在主视图中相切处（座板最前面）缺少一段粗实线；在左视图中缺少座板顶面的投影（一条细虚线）；在俯视图中缺少四棱柱左侧面的投影（一条细虚线），将它们逐一补画出来，如图 3-35c 所示。

【例 3-7】 如图 3-36a 所示，补画组合体主、左视图中缺漏的图线。

分析、补画漏线

如图 3-36b 所示，组合体三视图所表达的组合体由两个四棱柱组成，组合形式为叠加，两四棱柱的前面及左右两侧面不平齐，主、左视图缺两条粗实线（红色），如图 3-36c 所示。

俯视图中两同心半圆弧与主视图中的竖向细虚线相对应，是两个半圆孔（阶梯孔），主视图应补画两半圆孔的分界线，左视图应补画两半圆孔的轮廓线及分界线，如图 3-36d 所示。

组合体上方开一矩形通槽，左视图应补画槽底线及通槽与大半圆孔的交线（箭头所指处向里收缩，并应去掉一段大半圆孔的轮廓线），如图 3-36e、f 所示。

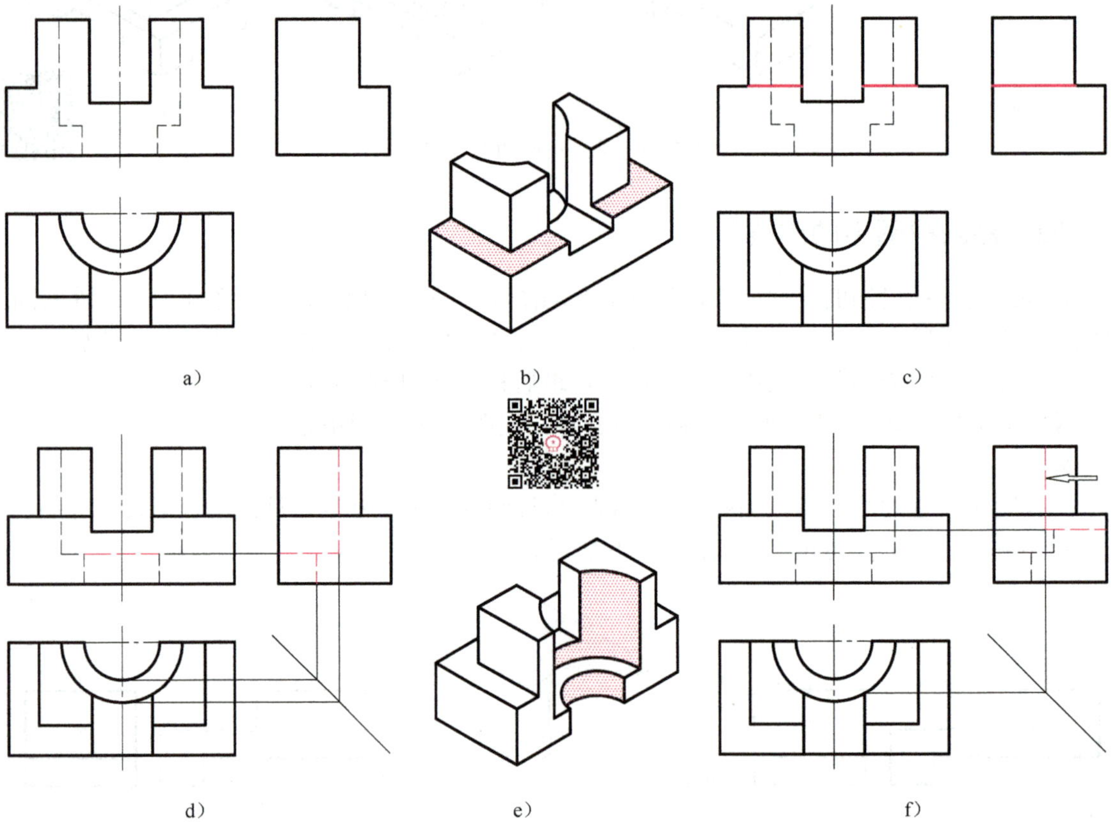

a）　b）　c）

d）　e）　f）

图 3-36　补画主、左视图中缺漏的图线

第四章　轴　测　图

知识目标

- 了解轴测图的基本知识。
- 重点掌握正等轴测图的绘制方法。基本掌握斜二等轴测图的绘制方法。
- 了解轴测图的尺寸注法。

看出来了吗？图 4-1 所表示的是同一个组合体。图 4-1a 是组合体的三视图，图 4-1b 是组合体的轴测图（俗称立体图）。如果没经过前几章的学习，你能看懂组合体的三视图吗？你肯定是在摇头了。但你一定会说，“即使没学过制图，我也能看懂组合体的立体图”。你说得对。你一定会想，立体图是怎么画出来的？我能画出来吗？告诉你吧，通过本章的学习，你不但能看懂立体图，还能在需要的时候信手勾勒出简单的立体图。看到一个个立体跃然纸上，你会体验到一种从未有过的喜悦之情。

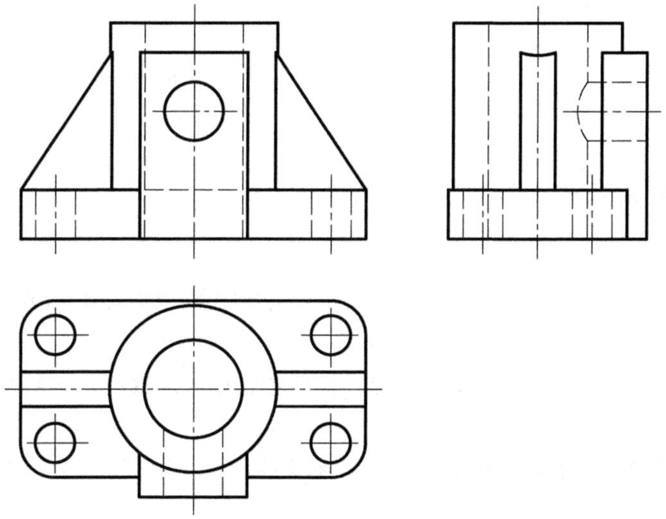

a）

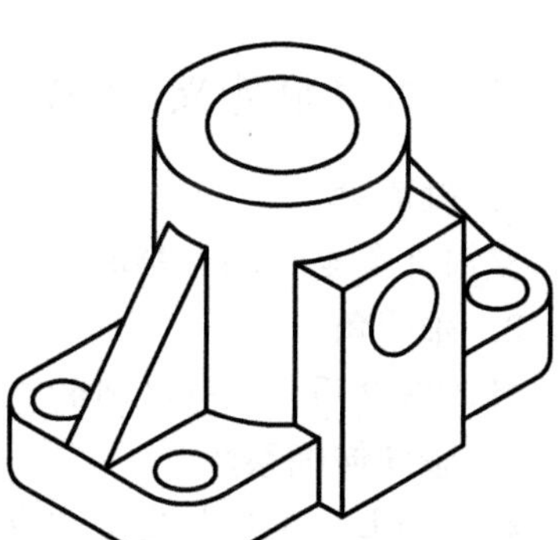

b）

图 4-1　轴测图与三视图的比较

第一节　轴测图的基本知识

在机械图样中，主要是通过视图和尺寸来表达物体的形状和大小。由于视图是按正投影法绘制的，每个视图只能反映其二维空间大小，所以缺乏立体感。轴测图是用平行投影法绘制的单面投影图，由于轴测图能同时反映出物体长、宽、高三个方向的形状，所以具有立体感。但轴测图的度量性差，作图复杂，因此在机械图样中只能用作辅助图样。

一、轴测图的形成

将物体连同其参考直角坐标系，沿不平行于任一坐标平面的方向，用平行投影法将其投射在单一投影面上所得到的图形，称为轴测投影图，简称轴测图（俗称立体图）。

图 4-2a 表示空间的投射情况，其投影即为常见的轴测图，投影面 *P* 称为轴测投影面，如图 4-2b 所示。

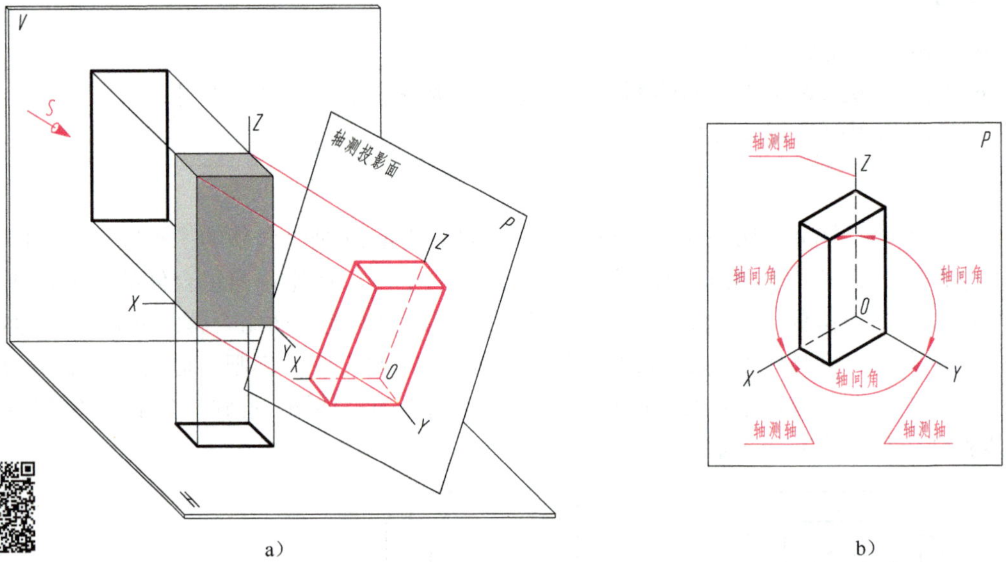

图 4-2 轴测图的获得

二、术语和定义（GB/T 4458.3—2013）

1．轴测轴

空间直角坐标轴在轴测投影面上的投影，称为轴测轴，如图 4-2b 中的 *OX*、*OY*、*OZ* 轴。

2．轴间角

轴测图中两轴测轴之间的夹角，称为轴间角，如图 4-2b 中的∠*XOY*、∠*YOZ*、∠*XOZ*。

3．轴向伸缩系数

轴测轴上的单位长度与相应投影轴上的单位长度的比值，称为轴向伸缩系数。不同的轴测图，其轴向伸缩系数不同，如图 4-3 所示。

三、一般规定

理论上轴测图可以有许多种，但从作图简便等因素考虑，一般采用以下两种：

1．正等轴测投影（正等轴测图）

用正投影法得到的轴测投影，称为正轴测投影。三个轴向伸缩系数均相等的正轴测投影，称为正等轴测投影，简称正等测。此时三个轴间角相等。绘制正等测轴测图时，其轴间角和轴向伸缩系数（p、q、r）按图 4-3a 中的规定绘制。

2．斜二等轴测投影（斜二等轴测图）

轴测投影面平行于一个坐标平面，且平行于坐标平面的那两个轴的轴向伸缩系数相等的斜轴测投影，称为斜二等轴测投影，简称斜二测。绘制斜二测轴测图时，其轴间角和轴向伸缩系数（p_1、q_1、r_1）按图 4-3b 中的规定绘制。

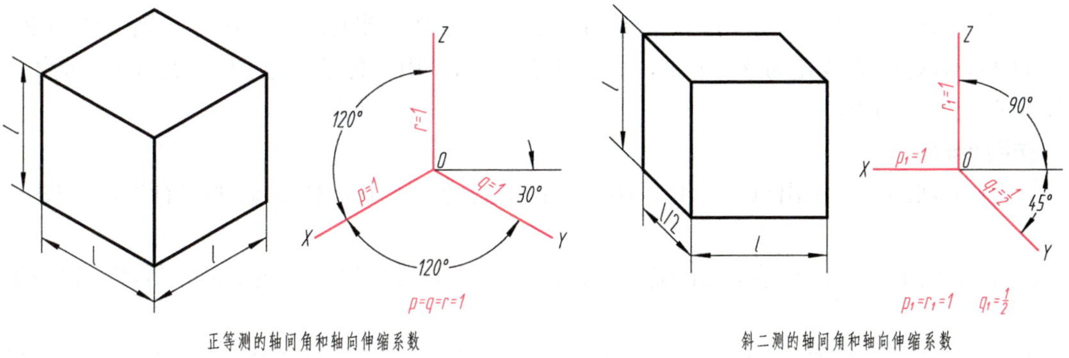

图 4-3 轴间角和轴向伸缩系数的规定

四、轴测图的投影特性

由于轴测图是用平行投影法绘制的，所以具有平行投影的特性。

1）物体上与坐标轴平行的线段，在轴测图中平行于相应的轴测轴。

2）物体上相互平行的线段，在轴测图中相互平行。

第二节 正等轴测图

一、正等测轴测轴的画法

在绘制正等测轴测图时，先要准确地画出轴测轴，然后才能根据轴测图的投影特性画出轴测图。如图 4-3a 所示，正等测中的轴间角相等，均为 120°。绘图时，可利用丁字尺和 30° 三角板配合，准确地画出轴测轴，如图 4-4 所示。

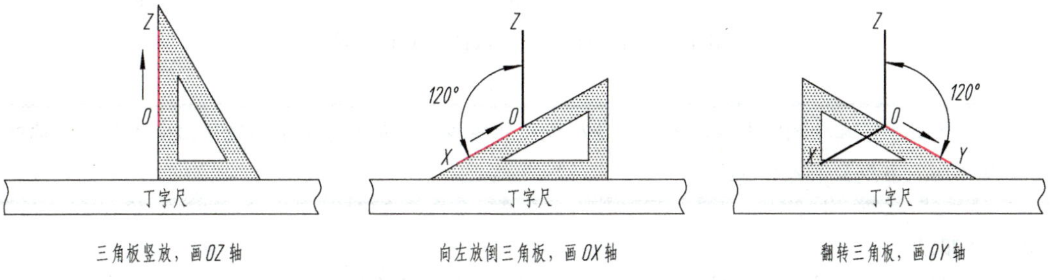

图 4-4 正等测轴测轴的画法

二、平面立体的正等测画法

1. 坐标法

坐标法是绘制正等测的基本方法之一。作图时，首先定出空间直角坐标系，画出轴测轴；

再按立体表面上各顶点或直线的端点坐标，画出其轴测投影；最后分别连线，完成轴测图。

【例 4-1】　根据图 4-5a 所示正六棱柱的两视图，画出其正等测。

分析

由于正六棱柱前后、左右对称，故选择顶面的中心作为坐标原点，棱柱的轴线作为 *Z* 轴，顶面的两条对称中心线作为 *X*、*Y* 轴，如图 4-5a 所示。用坐标法从顶面开始作图，可直接作出顶面六边形各顶点。

作图步骤

1）画出轴测轴，定出点Ⅰ、Ⅱ、Ⅲ、Ⅳ；通过点Ⅰ、Ⅱ，作 *X* 轴的平行线，如图 4-5b 所示。

2）在过点Ⅰ、Ⅱ的平行线上，确定 *m*、*n*，连接各顶点，得到六边形的正等测，如图 4-5c 所示。

3）过六边形的各顶点，向下作 *Z* 轴的平行线，并在其上截取高度 *h*，画出底面上可见的各条边，如图 4-5d 所示。

4）擦去作图线并加深描粗，完成正六棱柱的正等测，如图 4-5e 所示。

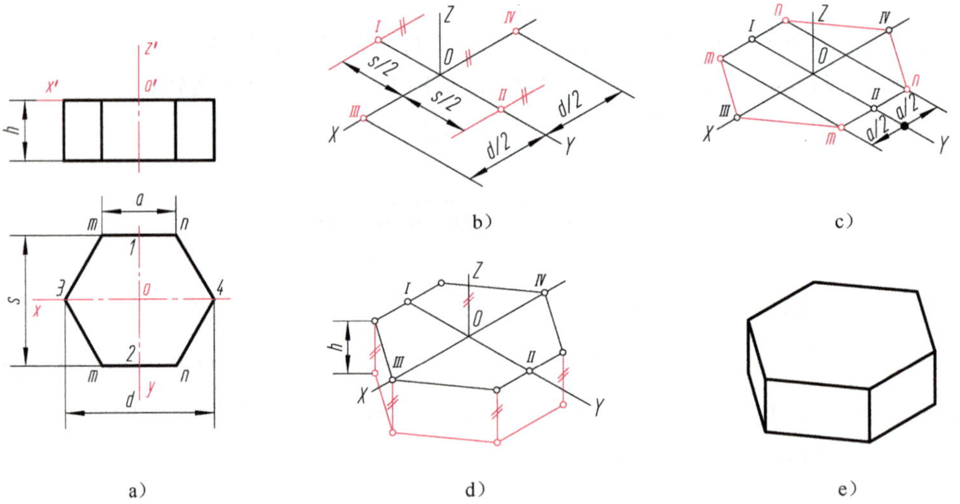

图 4-5　用坐标法画正六棱柱的正等测

> 提示：一般情况下，在轴测图中只画出可见轮廓线（粗实线），而不可见轮廓线（细虚线）、对称中心线（细点画线）等省略不画。

2．叠加法

叠加法是画正等测常用的方法之一。即先将组合体分解成若干个基本形体，然后按其相对位置逐个地画出各基本形体的轴测图，进而完成整体的轴测图，这种方法称为叠加法。

【例 4-2】　根据图 4-6a 所示组合体三视图，用叠加法画出其正等测。

分析

该组合体由长方形底板、立板及一块三角形肋板叠加而成，可采用叠加法画其正等测。底板和立板靠后对齐，且组合体左、右对称，故选择对称面的两条对称中心线作为 *Y*、*Z* 轴，长方形底板上方后面中点作为坐标原点，如图 4-6a 所示。

作图步骤

1）先画轴测轴，再画出长方形底板的正等测，如图 4-6b、c 所示。

2）在长方形底板的上方添加立板，如图 4-6d 所示。

3）在长方形底板的上方、立板的前方添加三角形肋板，去掉多余图线后加深描粗，完成组合体的正等测，如图 4-6e、f 所示。

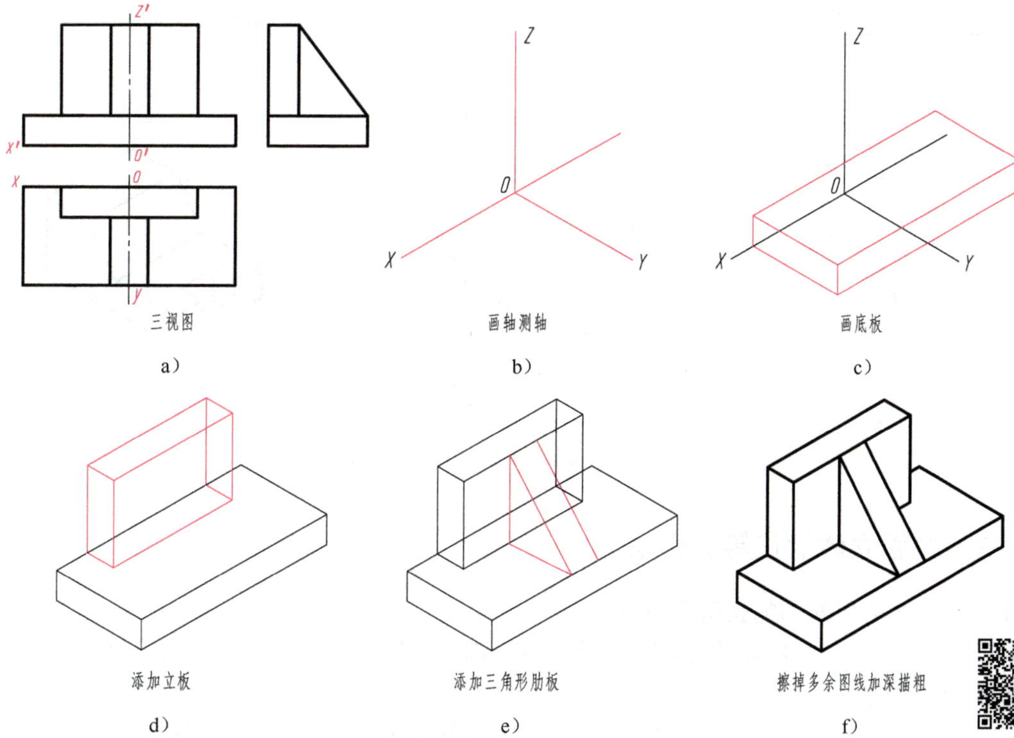

图 4-6　用叠加法画组合体的正等测

3. 切割法

切割法是画正等测常用的另一种方法。先画出完整的基本几何体的轴测图（通常为方箱），然后按其结构逐个切去多余的部分，进而完成组合体的轴测图，这种方法称为切割法。

【例 4-3】　根据图 4-7a 所示组合体三视图，用切割法画出其正等测。

分析

组合体是由一长方体经过多次切割而形成的。该组合体前、后对称，故选择前、后对称面的中心线作为 X 轴，底面右侧中点作为坐标原点，如图 4-7a 所示。画其正等测时，先画出整体（方箱），再逐步切割而成。

作图步骤

1）先画出轴测轴，再画出长方体（方箱）的正等测，如图 4-7b、c 所示。

2）在长方体的基础上，切掉左上角（两条斜线要相互平行），如图 4-7d 所示。

3）在左下方切出上下方向的方形槽，如图 4-7e 所示。

4）去掉多余图线后加深描粗，完成组合体的正等测，如图 4-7f 所示。

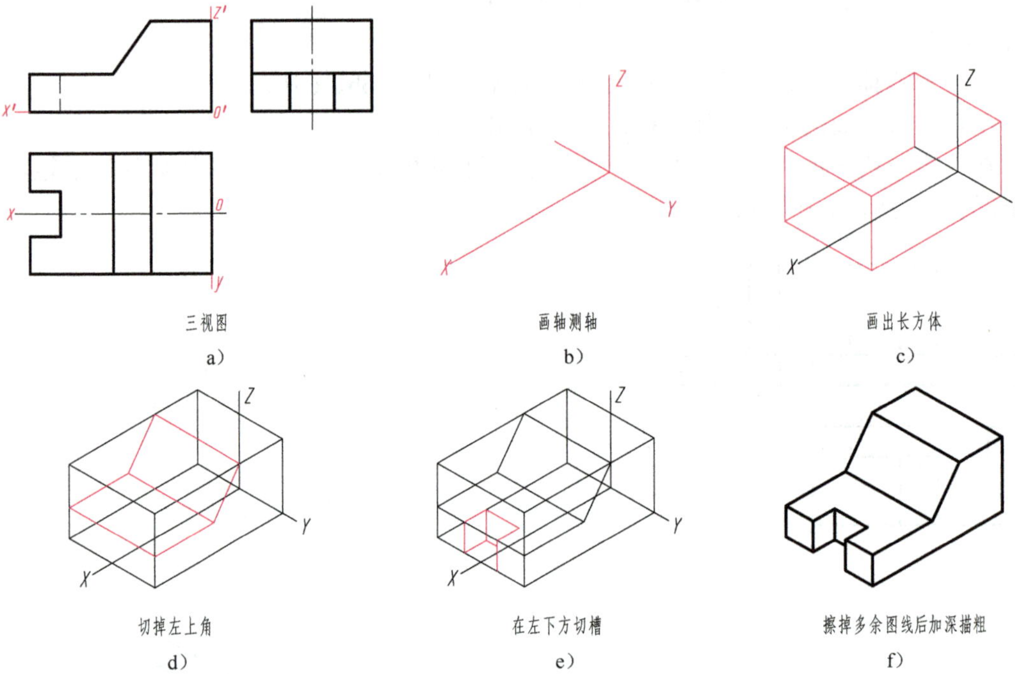

图 4-7　用切割法画组合体正等测

三、曲面立体的正等测画法

1. 不同坐标面的圆的正等测画法

在正等测中，三个坐标面上的圆的轴测投影都是椭圆，其长轴和短轴的比例都是相同的，即椭圆的大小相同。

从图 4-8a 中可以看出，椭圆长轴的方向与相应的轴测轴 X、Y、Z 垂直，短轴的方向与相应的轴测轴 X、Y、Z 平行。平行于不同坐标面的圆的正等测，除了椭圆长、短轴方向不同外，其画法是一样的。椭圆具有如下特征：

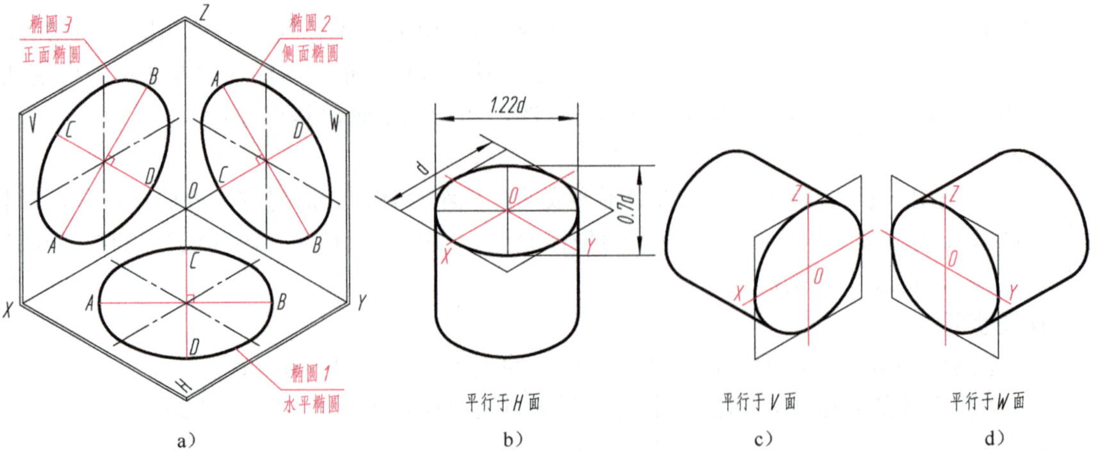

图 4-8　不同坐标面圆的正等测画法

椭圆 1（水平椭圆）的长轴垂直于 Z 轴。

椭圆 2（侧面椭圆）的长轴垂直于 X 轴。

椭圆 3（正面椭圆）的长轴垂直于 Y 轴。

画回转体的正等测时，只有明确圆所在的平面与哪一个坐标面平行，才能画出方位正确的椭圆，如图 4-8b、c、d 所示。

> 提示：画圆的正等测时，只要知道圆的直径 d，即可计算出椭圆的长、短轴，如图 4-8b 所示。应记住 $1.22d$ 和 $0.7d$ 这两个参数，在利用计算机画椭圆时非常方便。

椭圆是怎么画出来的？下面介绍一种常用的椭圆画法——六点共圆法。

【例 4-4】 已知圆的直径为 $\phi24$，圆平面与 H 面平行（即椭圆长轴垂直于 Z 轴），用六点共圆法画出其正等测。

作图步骤

1）画出 H 面包含的两个轴测轴 X、Y 及 Z（椭圆短轴），在垂直于 Z 方向画出椭圆长轴，如图 4-9a 所示。

2）以点 O 为圆心、$R12$ 为半径画圆，交 X 轴、Y 轴得 A、B、C、D 四点，与 Z 轴（椭圆短轴）相交，得点 1、2，如图 4-9b 所示。

3）连接点 A、2 和 点 D、2，与椭圆长轴交于点 3、4，如图 4-9c 所示。

4）分别以点 1、2 为圆心、R（$2A$）为半径画大圆弧；再分别以点 3、4 为圆心、r（$4D$）为半径画小圆弧，四段圆弧相切于 A、B、C、D 四点，如图 4-9d 所示。

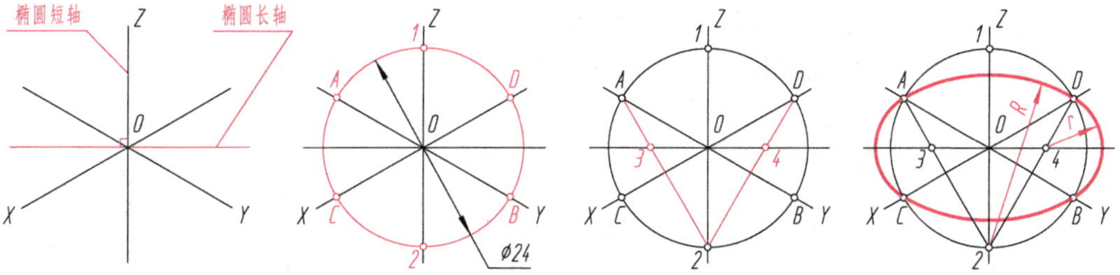

a） b） c） d）

图 4-9 用六点共圆法画圆的正等测

画圆的正等测时，必须搞清圆平行于哪一个坐标面。根据椭圆长、短轴的特征，先确定椭圆的短轴方向；再作短轴的垂线，确定椭圆的长轴方向，进而画出圆的正等测。平行于 V

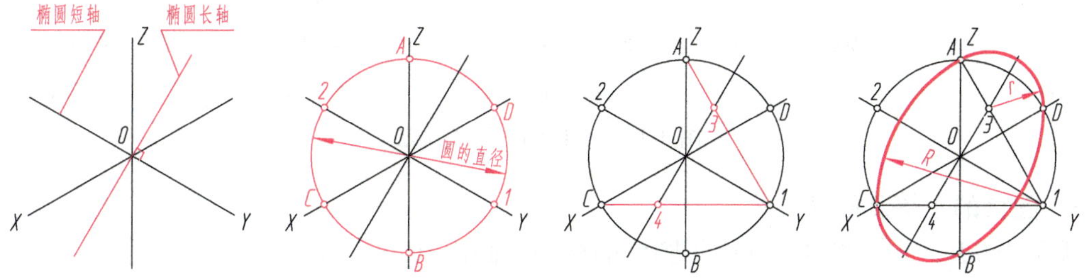

a） b） c） d）

图 4-10 平行于 V 面的圆的正等测画法

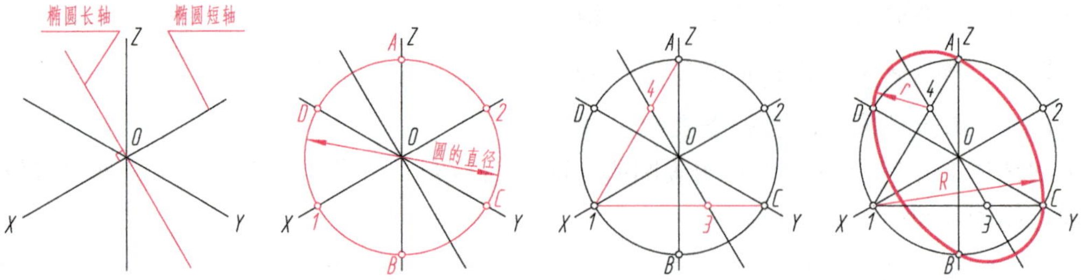

a)　b)　c)　d)

图 4-11　平行于 W 面的圆的正等测画法

面的圆的正等测画法，如图 4-10 所示。平行于 W 面的圆的正等测画法，如图 4-11 所示。作图步骤同图 4-9。

2．圆柱的正等测画法

【例 4-5】　根据图 4-12a 所示圆柱的视图，画出其正等测。

分析

圆柱轴线垂直于水平面，其上、下底两个圆与水平面平行（即椭圆长轴垂直 Z 轴）且大小相等。可根据直径 d 和高度 h 作出大小完全相同、中心距为 h 的两个椭圆，然后作两个椭圆的公切线即成。

作图步骤

1）采用六点共圆法。画出轴测轴，作出上底椭圆的正等测，如图 4-12b 所示。

2）向下量取圆柱的高度 h，作出下底椭圆的正等测，如图 4-12c 所示。

3）分别作出两椭圆的公切线，如图 4-12d 所示。

4）擦去作图线并加深描粗，完成圆柱的正等测，如图 4-12e 所示。

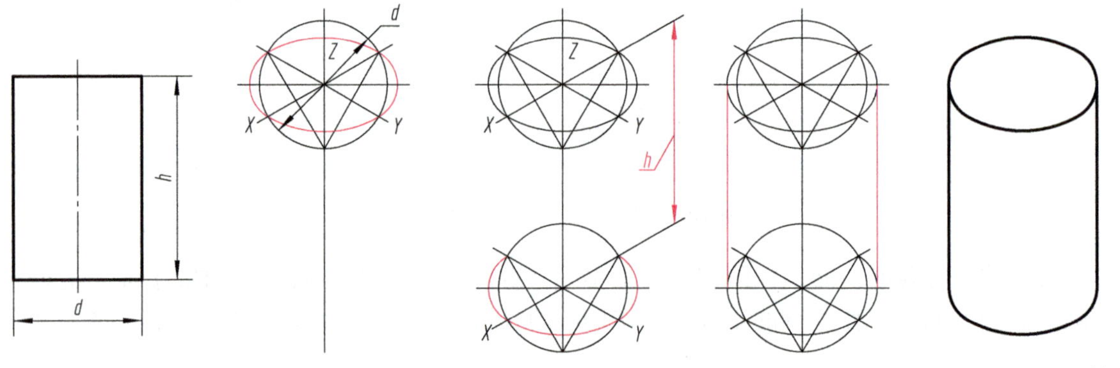

视图　画出轴测轴，作出上底椭圆　确定上下底距离，作出下底椭圆　作出两椭圆公切线　擦掉多余图线后加深描粗

a)　b)　c)　d)　e)

图 4-12　圆柱的正等测画法

3．圆台的正等测画法

【例 4-6】　根据图 4-13a 所示圆台的视图，画出其正等测。

分析

圆台轴线垂直于水平面，其上、下底两个圆与水平面平行但大小不等。可根据其上底直

径 d_2、下底直径 d_1 和高度 h 作出两个大小不同、中心距为 h 的椭圆，然后作两个椭圆的公切线即成。

作图步骤

1）采用六点共圆法。画出轴测轴，作出上底椭圆 d_2 的正等测，如图 4-13b 所示。

2）向下量取圆台的高度 h，作出下底椭圆 d_1 的正等测，如图 4-13c 所示。

3）分别作出两椭圆的公切线（注意切点的位置），如图 4-13d 所示。

4）擦去作图线并加深描粗，完成圆台的正等测，如图 4-13e 所示。

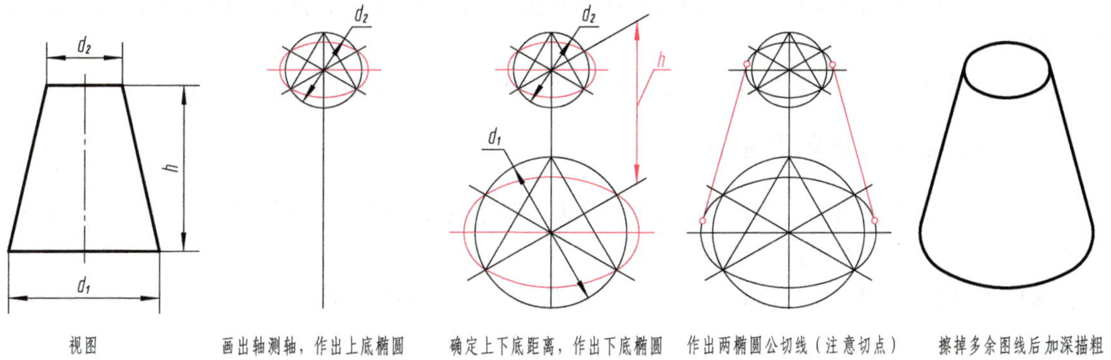

a）　b）　c）　d）　e）

图 4-13　圆台的正等测画法

4. 圆角正等测的简化画法

【例 4-7】　根据图 4-14a 所示带圆角平板的两视图，画出其正等测。

分析

平行于坐标面的圆角是圆的一部分，其正等测是椭圆的一部分。特别是常见的四分之一圆周的圆角，其正等测恰好是近似椭圆的四段圆弧中的一段。从切点作相应棱线的垂线，即可获得圆弧的圆心。

作图步骤

1）首先画出平板上面（矩形）的正等测，如图 4-14b 所示。

2）沿棱线分别量取 R，确定圆弧与棱线的切点；过切点作棱线的垂线，垂线与垂线的交点即为圆心，圆心到切点的距离即连接弧半径 R_1 和 R_2；分别画出连接弧，如图 4-14c 所示。

3）分别将圆心和切点向下平移 h（板厚），如图 4-14d 所示。

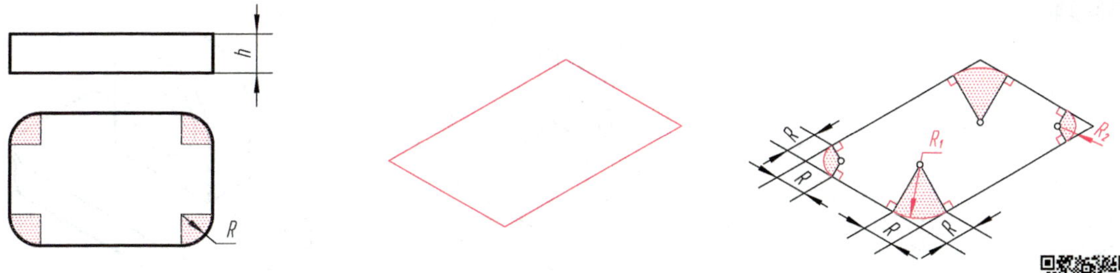

a）　b）　c）

图 4-14　圆角正等测的简化画法

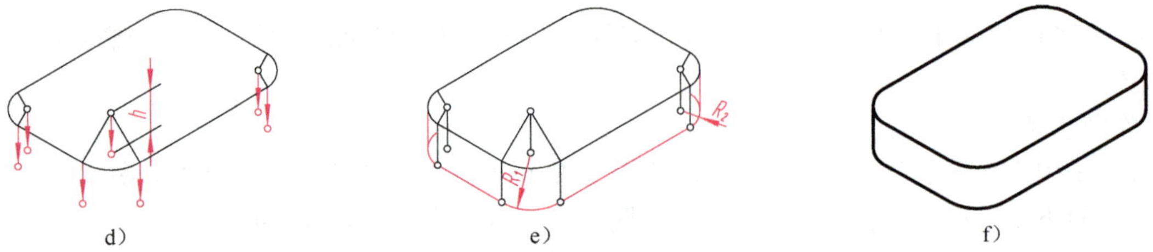

图 4-14　圆角正等测的简化画法（续）

4）画出平板下面（矩形）和相应圆弧的正等测，作出左右两段小圆弧的公切线，如图 4-14e 所示。

5）擦去作图线并加深描粗，完成带圆角平板的正等测，如图 4-14f 所示。

四、组合体的正等测画法

画组合体的轴测图时，仍应用形体分析法。对于切割型组合体用切割法，对于叠加型组合体用叠加法，有时也可两种方法并用。

【例 4-8】　根据图 4-15a 所示支架的两视图，画出其正等测。

分析

支架是由底板、立板叠加而成的。底板为长方体，有两个圆角；立板的上半部为半圆柱面，下半部为长方体，中间有一通孔。支架左右对称，底板和立板后表面共面，并以底板上面为接合面。为方便作图，坐标原点选在底板的上面与对称中心线的交点处。画轴测图时，先采用叠加法，再用切割法。

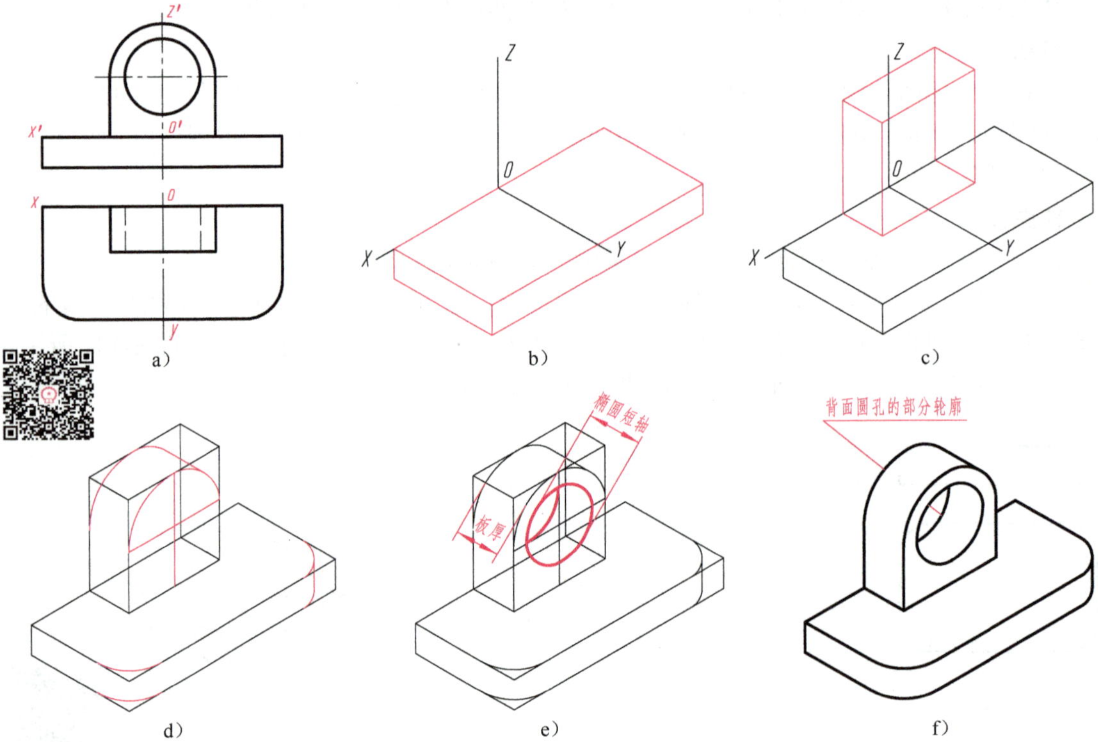

图 4-15　支架的正等测画法

作图步骤

1）先画出底板的正等测，如图 4-15b 所示。

2）按相对位置尺寸叠加立板（长方体），如图 4-15c 所示。

3）画细节。在底板上采用圆角的简化画法，切割出两个圆角；采用六点共圆法，画出立板上方半圆柱面的正等测，如图 4-15d 所示。

4）采用六点共圆法，切割出立板上方的圆孔，如图 4-15e 所示。

5）擦去作图线并加深描粗，完成支架的正等测，如图 4-15f 所示。

> 提示：若椭圆短轴尺寸大于板厚尺寸，则立板背面圆孔的部分轮廓应露出一部分，如图 4-15e、f 所示。

第三节　斜二等轴测图

一、斜二等轴测图的形成及投影特点

1．斜二等轴测图的形成

斜二等轴测图是在确定物体的直角坐标系时，使 X 轴和 Z 轴平行于轴测投影面 P，用斜投影法将物体连同其坐标轴一起向 P 面投射而得到的轴测图，如图 4-16 所示。

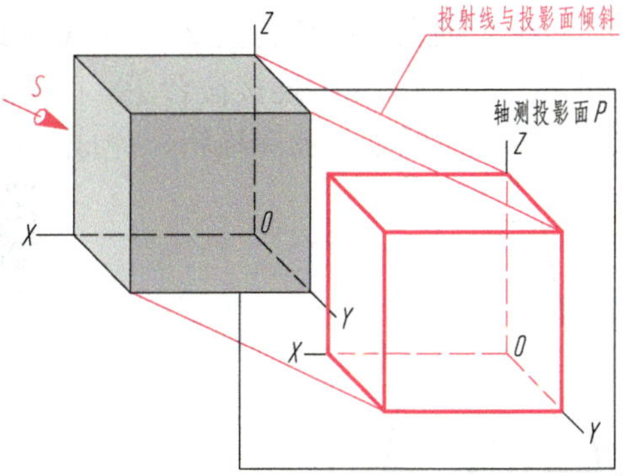

图 4-16　斜二测的形成

2．斜二测的轴间角和轴向伸缩系数

由于 XOZ 坐标面与轴测投影面平行，X、Z 轴的轴向伸缩系数相等，即 $p_1=r_1=1$，轴间角 $\angle XOZ=90°$。

为了便于绘图，国家标准 GB/T 4458.3—2013《机械制图　轴测图》规定：选取 Y 轴的轴向伸缩系数 $q_1=1/2$，轴间角 $\angle XOY=\angle YOZ=135°$，如图 4-17a 所示。随着投射方向的不同，$Y$ 轴的方向可以任意选定，如图 4-17b 所示。只有按照这些规定绘制出来的斜轴测图，才能称为斜二等轴测图。

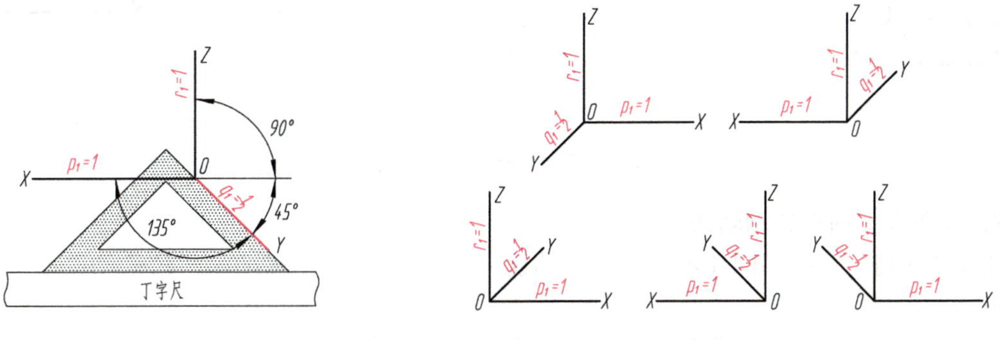

a）　　b）

图 4-17　斜二测的轴间角和轴向伸缩系数

3．斜二测的投影特性

斜二测的投影特性是：物体上凡平行于 *XOZ* 坐标面的表面，其轴测投影反映实形。利用这一特点，在绘制单方向形状较复杂的物体（主要是出现较多的圆）的斜二测时，比较简便易画。

二、斜二测画法

斜二测的具体画法与正等测相似，但它们的轴间角及轴向伸缩系数均不同。由于斜二测中 *Y* 轴的轴向伸缩系数 q_1=1/2，所以在画斜二测时，沿 *Y* 轴方向的长度应取物体上相应长度的一半。

1．平面立体的斜二测画法

【例 4-9】　根据图 4-18a 所示正四棱台的两视图，画出其斜二测。

分析

正四棱台的上、下底面都是正方形且相互平行，棱台轴线垂直于上、下底面。棱台的前后、左右均对称。因此，将棱台的前后对称面作为 *XOZ* 坐标面，作图比较方便。

作图步骤

1）画出轴测轴 *X*、*Y*、*Z*；在 *X* 轴上量取 22，在 *Y* 轴上量取 11，画出四棱台下底面的斜二测，如图 4-18b 所示。

2）在 *Z* 轴上量取棱台高 25，在 *X* 轴的方向上量取 10，在 *Y* 轴的方向上量取 5，画出四棱台上底面的斜二测，连接棱台上、下底面的对应点，如图 4-18c 所示。

3）擦去作图线并加深描粗，完成正四棱台的斜二测，如图 4-18d 所示。

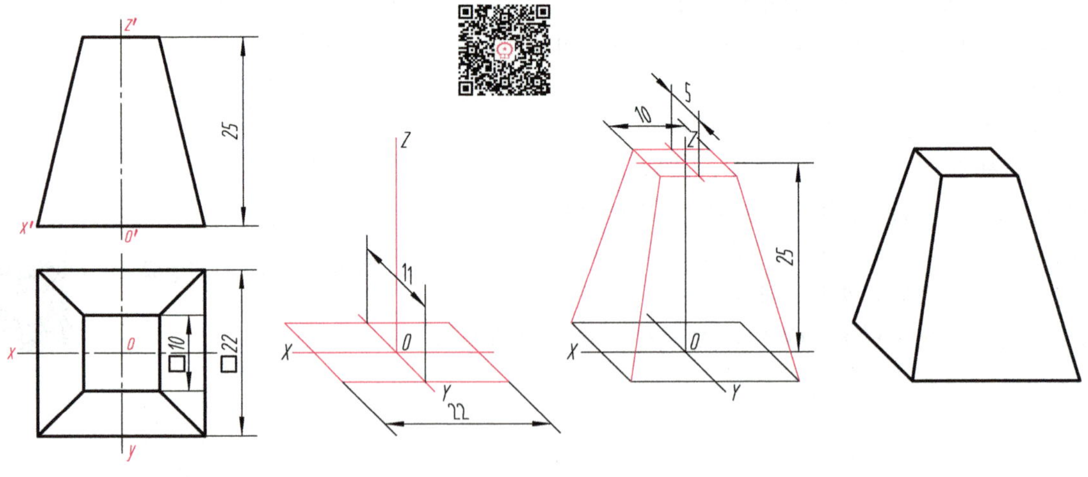

图 4-18　正四棱台的斜二测画法

2．曲面立体的斜二测画法

【例 4-10】　根据图 4-19a 所示圆柱的视图，画出其斜二测。

分析

因为圆柱的左、右端面都是圆，将端面平行于正面放置（即圆柱的轴线平行于 *Y* 轴），以右端面作为 *XOZ* 坐标面，作图比较方便。

作图步骤

1）画出轴测轴，在 Y 轴上量取 $L/2$，确定前、后端面的圆心，画出前、后端面上的两个圆，如图 4-19b 所示。

2）作出前、后两个圆的公切线，如图 4-19c 所示。

3）擦去作图线并加深描粗，完成圆柱的斜二测，如图 4-19d 所示。

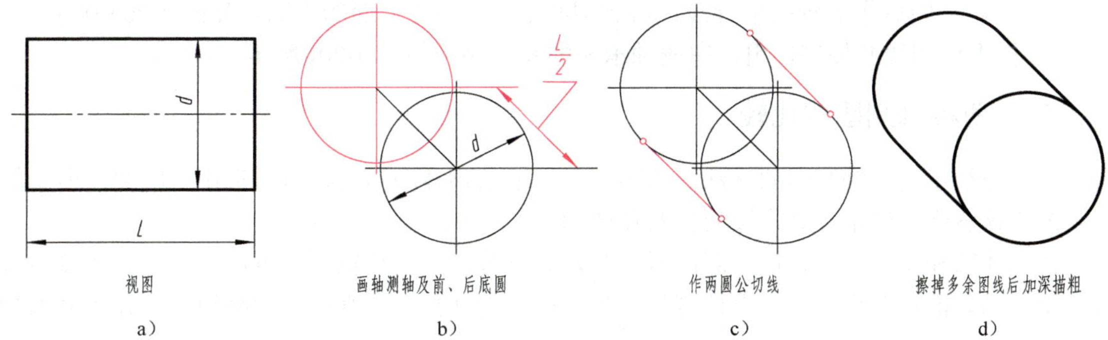

图 4-19　圆柱的斜二测画法

3．组合体的斜二测画法

【例 4-11】　根据图 4-20a 所示轴承座的两视图，画出其斜二测。

分析

轴承座由上下两个等宽的长方体叠加而成。其中下长方体的下边开有矩形通槽，上长方体的上方开有半圆形通槽，轴承座的前面平行于正面，采用斜二测作图比较简便。

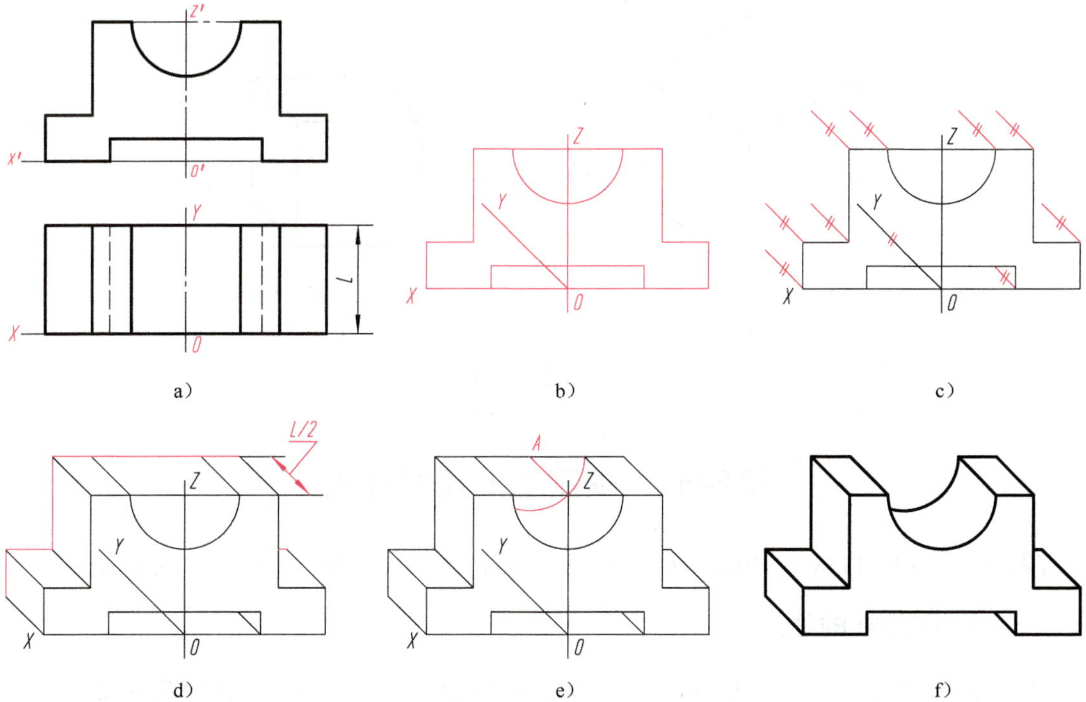

图 4-20　轴承座的斜二测画法

作图步骤

1）首先在视图上确定原点和坐标轴，画出 *XOZ* 坐标面的轴测图（与主视图相同），如图 4-20a、b 所示。

2）过各角顶向后作 *Y* 轴的平行线，如图 4-20c 所示；量取 *L*/2，分别作 *X* 轴、*Z* 轴的平行线，画出后面的完整图形，如图 4-20d 所示。

3）过点 *Z* 向后作 *Y* 轴的平行线，得到圆心点 *A*，画出后面的半圆，如图 4-20e 所示。

4）擦去作图线并加深描粗，完成轴承座的斜二测，如图 4-20f 所示。

三、两种轴测图的比较

前面介绍了两种轴测图的画法。绘图时，应根据物体的结构特点来选用，既要使所画的轴测图立体感强、度量性好，又要使其作图简便。

在立体感和度量方面，正等测比斜二测好。正等测在三个轴测轴方向上都可直接度量长度；斜二测只能在两个方向上直接度量，另一个方向（*Y* 轴）则按比例缩短了，作图时增加了麻烦。

当物体在平行于某一投影面的方向上形状较复杂或圆较多、而其他方向形状较简单或无圆时，采用斜二测画图就显得非常方便。对于在三个方向上均有圆或圆弧的物体，则采用正等测画图较为适宜。

如图 4-21 所示的正方体采用斜二测画法较为合适，立体感也比正等测好。如图 4-22 所示的组合体，在三个方向上都有圆和圆弧，因此，采用正等测画法较为合适，立体感比斜二测好。

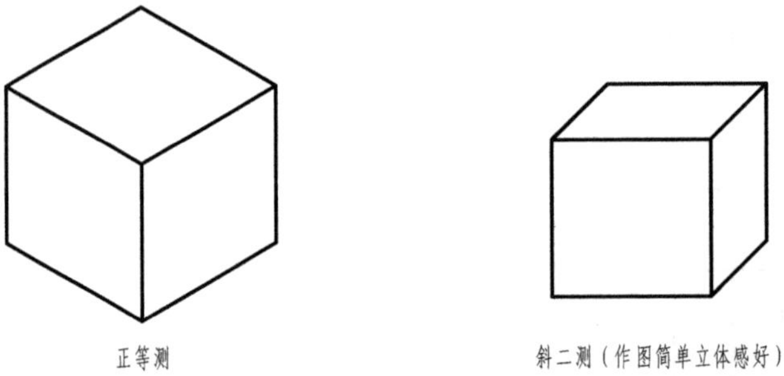

a）　　　　b）

图 4-21　正等测和斜二测的比较（一）

第四节　轴测图的尺寸注法

国家标准 GBT 4458.3—2013《机械制图　轴测图》规定了轴测图中的尺寸注法。

一、线性尺寸的注法

轴测图中的线性尺寸，一般应沿轴测轴的方向标注。尺寸数值为零件的公称尺寸。尺寸数字应按相应的轴测图形标注在尺寸线的上方。尺寸线必须和所标注的线段平行，尺寸界线

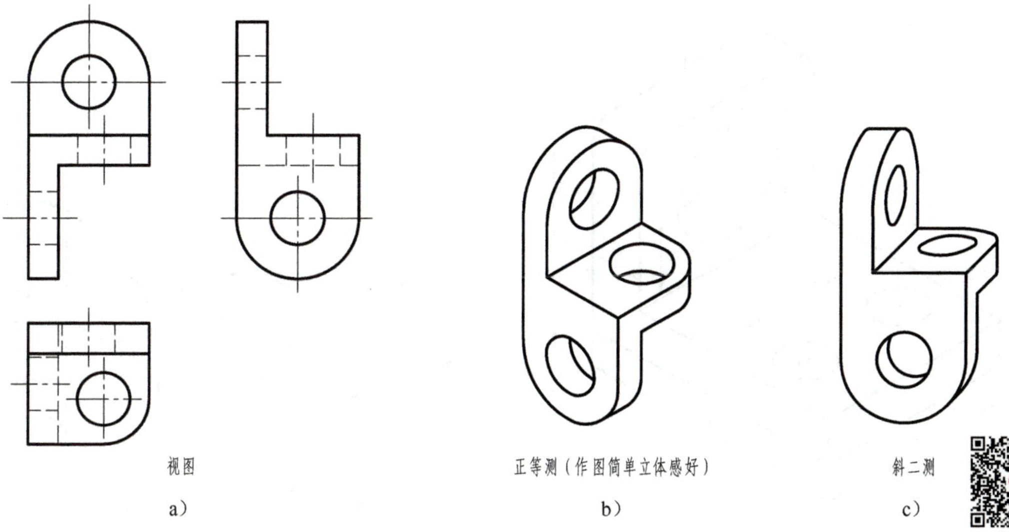

图 4-22　正等测和斜二测的比较（二）

一般应平行于某一轴测轴，如图 4-23 所示。当在图形中出现字头向下时应引出标注，将数字按水平位置注写，如图 4-23a、b 中右侧尺寸 35 的注法。

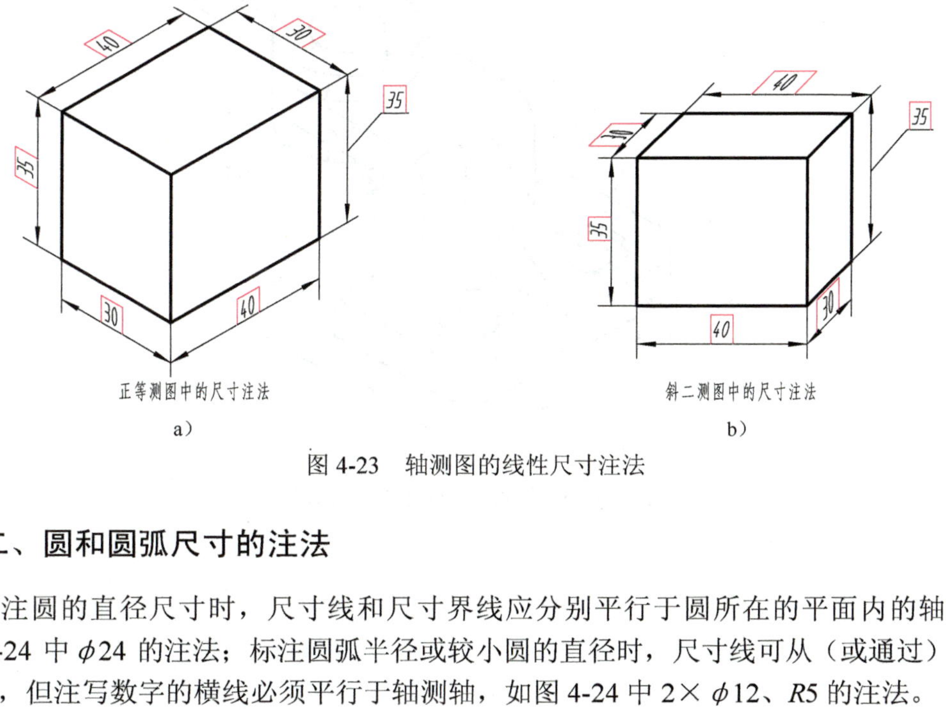

图 4-23　轴测图的线性尺寸注法

二、圆和圆弧尺寸的注法

标注圆的直径尺寸时，尺寸线和尺寸界线应分别平行于圆所在的平面内的轴测轴，如图 4-24 中 $\phi24$ 的注法；标注圆弧半径或较小圆的直径时，尺寸线可从（或通过）圆心引出标注，但注写数字的横线必须平行于轴测轴，如图 4-24 中 $2\times\phi12$、$R5$ 的注法。

三、角度尺寸的注法

标注角度的尺寸线，应画成与该坐标平面相应的椭圆弧，角度数字一般写在尺寸线的中断处，字头向上，如图 4-25 所示。

正等轴测图的尺寸注法示例，如图 4-26 所示。

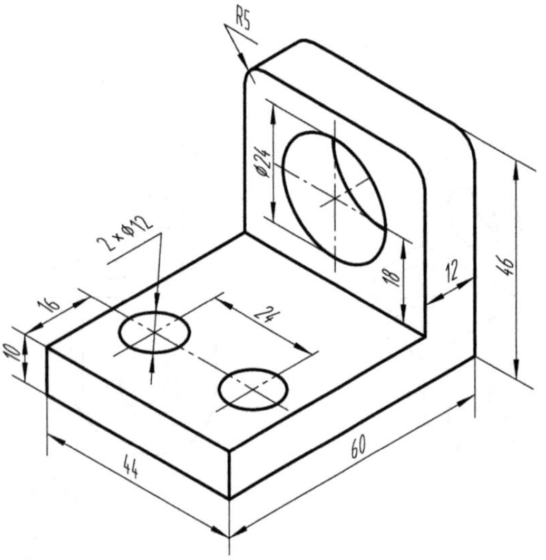

图 4-24　轴测图中圆尺寸的注法

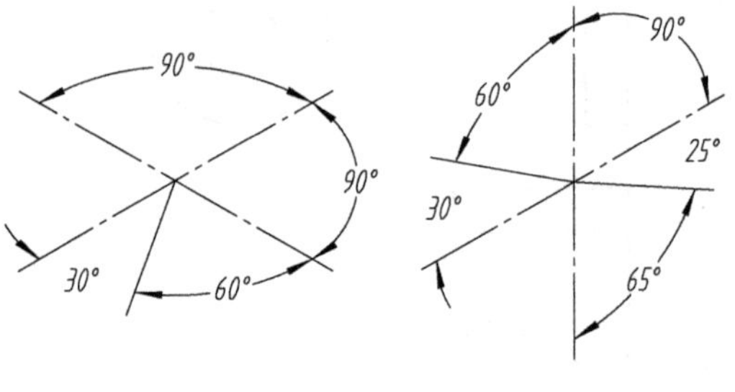

水平方向角度尺寸的注法　　垂直方向角度尺寸的注法

图 4-25　轴测图中角度尺寸的注法

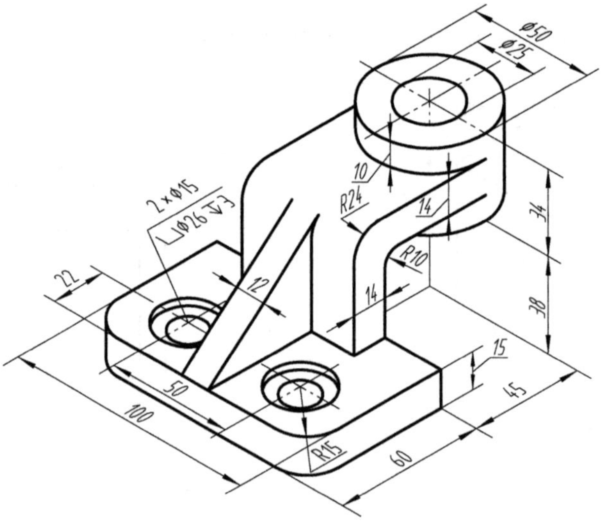

图 4-26　正等轴测图的尺寸注法示例

第五章　图样的基本表示法

知识目标

- 基本掌握视图、剖视图和断面图的基本概念、画法、标注方法和使用条件。
- 了解局部放大图和常用的简化表示法。
- 能初步应用各种表达方法，比较完整、清晰地表达物体内、外的结构形状。
- 了解第三角画法的基本内容

通过前面所学的投影法可知，用三视图可以表达物体的结构形状。但你可能不知道，三视图只是表达物体的基本方法，仅仅是国家标准规定的表达方法的一小部分。机械零件的结构形状千变万化，都用三视图来表达不一定合适。如图 5-1a 所示右侧斜板的实形未能表达；图 5-1b 所示多孔板的孔画起来相当麻烦；图 5-1c 所示图上虚线多得令人发晕。为了解决工程实际中遇到的各种问题，制图国家标准规定了一系列的表达方法。本章列举的表达方法也只是其中常用的一部分。你在学习本章的时候，多留意各种表达方法的特点，以便于在今后的绘图中灵活选用。

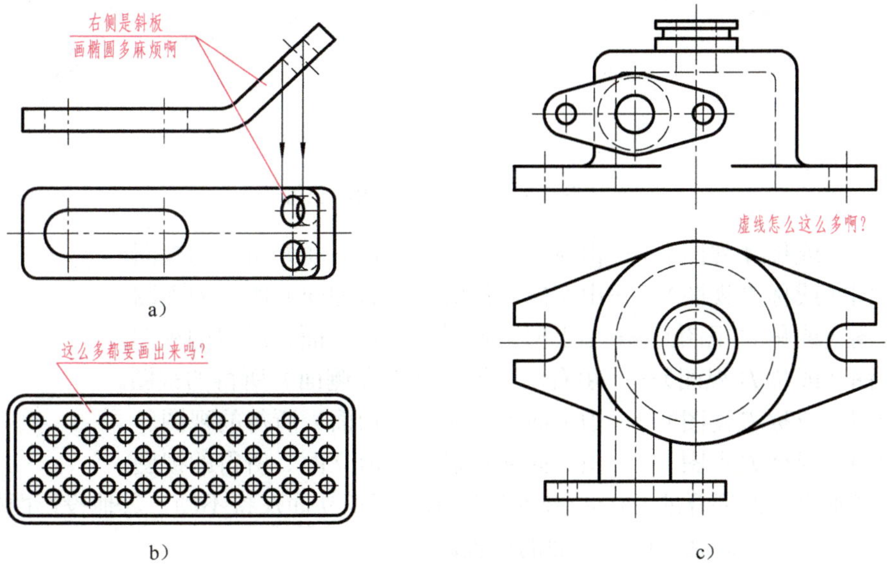

图 5-1　不好处理的图形

第一节　视　　图

在生产实际中，物体的结构形状是多种多样的。当物体的结构形状比较复杂时，仅用三视图是难以把它们的内、外形状完整、清晰地表达出来的。为此，国家标准规定了视图、剖视图、断面图、局部放大图及简化画法等基本表示法。

一、基本视图（GB/T 13361—2012、GB/T 17451—1998）

根据有关标准和规定，用正投影法所绘制出物体的图形，称为视图。视图通常包括基本视图、向视图、局部视图和斜视图。

将物体向基本投影面投射所得的视图，称为基本视图。

当物体的构形复杂时，为了完整、清晰地表达物体的结构形状，国家标准规定，在原有三个投影面的基础上，再增设三个投影面，组成一个正六面体，正六面体的六个面称为基本投影面，如图 5-2a 所示。将物体置于正六面体中，由 *A*、*B*、*C*、*D*、*E*、*F* 六个方向，分别向基本投影面投射，即在主视图、左视图、俯视图的基础上，又得到了右视图、仰视图和后视图，如图 5-2b 所示。这六个视图，称为基本视图。

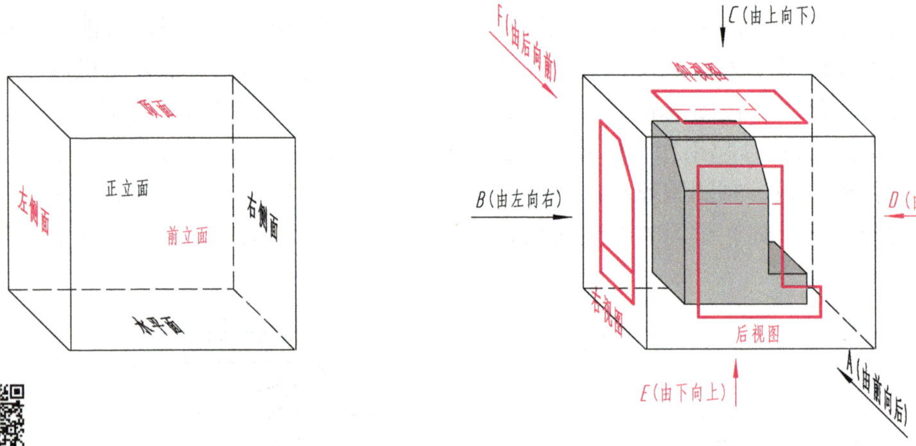

a）　　　b）

图 5-2　六个基本视图的获得

主视图（或称 *A* 视图）——由前向后投射（在正立面）所得的视图。

左视图（或称 *B* 视图）——由左向右投射（在右侧面）所得的视图。

俯视图（或称 *C* 视图）——由上向下投射（在水平面）所得的视图。

右视图（或称 *D* 视图）——由右向左投射（在左侧面）所得的视图。

仰视图（或称 *E* 视图）——由下向上投射（在顶面）所得的视图。

后视图（或称 *F* 视图）——由后向前投射（在前立面）所得的视图。

六个基本投影面展开的方法如图 5-3 所示，即正立面保持不动，其他投影面按箭头所示方向旋转到与正立面共处于同一平面的位置。

六个基本视图在同一张图样内按图 5-4 所示配置时，各视图一律不注图名。六个基本视图仍符合“长对正、高平齐、宽相等”的投影规律。除后视图外，其他视图靠近主视图的一边是物体的后面，远离主视图的一边是物体的前面。

> 提示：在绘制机械图样时，一般并不需要将物体的六个基本视图全部画出，而是根据物体的结构特点和复杂程度，选择适当的基本视图。优先采用主、左、俯视图。

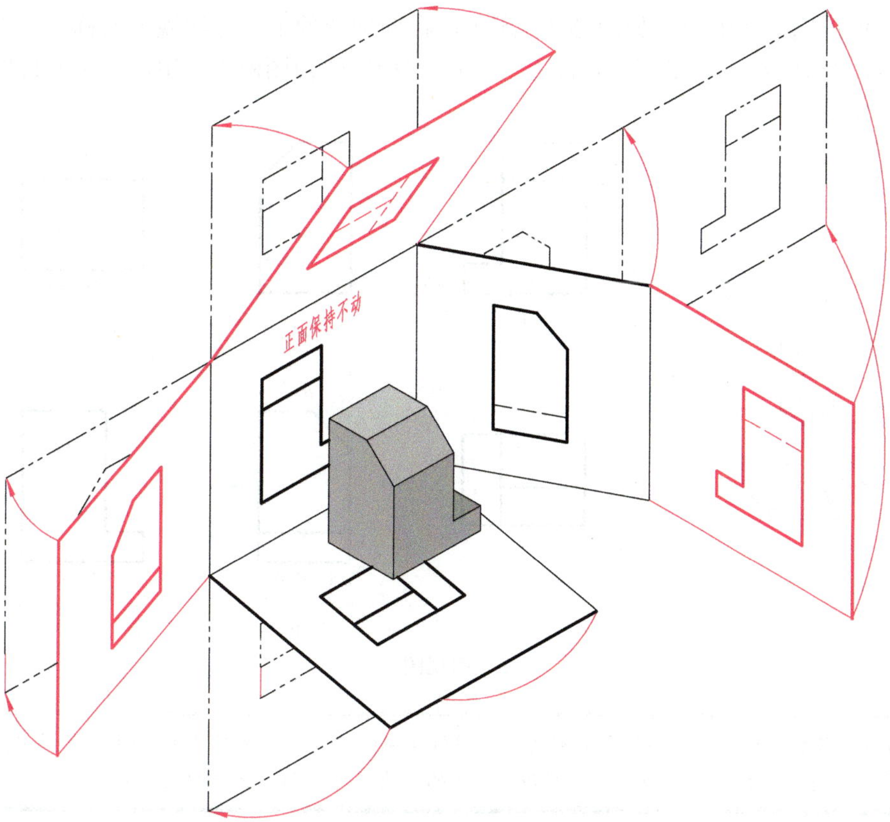

图 5-3 六个基本投影面的展开

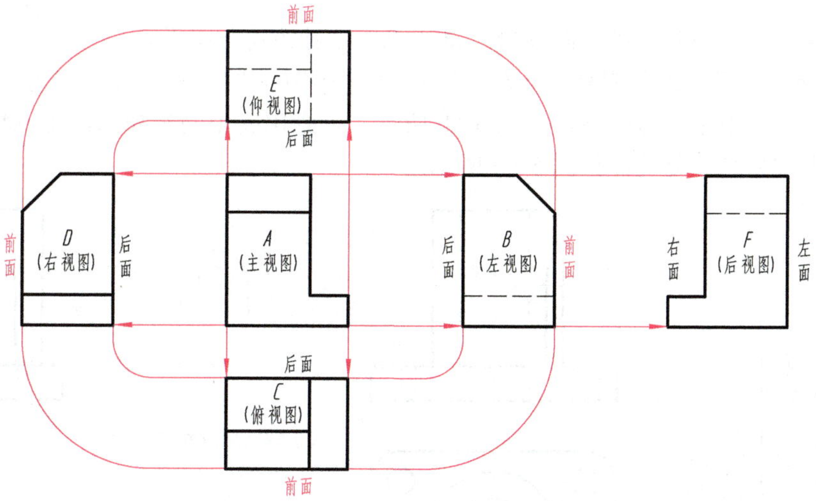

图 5-4 六个基本视图的配置

二、向视图（GB/T 17451—1998）

向视图是可以自由配置的视图。

在实际绘图过程中，有时难以将六个基本视图按图 5-4 所示的形式配置，此时如采用自由配置，即可使问题得到解决。如图 5-5b 所示，在向视图的上方标注视图名称“×”（×为大写拉丁字母，即 *B*、*C*、*D*、*E*、*F* 中的某一个），在相应的视图附近，用箭头指明投射方向，并标注相同的字母。

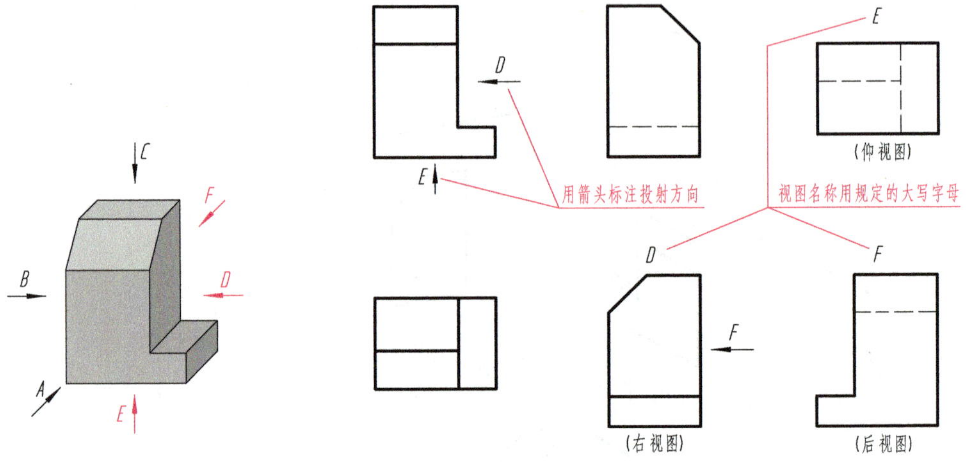

a)　　　　　　b)

图 5-5　向视图

> 提示：① 向视图是基本视图的另一种表达形式，是移位（不能旋转）配置的基本视图。② 向视图的投射方向应与基本视图的投射方向一一对应。*F* 向的箭头也可指向右视图的图形 *B*。

三、局部视图（GB/T 17451—1998、GB/T 4458.1—2002）

将物体的某一部分向基本投影面投射所得的视图，称为局部视图。

如图 5-6a 所示，组合体左侧有一凸台。在主、俯视图中，圆筒和底板的结构已表达清楚，而凸台在主、俯视图中未表达清楚，如图 5-6b 所示。若画出完整的左视图，可以将凸台结构表达清楚，但大部分是重复的，如图 5-6d 所示。

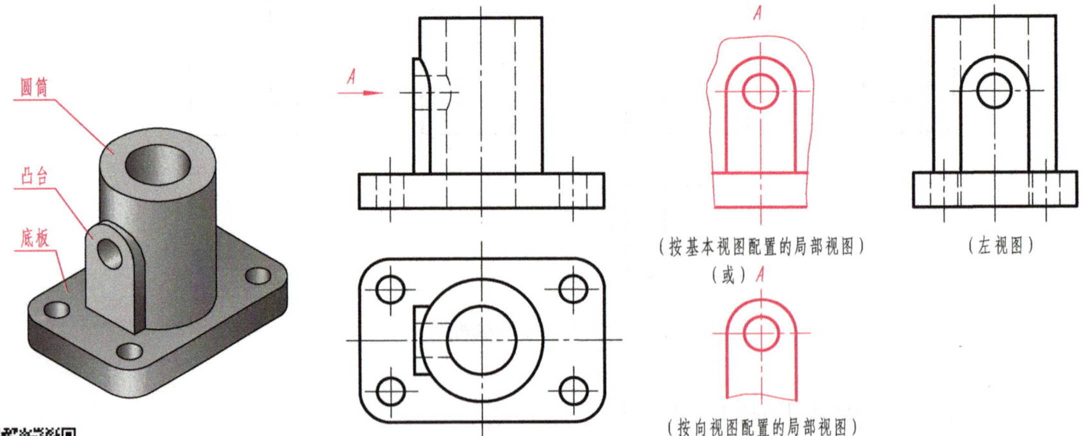

a)　　　　　　b)　　　　　　c)　　　　　　d)

图 5-6　局部视图

此时采用“A”向局部视图，只画出基本视图的一部分表达凸台，而省略大部分左视图。这种方法可使图形重点更突出，更加清晰明确。画局部视图时，局部视图的断裂边界通常以波浪线（或双折线）表示。局部视图可按基本视图的位置配置，也可按向视图的配置形式配置并标注，即在局部视图上方标出视图的名称“×”（大写拉丁字母），在相应的视图附近用箭头指明投射方向，并注上同样的字母，如图 5-6b、c 所示。

四、斜视图（GB/T 17451—1998）

将物体向不平行于基本投影面的平面投射所得的视图，称为斜视图。斜视图通常用于表达物体上的倾斜部分。

当物体上有倾斜结构时，将物体的倾斜部分向新设立的投影面（与物体上倾斜部分平行，且垂直于一个基本投影面的平面）上投射，便可得到倾斜部分的实形，如图 5-7 所示。

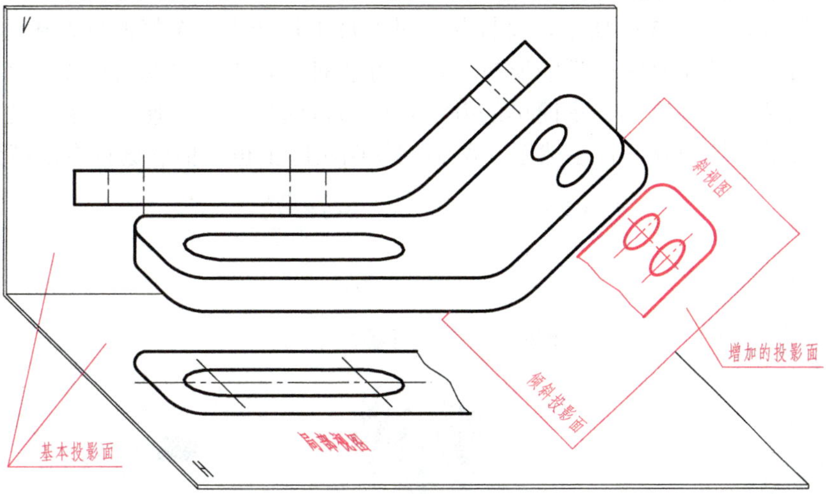

图 5-7　斜视图的形成

斜视图通常按向视图的配置形式配置并标注，如图 5-8a 所示。必要时，可将斜视图旋转配置。此时表示该视图名称的大写拉丁字母，应靠近旋转符号的箭头端“A⌒”，如图 5-8b 所示。旋转符号的方向应与实际旋转方向一致。旋转符号的半径等于字体高度 h。

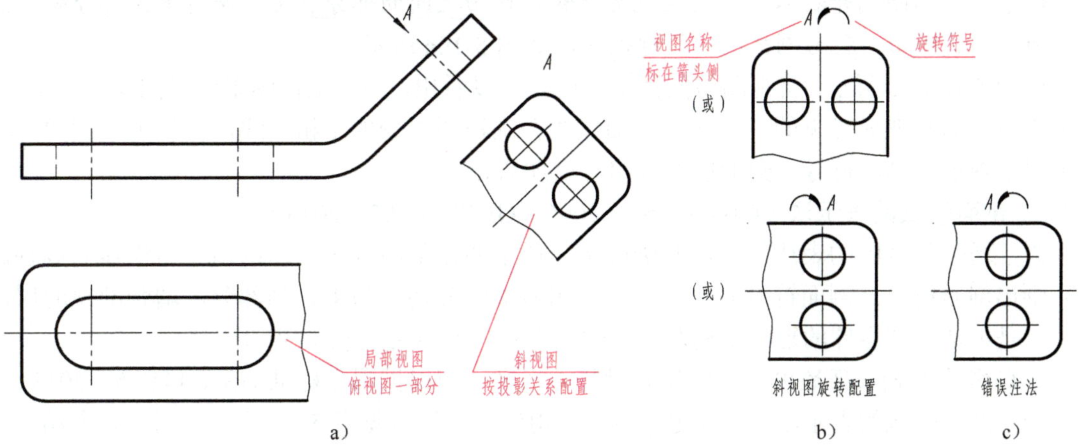

图 5-8　斜视图画法及标注

斜视图一般只画出倾斜部分的局部形状，其断裂边界用波浪线表示。

提示：图 5-8c 是错误注法，哪里错了？

第二节 剖 视 图

当物体的内部结构比较复杂时，视图中就会出现较多的虚线。这些虚线与虚线、虚线与实线相互交错重叠，既不利于画图，也不利于看图和标注尺寸。为了清晰地表示物体的内部形状，国家标准规定了剖视图的表达方法。

一、剖视图的基本概念

你买过西瓜吗？如图 5-9 所示，怎样从一堆西瓜中挑选出一个好西瓜？挑选西瓜常采用手拍打、听声音的方法来判断西瓜的质量。这种方法对有相当经验的人可以，而大多数人是无法做出准确判断的。最准确、最简单的办法是用刀将西瓜切开，使原本看不见的西瓜内部暴露出来，西瓜的好坏也就一目了然了。所谓剖视图实际上也是借鉴这种方法得到的。

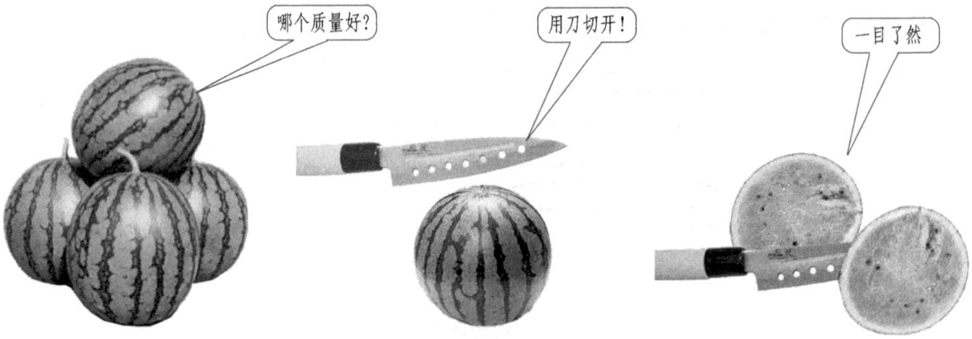

图 5-9 西瓜的剖切

1．剖视图的获得（GB/T 17452—1998、GB/T 4458.6—2002）

假想用剖切面剖开物体，将处在观察者和剖切面之间的部分移去，而将其余部分向投影面投射所得的图形，称为剖视图，简称剖视，如图 5-10a 所示。

如图 5-10b、c 所示，将视图与剖视图相比较可以看出，由于主视图采用了剖视图的画法，原来不可见的孔变成可见的，视图中的细虚线在剖视图中变成了粗实线，再加上在剖面区域内画出了规定的剖面符号，图形层次分明，更加清晰。

2．剖面区域的表示法（GBT 17453－2005、GB/T 4457.5－2013）

为了增强剖视图的表达效果，明辨虚实，通常要在剖面区域（即剖切面与物体的接触部分）画出剖面符号。剖面符号的作用：一是明显地区分切到与未切到部分，增强剖视的层次感；二是识别相邻零件的形状结构及其装配关系；三是区分材料的类别。

（1）需要在剖面区域中表示物体的材料类别时　应根据国家标准 GB/T 4457.5—2013《机械制图　剖面区域的表示法》的规定绘制。常用的剖面符号见表 5-1。由表中可见，金属材料的剖面符号与通用剖面线一致。剖面符号仅表示材料的类别，材料的名称和代号需在机械图样中另行注明。

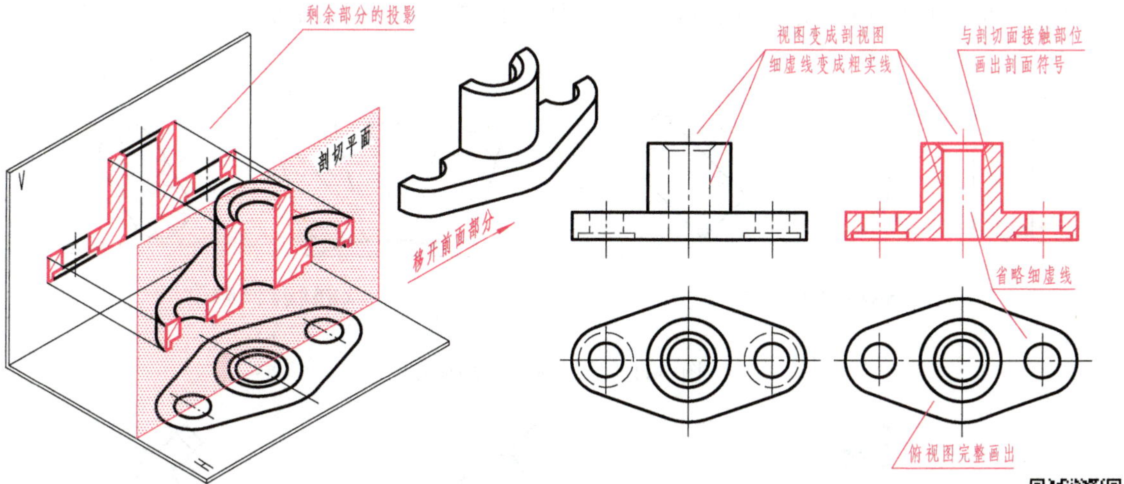

剖视图的形成　　视图　　剖视图

a)　　b)　　c)

图 5-10　剖视图的获得

> 提示：在剖视图的定义中，前两个字是什么？“假想”！由于剖视图是一种假想画法，并不是真的将物体切去一部分，因此当物体的一个视图画成剖视图后，其他视图应该完整地画出，如图 5-10c 所示。若画成图 5-15c 所示的形式，就成了真切，那就错了。

表 5-1　剖面符号（摘自 GB/T 4457.5—2013）

材料类别	剖面符号	材料类别	剖面符号	材料类别	剖面符号
金属材料（已有规定剖面符号者除外）	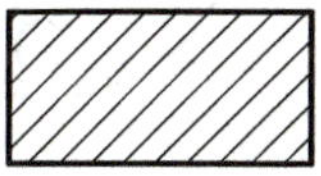	非金属材料（已有规定的剖面符号者除外）		线圈绕组元件	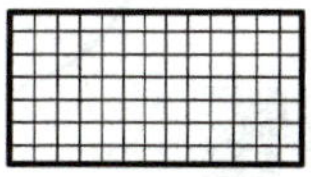
型砂、填砂、粉末冶金、砂轮、陶瓷刀片、硬质合金刀片等	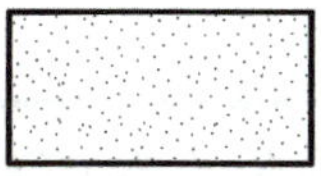	液体	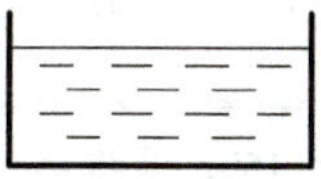	木材纵断面	
转子、电枢、变压器和电抗器等的叠钢片	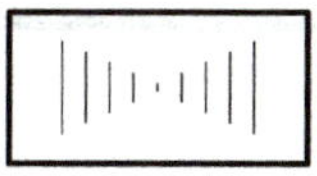	玻璃及供观察用的其他透明材料	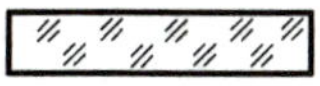	木材横断面	

（2）不需要在剖面区域中表示物体的材料类别时　应根据国家标准的规定绘制。

1）剖面符号用通用剖面线表示。通用剖面线是与图形的主要轮廓线或剖面区域的对称中心线成 45°角，且间距（≈3mm）相等的细实线，向左或向右倾斜均可，如图 5-11 所示。

2）同一物体的各个剖面区域，其剖面线的方向及间隔应一致。在图 5-12 所示的主视图中，由于物体倾斜部分的轮廓线与底面成 45°，而不宜将剖面线画成与主要轮廓线成 45°时，可将该图形的剖面线画成与底面成30°或60°的平行线，但其倾斜方向仍应与其他图形的剖面线保持一致；其他图形的剖面线仍画成45°，如图5-12a中的俯视图所示。

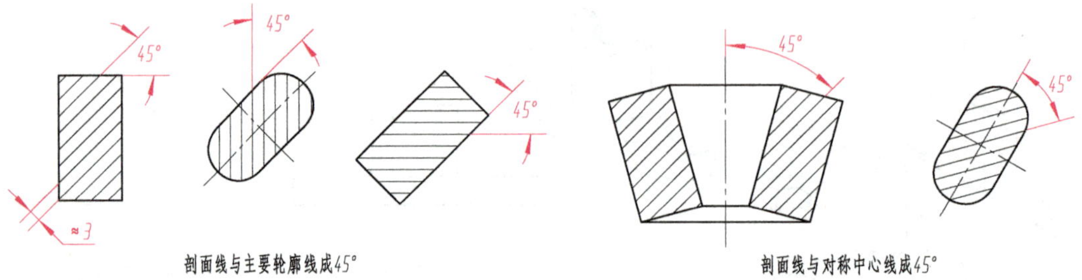

a） b）

图5-11 通用剖面线的画法

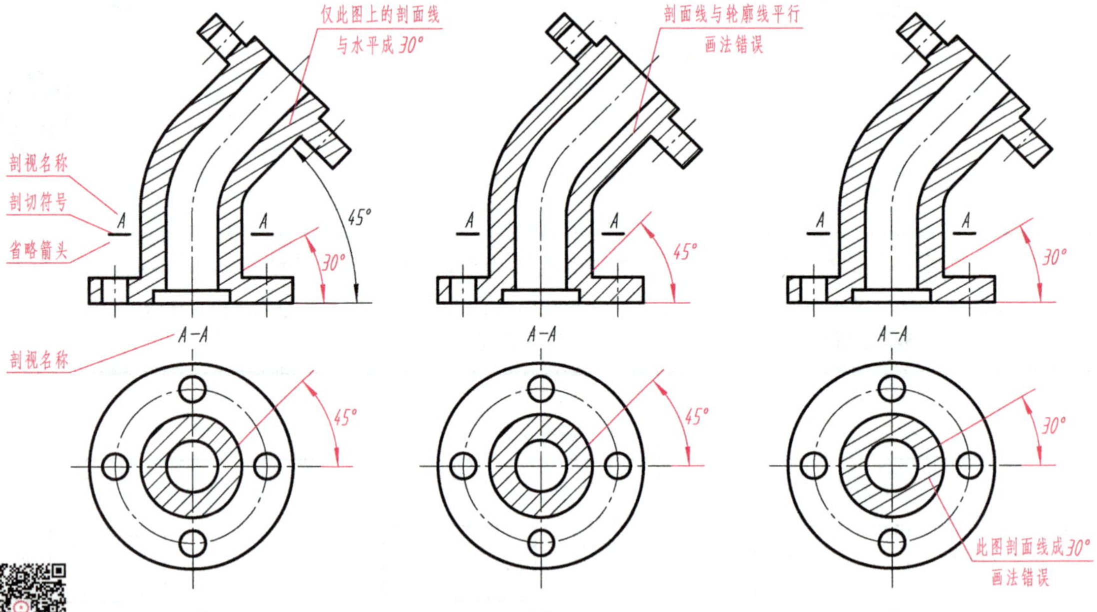

a） b） c）

图5-12 30°或60°剖面线的画法

> 提示：哪个剖视图的轮廓线倾斜接近45°，就将哪个剖视图中的剖面线画成30°或60°的平行线，其他图形中的剖面线仍画成45°，如图5-12a所示。图5-12b、c中的画法是错误的。

3. 剖视图的标注

（1）剖视图标注的一般规则　为了便于看图，应将剖切位置、剖切后的投射方向和剖视图名称，标注在相应的剖视图上，如图5-13a所示。

1）剖切符号。表示剖切面的位置。在相应的视图上，用剖切符号（线长5～8mm的粗实线）表示剖切面的起、迄和转折处位置，并尽量不与图形的轮廓线相交。

2）箭头。在剖切符号的两端外侧，用箭头指明剖切后的投射方向。

3）剖视图的名称。在剖切符号与箭头的拐角处，标注大写拉丁字母（*A*、*A*，*B*、*B*…）；在相应剖视图的上方标注剖视图的名称（*A*—*A*，*B*—*B*…）。

（2）省略或简化标注的条件　在下列情况下，可省略或简化标注。

1）可以省略标注的情况。若为单一剖切平面，且剖切平面通过物体的对称面或基本对称面时，可省略标注，如图 5-10c、图 5-13c 所示。

2）可以不画箭头的情况。当剖视图按投影关系配置，中间又没有其他图形隔开时，可以省略箭头，如图 5-12a 中的主视图、图 5-13b 中的俯视图可以省略箭头。

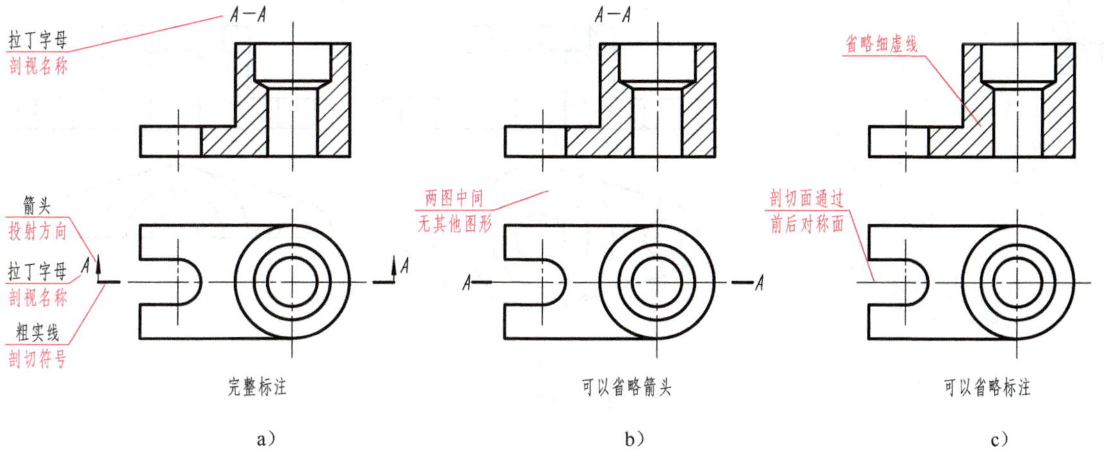

图 5-13　剖视图的标注

提示：不论视图或剖视图的朝向如何，表示剖视图名称的大写拉丁字母一律水平书写。

二、画剖视图时应注意的问题

1）因为剖视图是物体被剖切后剩余部分的完整投影，所以凡是剖切面后面的可见轮廓线应全部画出，不得遗漏，如图 5-14 所示。

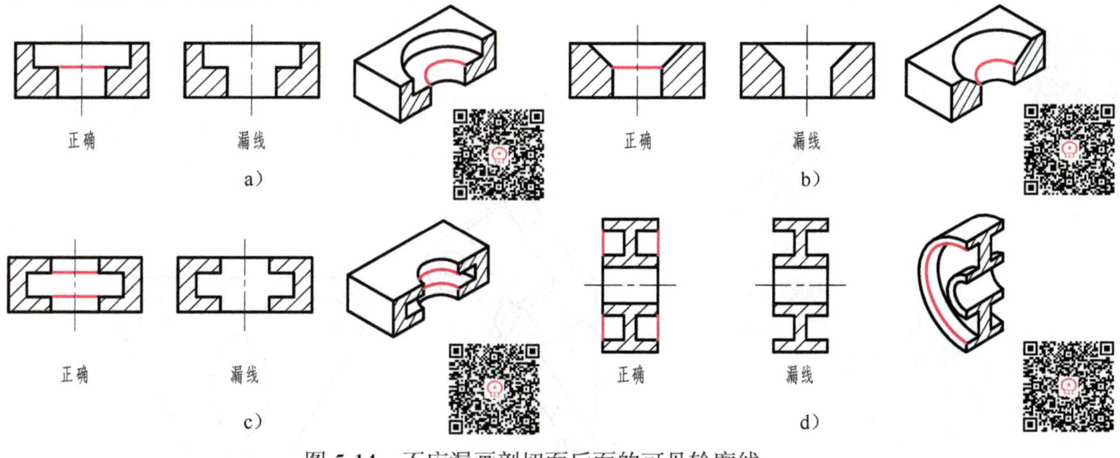

图 5-14　不应漏画剖切面后面的可见轮廓线

2）在剖视图中，表示物体不可见部分的细虚线，一般情况下省略不画；在其他视图中，若不可见部分已表达清楚，细虚线也可省略不画，如图 5-10c、图 5-13 所示。

3）剖切面一般应通过物体的对称面、基本对称面或内部孔、槽的轴线，并与投影面平行。如图 5-15b 所示，剖切面通过物体的前后对称面，且平行于正面。

4）由于剖视图是一种假想画法，并不是真地将物体切去一部分，所以当物体的一个视图画成剖视图后，其他视图应该完整地画出。如图 5-10c、图 5-15b 中的俯视图，仍应画成完整的。图 5-15c 中俯视图的画法是错误的。

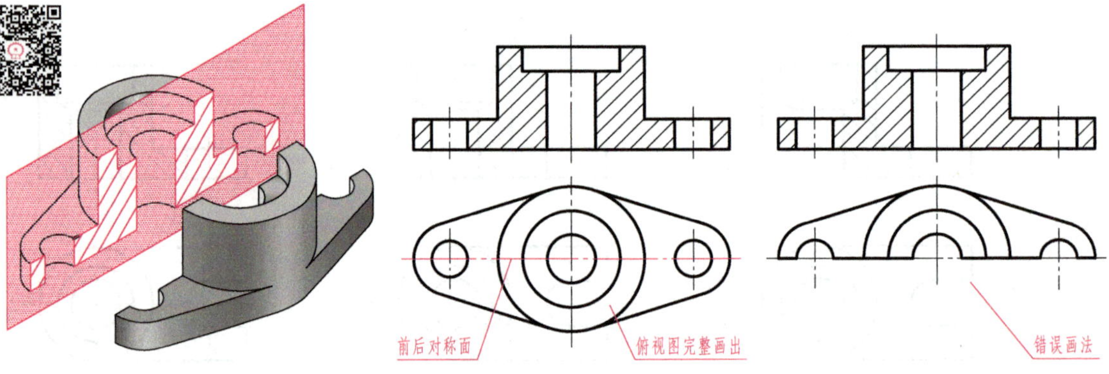

图 5-15　用单一剖切平面剖切获得的全剖视图

三、剖视图的种类

根据剖开物体的范围，可将剖视图分为全剖视图、半剖视图和局部剖视图。国家标准规定，剖切面可以是平面也可以是曲面，可以是单一的剖切面也可以是组合的剖切面。绘图时，应根据物体的结构特点，恰当地选用单一剖切面、几个平行的剖切平面或几个相交的剖切面（交线垂直于某一投影面），绘制物体的全剖视图、半剖视图或局部剖视图。

1．全剖视图

用剖切面完全地剖开物体所得的剖视图，称为全剖视图，简称全剖视。全剖视主要用于表达外形简单、内部结构比较复杂而又不对称的物体。全剖视的标注规则如前所述。

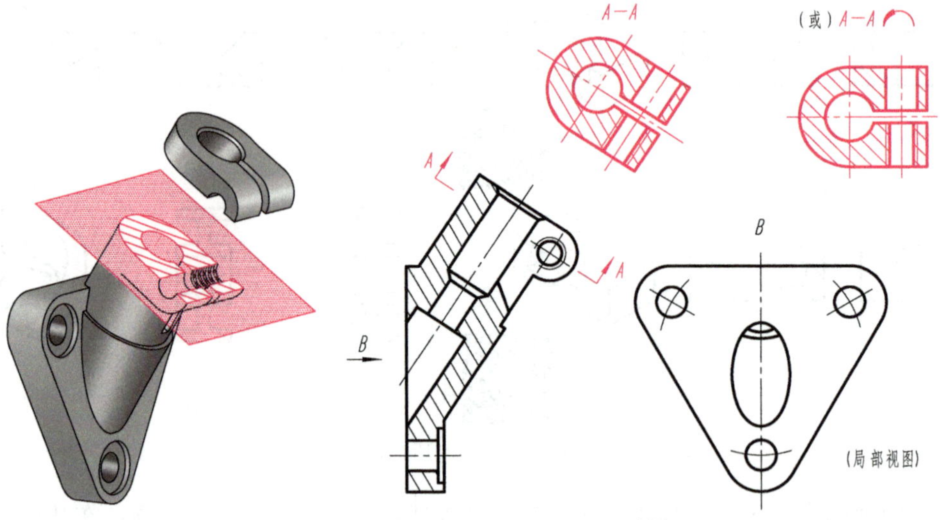

图 5-16　用单一斜剖切面剖切获得的全剖视图

（1）用单一剖切面获得的全剖视图　剖切面一般应通过物体的对称面（或基本对称面），并与基本投影面平行。图 5-10c、图 5-12a、图 5-13、图 5-15b 都是用与基本投影面平行的单一剖切平面剖切得到的全剖视图，是最常用的剖切形式。

图 5-16 中的"*A—A*"剖视图，是用单一斜剖切面完全地剖开物体得到的全剖视图，主要用于表达物体上倾斜部分的结构形状。如图 5-16b 所示，用单一斜剖切面获得的剖视图，一般按投影关系配置，也允许将图形旋转配置，但必须标注旋转符号。对此类剖视图必须进行标注，不能省略。

（2）用几个平行的剖切平面获得的全剖视图　当物体上有若干不在同一平面上而又需要表达的内部结构时，可采用几个平行的剖切平面剖开物体。几个平行的剖切平面可能是两个或两个以上，各剖切平面的转折处成直角，剖切平面必须是投影面的平行面。

如图 5-17 所示，物体上的三个孔不在前后对称面上，用一个剖切平面不能同时剖到。这时，可用两个相互平行的剖切平面分别通过左侧的阶梯孔和前后对称面，再将两个剖切平面后面的部分，同时向基本投影面投射，即得用两个平行平面剖切的全剖视图。

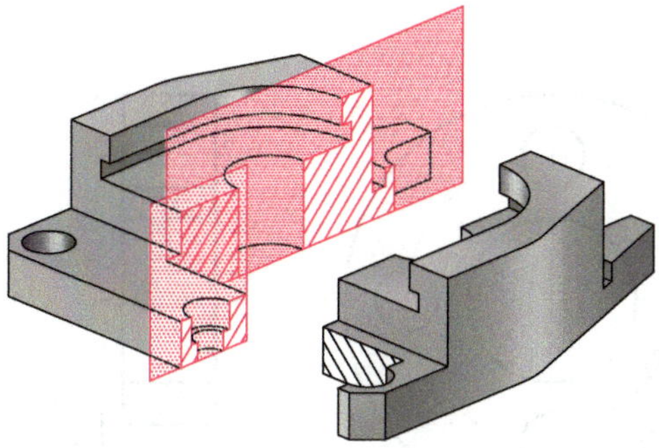

a）

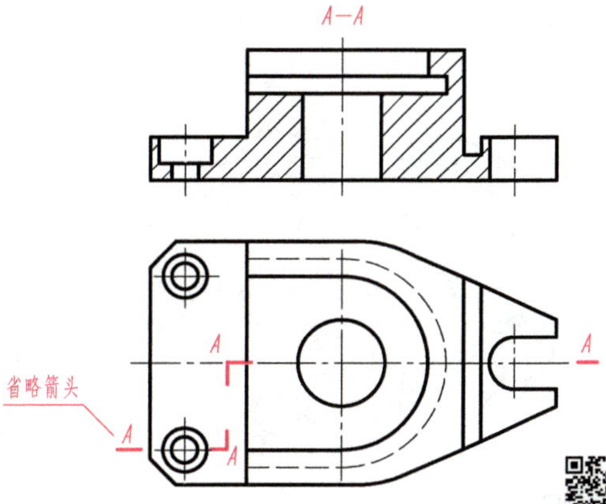

b）

图 5-17　用两个平行的剖切平面获得的全剖视图

用几个平行的剖切平面剖切时，应注意以下几点：

1）在剖视图的上方，用大写拉丁字母标注图名"×—×"，在剖切平面的起、迄和转折处画出剖切符号，并注上相同的字母。若剖视图按投影关系配置，中间又没有其他图形隔开时，允许省略箭头，如图 5-17b 所示。

2）在剖视图中一般不应出现不完整的结构要素，如图 5-18a 所示。在剖视图中不应画出剖切平面转折处的界线，且剖切平面的转折处也不应与图中的轮廓线重合，如图 5-18b 所示。

（3）用几个相交的剖切平面获得的全剖视图　当物体上的孔（槽）等结构不在同一平面上、但却沿物体的某一回转轴线分布时，可采用几个相交于回转轴线的剖切面剖开物体，将剖切面剖开的结构及有关部分旋转到与选定的投影面平行后，再进行投射。几个相交剖切面的交线，必须垂直于某一基本投影面。

如图 5-19a 所示，用相交的两个平面（交线垂直于 *V* 面）将物体切开，先将倾斜部分绕轴线旋转到与侧面平行后，再一起向侧面投射，即得用两个相交平面剖切的全剖视图，如图 5-19b 所示。

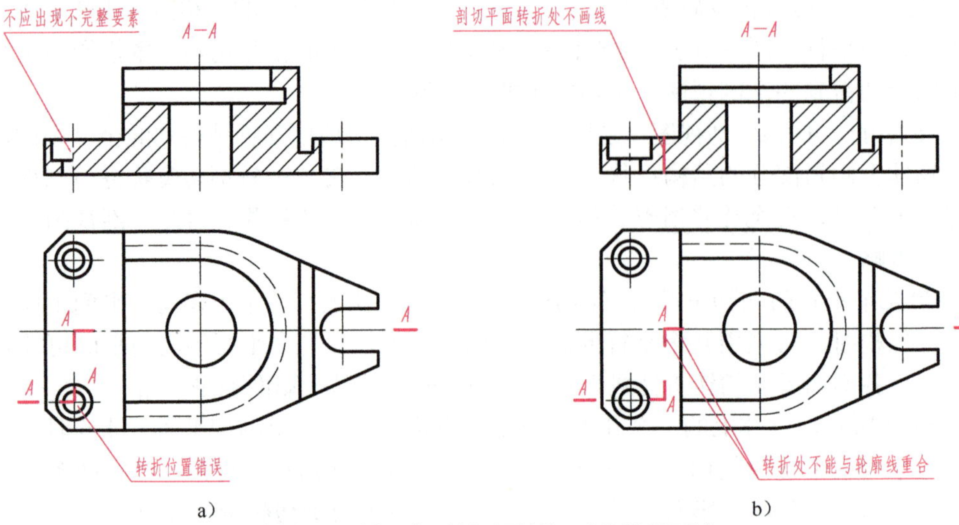

图 5-18　用几个平行平面剖切时的错误画法

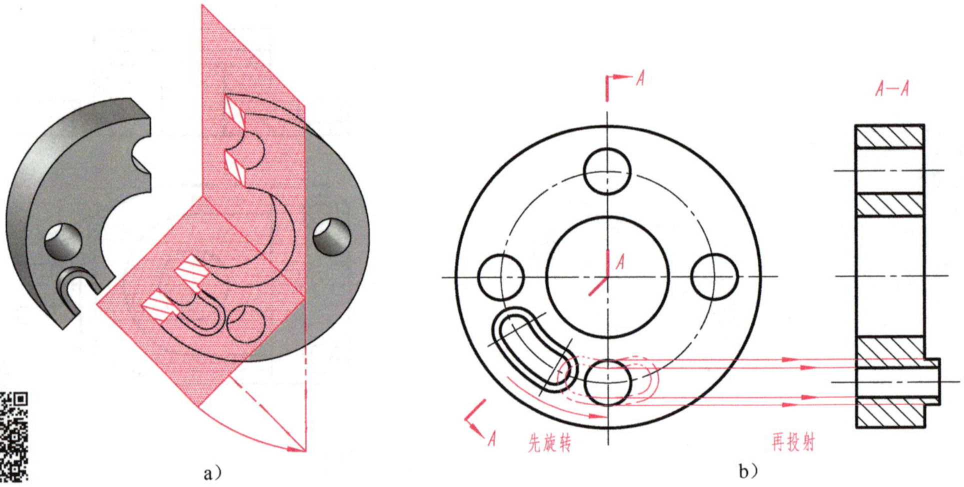

图 5-19　用两个相交剖切平面获得的全剖视图

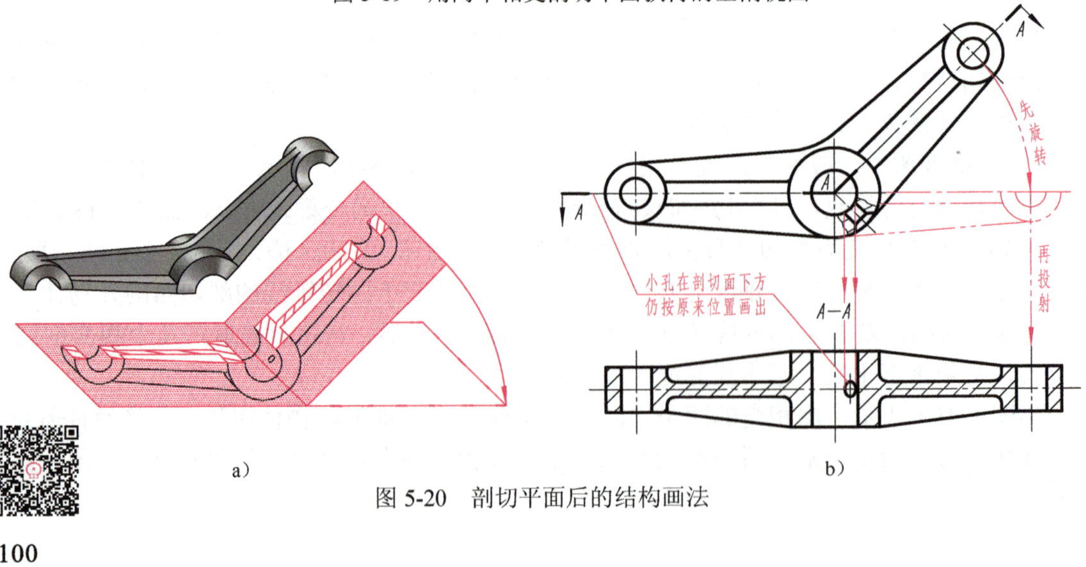

图 5-20　剖切平面后的结构画法

用几个相交的剖切面剖切时，应注意以下几点：

1）剖切平面的交线应与物体的回转轴线重合。

2）剖切面后边的其他结构，一般仍按原来的位置进行投射，如图 5-20b 所示。

3）对用几个相交的剖切面获得的剖视图要进行完整标注，不能省略，如图 5-19b、图 5-20b 所示。

2. 半剖视图

当物体具有垂直于投影面的对称平面时，在该投影面上投射所得的图形，可以对称中心线为界，一半画成剖视图，另一半画成视图，这种组合的图形称为半剖视图，简称半剖视，如图 5-21 所示。半剖视图主要用于内、外形状都需要表达的对称物体。

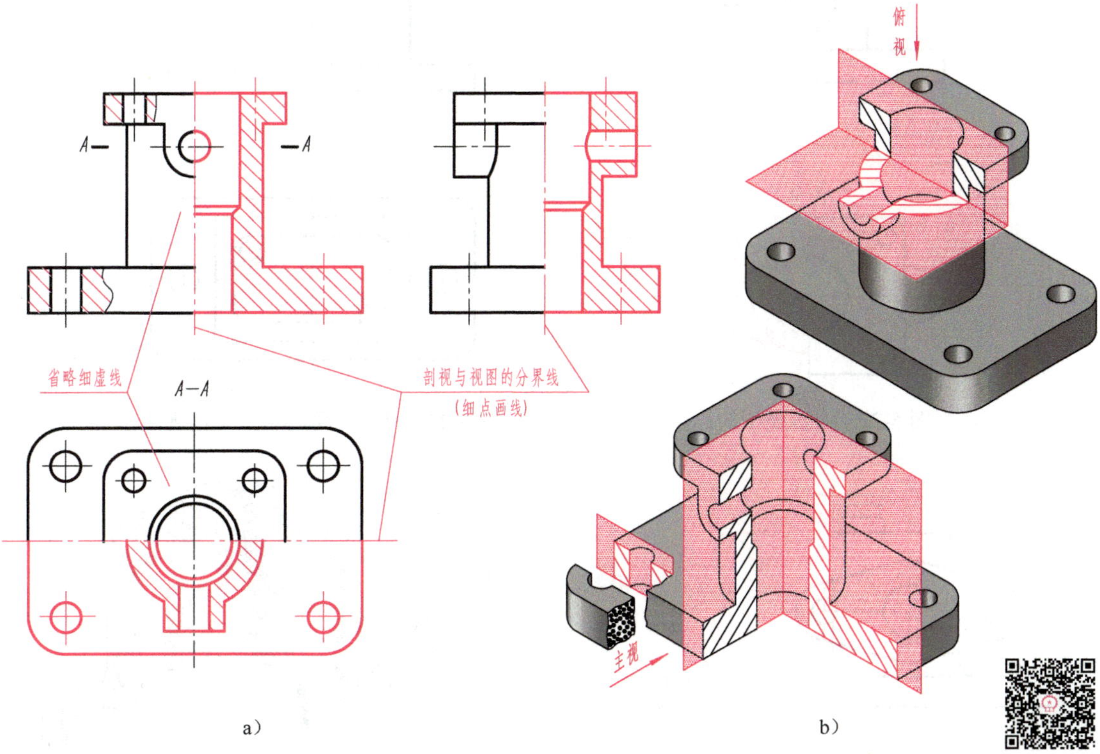

图 5-21　半剖视图

画半剖视应注意以下几点：

1）视图部分和剖视图部分必须以细点画线为界。在半剖视图中，剖视部分的位置通常按以下原则配置（图 5-21a）。

——在主视图中，位于对称中心线的右侧。

——在俯视图中，位于对称中心线的下方。

——在左视图中，位于对称中心线的右侧。

2）由于物体的内部形状已在半剖视中表达清楚，所以在半个视图中的细虚线省略，但对孔、槽等需用细点画线表示其中心位置，如图 5-21 中的主、左视图所示。

3）对于那些在半剖视中不易表达的部分，可在视图中以局部剖视的方式表达，如图 5-21a 中的主视图所示。

4）半剖视图的标注方法与全剖视相同。但要注意的是，剖切符号应画在图形轮廓线以外，如图 5-21a 主视图中的“*A*—　—*A*”。

5）在半剖视图中标注对称结构的尺寸时，由于结构形状未能完整显示，则尺寸线应略超过对称中心线，并只在另一端画出箭头，如图 5-22 所示。

6）当物体基本上对称，且不对称部分已在其他视图中表达清楚时，也可画成半剖视图，如图 5-23 所示。

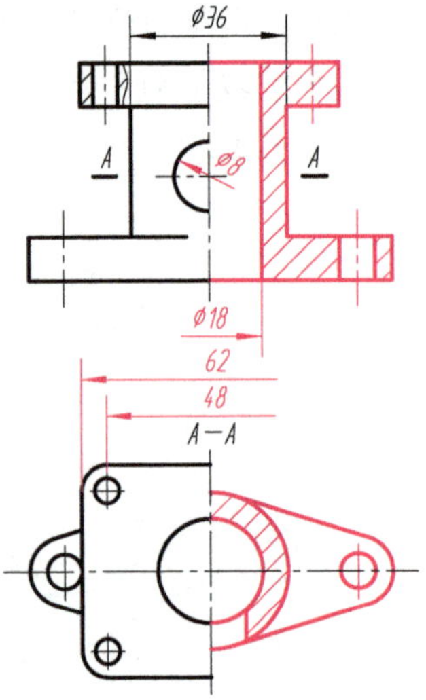

图 5-22　半剖视图的标注

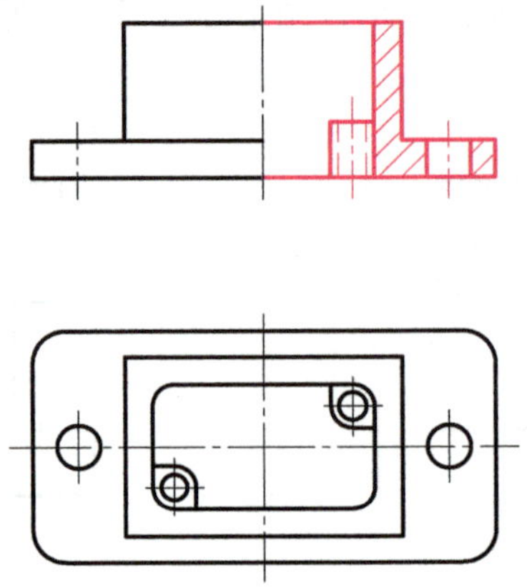

图 5-23　基本对称物体的半剖视图

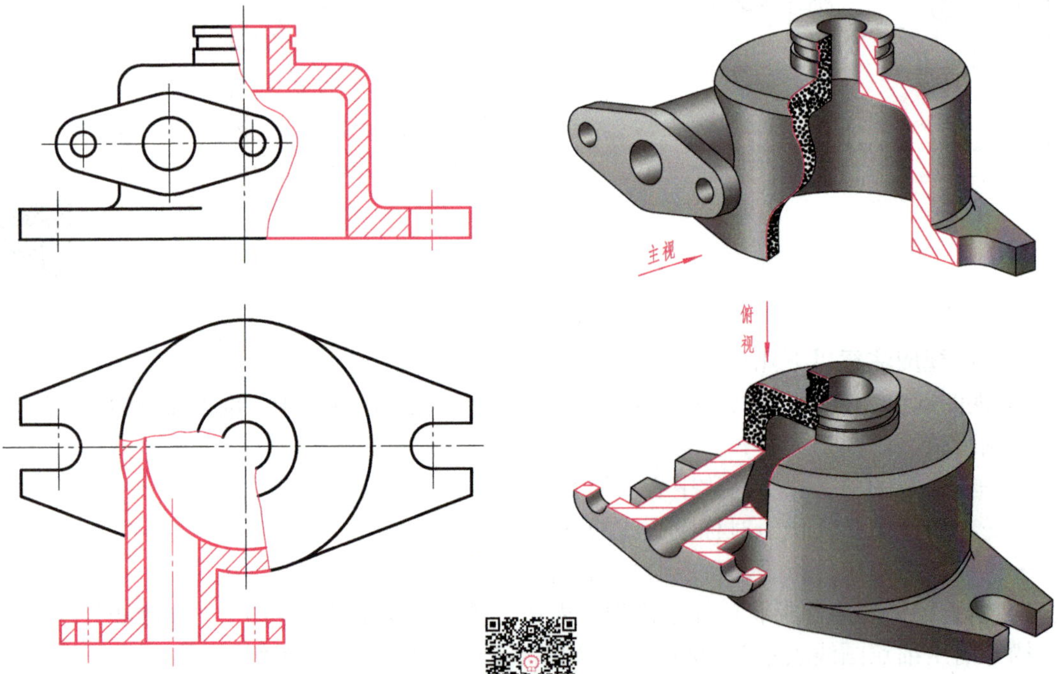

a）　b）

图 5-24　局部剖视图

3. 局部剖视图

用剖切面局部地剖开物体所得的剖视图，称为局部剖视图，简称局部剖视。当物体的局部内形需要表示，而又不宜采用全剖视时，可采用局部剖视表达，如图 5-24a 所示。局部剖视是一种灵活的表达方法。它的剖切位置和剖切范围，可根据实际需要确定。

画局部剖视时应注意以下几点：

1）当被剖结构为回转体时，允许将该结构的回转轴线作为局部剖视与视图的分界线，如图 5-25a 所示。

2）当对称物体的内部（或外部）轮廓线与对称中心线重合而不宜采用半剖视时，可采用局部剖视，如图 5-25b、c、d 所示。

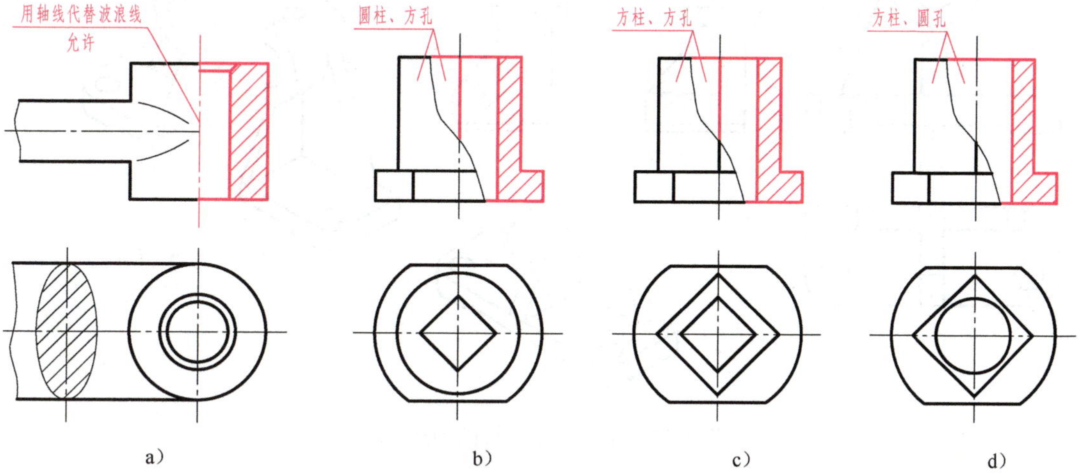

图 5-25　局部剖视的特殊情况

3）局部剖视图的视图部分与剖视部分以波浪线分界。波浪线不能与其他图线重合，如图 5-26a 所示。波浪线要画在物体的实体部分，不应超出视图的轮廓线，如图 5-26b 所示。

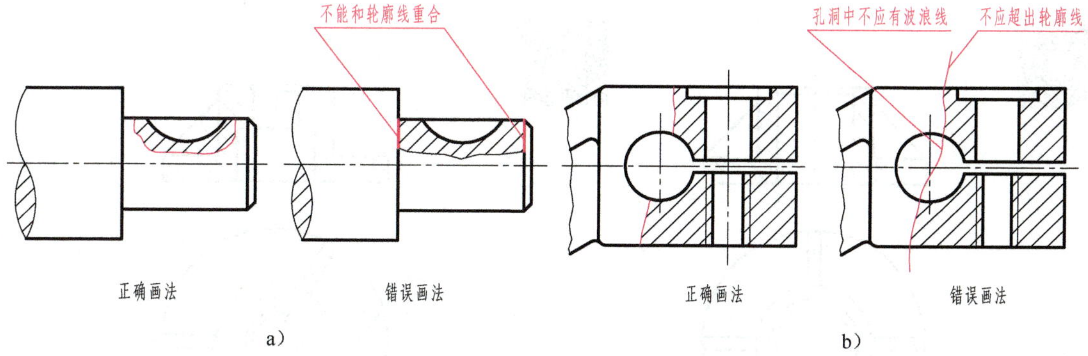

图 5-26　局部剖视图中波浪线的画法

提示：对于剖切位置明显的局部剖视，一般不需标注，如图 5-24a、图 5-25 所示。必要时可按全剖视的标注方法标注。

四、剖视图中的规定画法

1）画各种剖视图时，对于物体上的肋板、轮辐及薄壁等，若按纵向剖切，这些结构都不画剖面符号，而用粗实线将它们与邻接部分分开。

如图 5-27 中的左视图采用全剖视时，剖切平面通过中间肋板的纵向对称平面，在肋板的范围内不画剖面符号，肋板与其他部分的分界处均用粗实线绘出。图 5-27 中的“*A*—*A*”剖视图，因为剖切平面垂直于肋板和支承板（即横向剖切），所以仍要画出剖面符号。

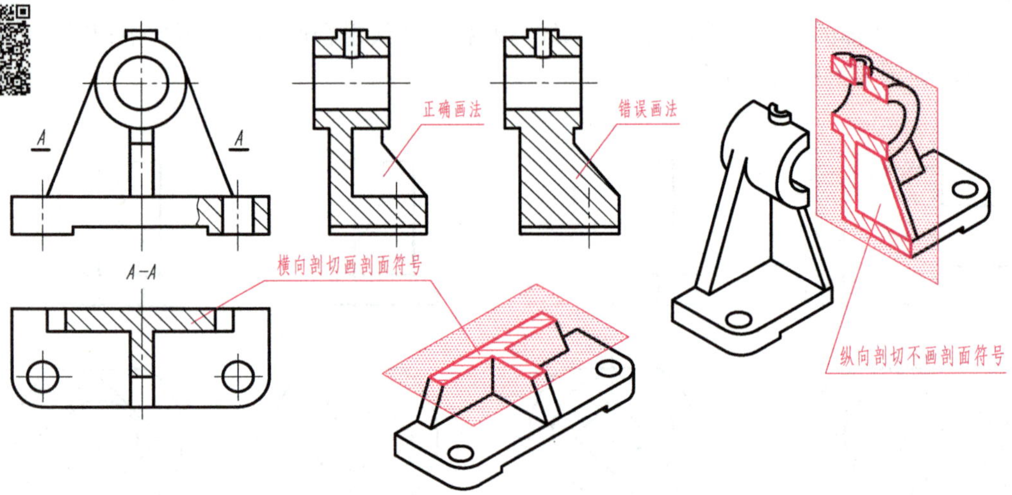

图 5-27　剖视图中肋板的画法

2）回转体上均匀分布的肋板、孔等结构不处于剖切平面上时，可假想将这些结构旋转到剖切平面上画出（比较灵活方便）；对均匀分布的孔，可只画出一个，用对称中心线表示其他孔的位置即可，如图 5-28 所示。

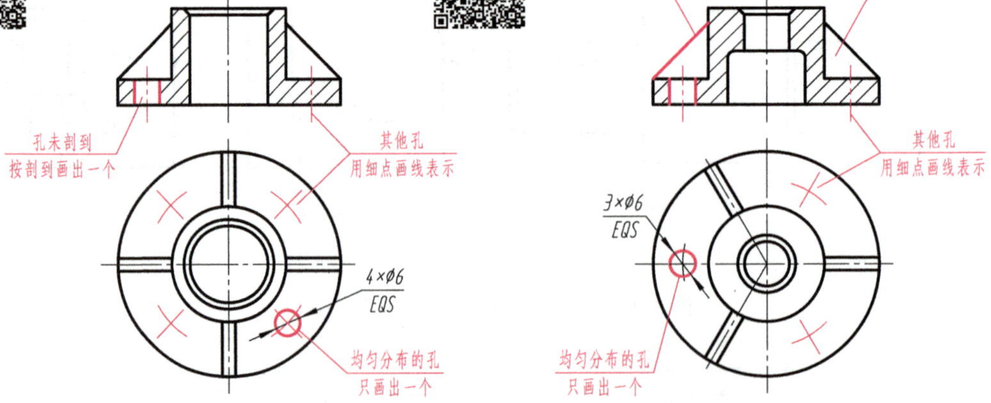

a）　　　　b）

图 5-28　回转体上均布结构的简化画法

第三节　断　面　图

断面图主要用于表达物体某一局部的断面形状，例如物体上的肋板、轮辐、键槽、小孔，以及各种型材的断面形状等。

根据在图样中的不同位置，断面图可分为移出断面图和重合断面图。

一、移出断面图（GB/T 17452—1998、GB/T 4458.6—2002）

假想用剖切平面将物体的某处切断，仅画出该剖切面与物体接触部分的图形，称为断面图，简称断面。

断面图，实际上就是使剖切平面垂直于结构要素的中心线（轴线或主要轮廓线）进行剖切，然后将断面图形旋转 90°，使其与纸面重合而得到的。断面图与剖视图的区别在于：断面图仅画出断面的形状，而剖视图除画出断面的形状外，还要画出剖切面后面物体的完整投影，如图 5-29b 所示。

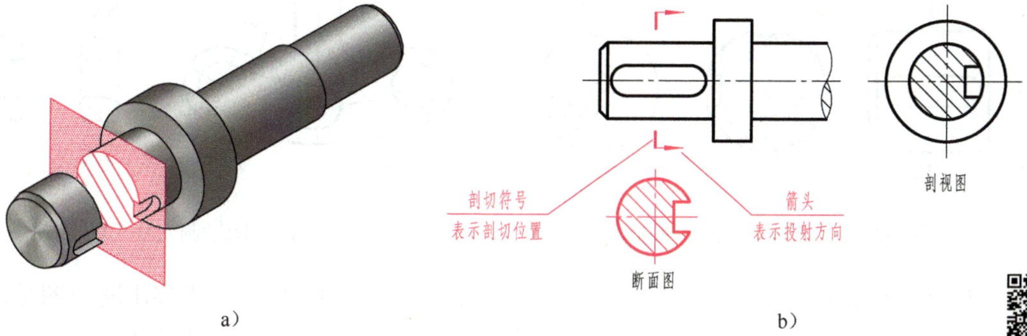

图 5-29　断面图的概念

画在视图之外的断面图，称为移出断面图，简称移出断面。移出断面的轮廓线用粗实线绘制，如图 5-30 所示。

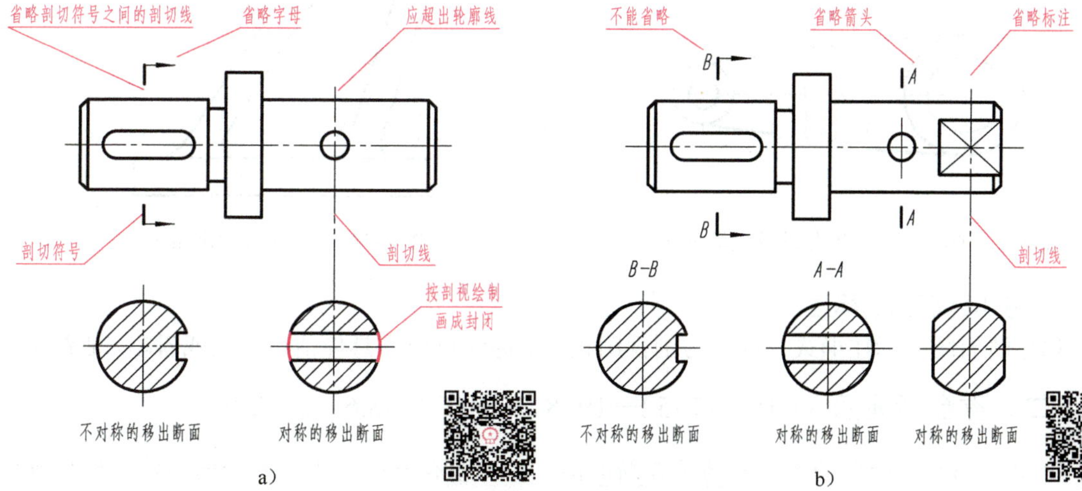

图 5-30　移出断面的配置及标注

1. 画移出断面图的注意事项

1）移出断面图应尽量配置在剖切符号或剖切线的延长线上，如图 5-30a 所示；移出断面图也可配置在其他适当位置，如图 5-30b 中的“*A—A*”“*B—B*”断面。

2）当剖切平面通过回转面形成的孔（或凹坑）的轴线时，这些结构按剖视图绘制，如图 5-31 所示。

3）当剖切平面通过非圆孔，会导致出现完全分离的两个断面时，则这些结构按剖视图绘制，如图 5-32 所示。

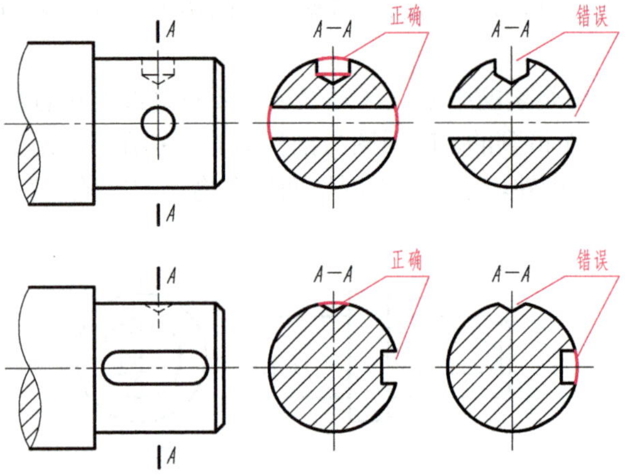

图 5-31　带有孔或凹坑的断面图

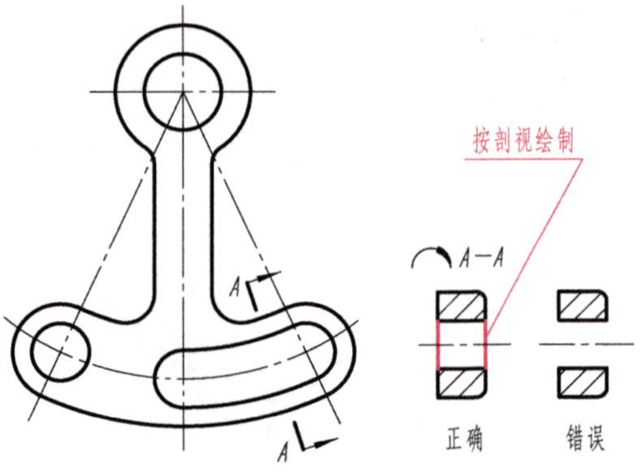

图 5-32　按剖视图绘制的移出断面图

4）断面图的图形对称时，可画在视图的中断处，如图 5-33 所示。当移出断面图是由两个或多个相交的剖切平面剖切而形成时，断面图的中间应断开，如图 5-34 所示。

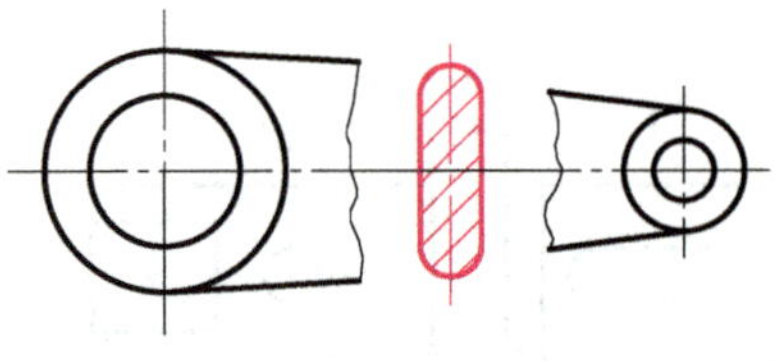

图 5-33　画在视图中断处的移出断面图

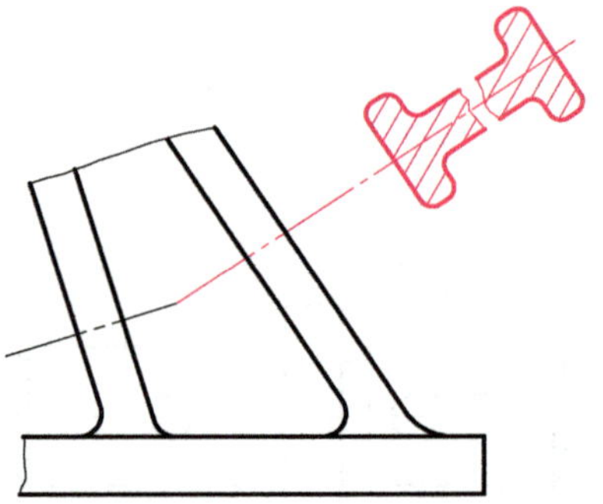

图 5-34　断开的移出断面图

2. 移出断面图的标注

移出断面图的标注形式及内容与剖视图相同。标注可根据具体情况简化或省略，见表 5-2。

二、重合断面图（GB/T 17452—1998、GB/T 4458.6—2002）

画在视图之内的断面图，称为重合断面图，简称重合断面。重合断面图的轮廓线用细实线绘制，如图 5-35 所示。画重合断面图应注意以下几点：

表 5-2　移出断面图的标注

断面类型	断面的位置		
	配置在剖切线或剖切符号延长线上	不在剖切符号的延长线上	按投影关系配置
对称的移出断面	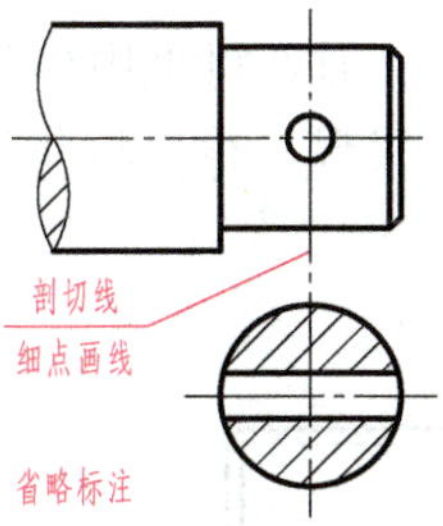	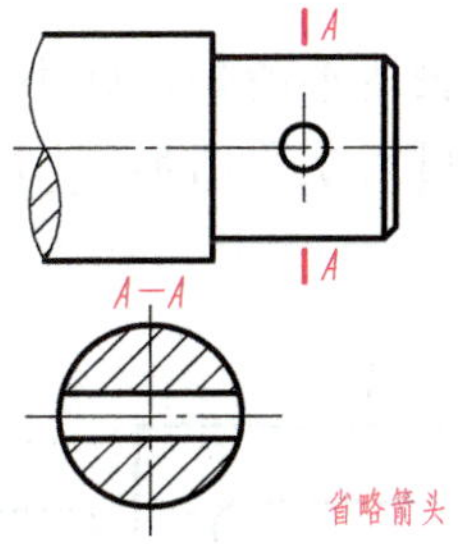	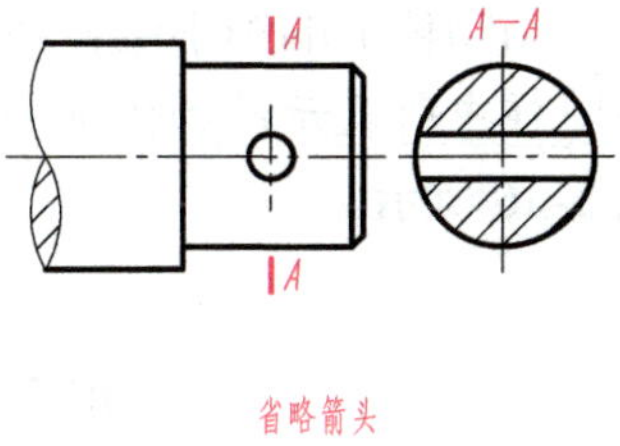
不对称的移出断面	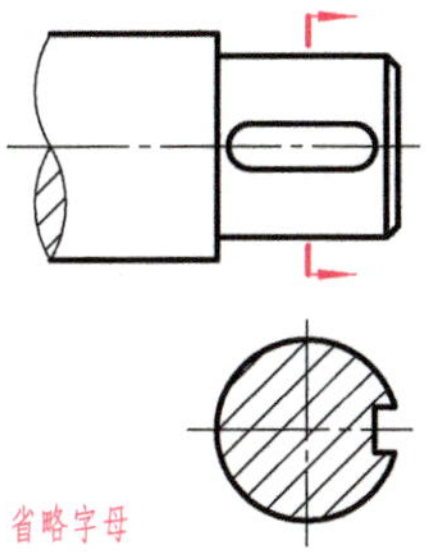	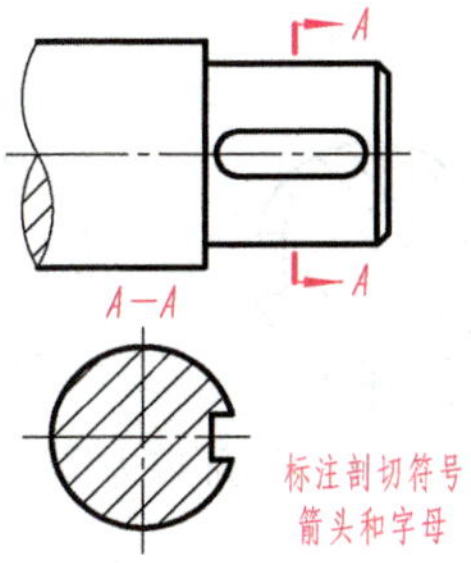	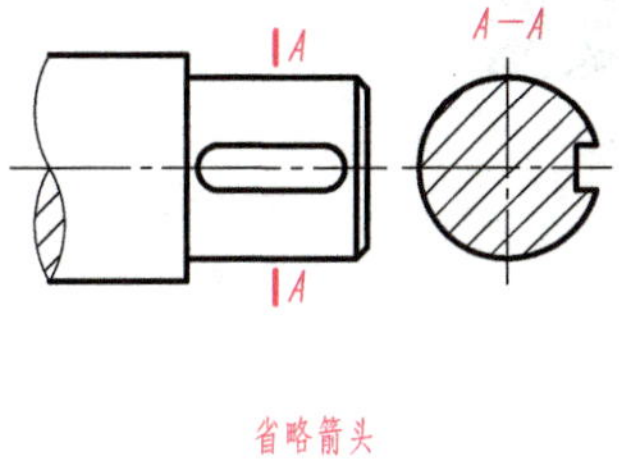

1）重合断面图与视图中的轮廓线重叠时，视图的轮廓线应连续画出，不可间断，如图 5-35a 所示。

2）重合断面图可省略标注，如图 5-35 所示。

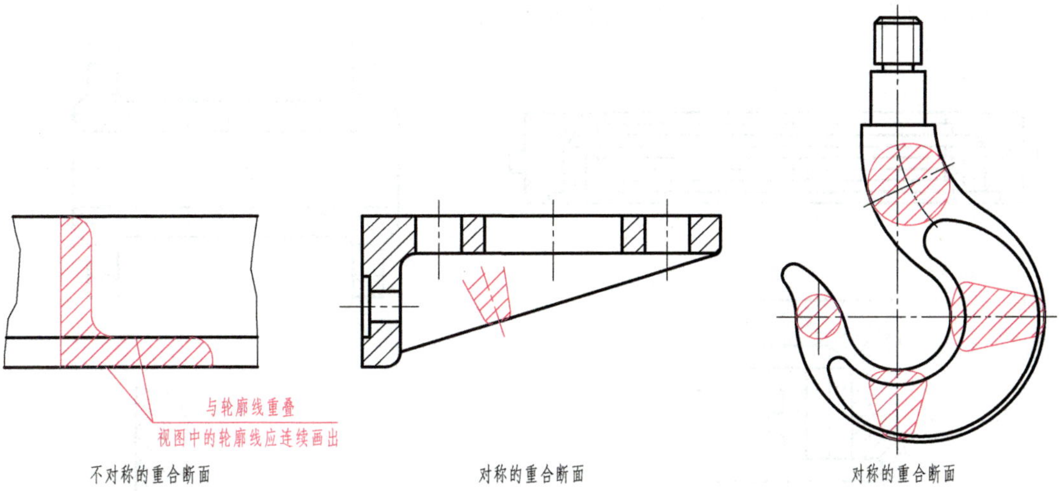

a）　　b）　　c）

图 5-35　重合断面图

第四节　局部放大图和简化画法

一、局部放大图（GB/T 4458.1—2002）

当物体上的细小结构在视图中表达不清楚，或不便于标注尺寸时，可采用局部放大图。将图样中所表示的物体部分结构，用大于原图形的比例所绘出的图形，称为局部放大图，如图 5-36 所示。

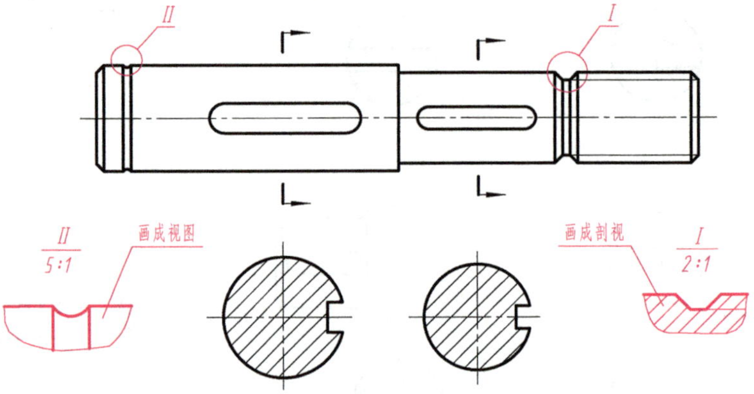

图 5-36　局部放大图（一）

局部放大图的比例，系指该图形中物体要素的线性尺寸与实际物体相应要素的线性尺寸之比，与原图形所采用的比例无关。

局部放大图可以画成视图、剖视和断面，与被放大部分的原表达方式无关。画局部放大图应注意以下几点：

1）局部放大图应尽量配置在被放大部位附近，用细实线圈出被放大的部位。当同一物体上有几处被放大的部位时，必须用罗马数字依次标明被放大的部位，并在局部放大图的上方，标注相应的罗马数字和所采用的比例，如图 5-36 所示。

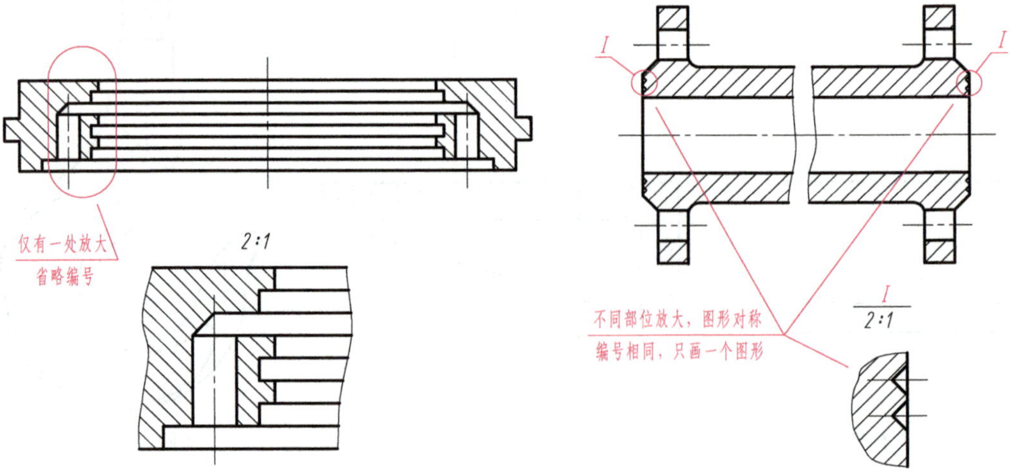

a）　b）

图 5-37　局部放大图（二）

2）当物体上只有一处被放大时，在局部放大图的上方只需注明所采用的比例，如图 5-37a 所示。

3）同一物体上不同部位的局部放大图，其图形相同或对称时，只需画出一个，如图 5-37b 所示。

二、简化画法（GB/T 16675.1—2012、GB/T 4458.1—2002）

简化画法是包括规定画法、省略画法、示意画法等在内的图示方法。国家标准规定了一系列的简化画法，其目的是减少绘图工作量，提高设计效率及图样的清晰度，满足手工制图和计算机制图的要求，适应国际贸易和技术交流的需要。

1. 规定画法

对标准中规定的某些特定表达对象所采用的特殊图示方法。

1）在不致引起误解时，对称物体的视图可只画一半或四分之一，并在对称中心线的两端画出对称符号（两条与其垂直的平行细实线），如图 5-38 所示。

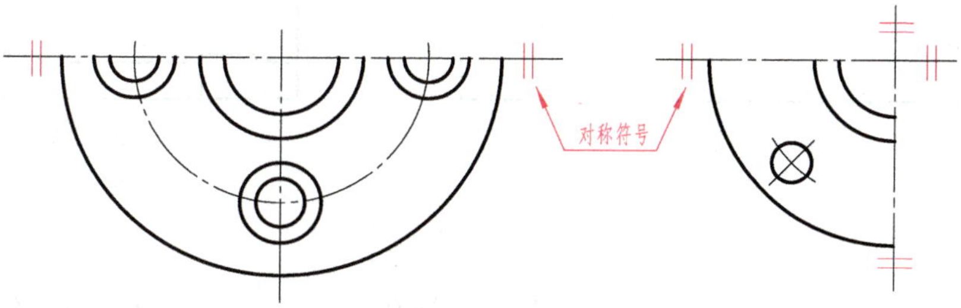

a）　b）

图 5-38　对称物体的规定画法

2）为了避免增加视图或剖视，对回转体上的平面，可用细实线绘出对角线表示，如图 5-39 所示。

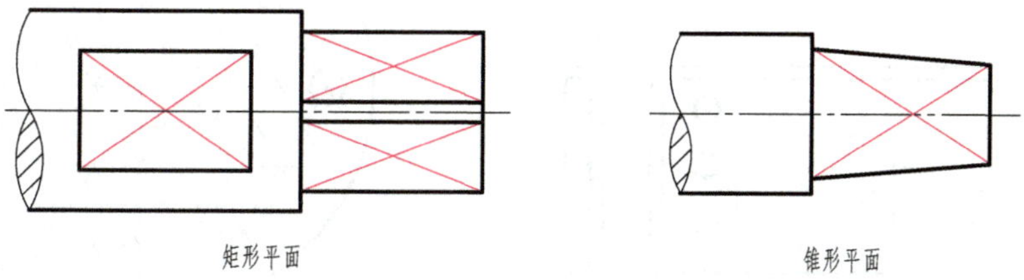

a）　b）

图 5-39　平面的规定画法

3）较长的零件（轴、杆、型材、连杆等）沿长度方向的形状一致或按一定规律变化时，可断开后（缩短）绘制，其断裂边界可用波浪线绘制，也可用双折线或细双点画线绘制，如图 5-40 所示。但在标注尺寸时，要标注零件的实长。

2. 省略画法

通过省略重复投影、重复要素、重复图形等达到使图样简化的图示方法。

1）零件中成规律分布的重复结构，允许只绘制出其中一个或几个完整的结构，但需反映其分布情况，并在零件图中注明重复结构的数量和类型。对称的重复结构，用细点画线表示各对称结构要素的位置，如图 5-41a 所示。不对称的重复结构，则用相连的细实线代替，如图 5-41b 所示。

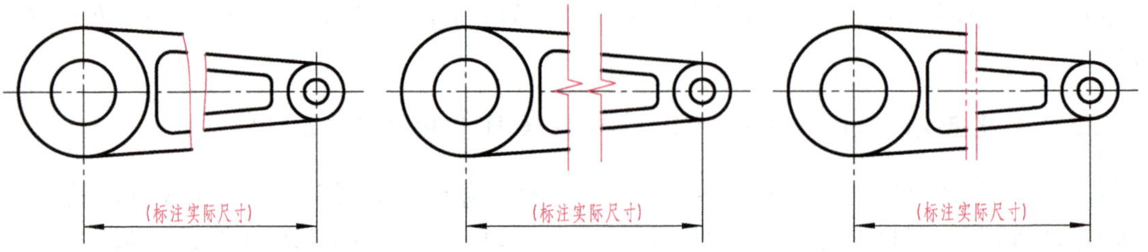

a） b） c）

图 5-40 较长零件的规定画法

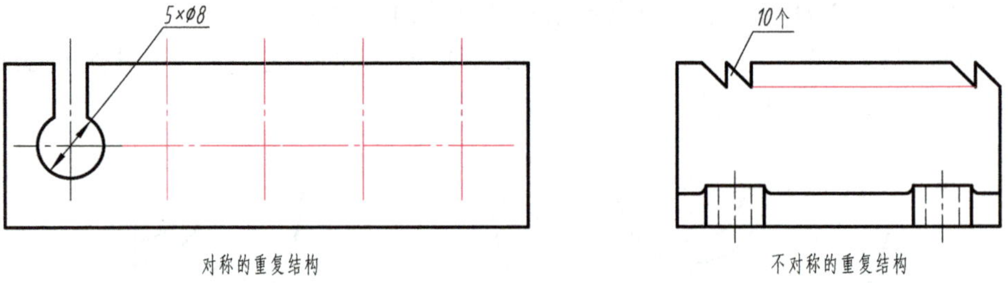

a） b）

图 5-41 重复结构的省略画法

2）若干直径相同且成规律分布的孔（圆孔、螺孔、沉孔等），可以仅画一个或少量几个，其余只需用细点画线表示其中心位置，但在零件图中要注明孔的总数，如图 5-42 所示。

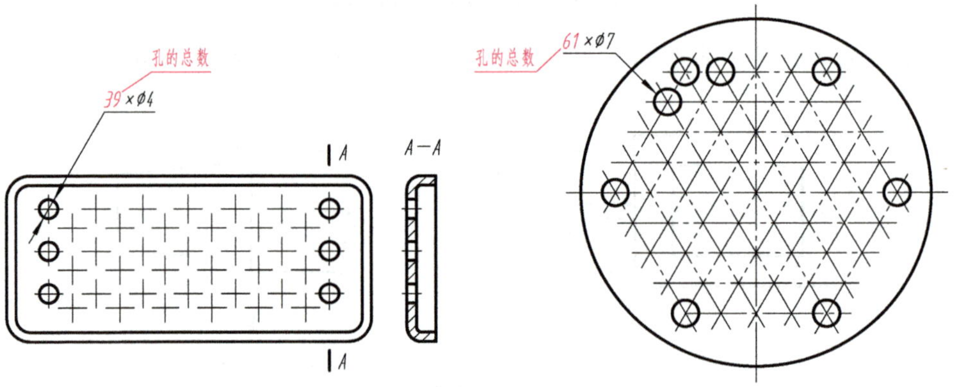

a） b）

图 5-42 成规律分布的孔的省略画法

3）在不致引起误解时，零件图中的小圆角、倒角均可省略不画，但必须注明尺寸或在技术要求中加以说明，如图 5-43 所示。

3. 示意画法

用规定符号和（或）较形象的图线绘制图样的表意性图示方法。

零件上的滚花、槽沟等网状结构，应用粗实线完全或部分地表示出来，并在图中按规定标注，如图 5-44 所示。

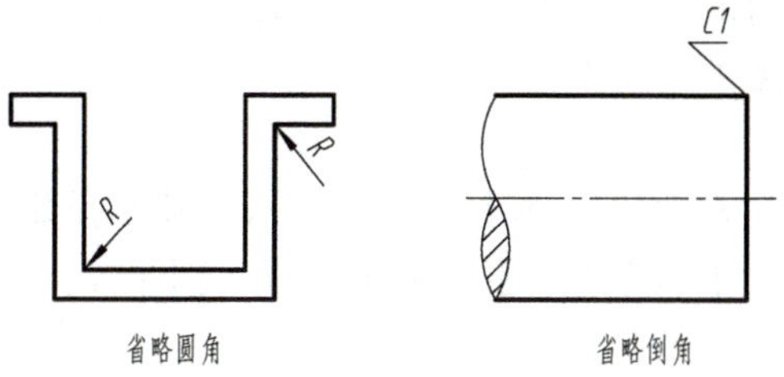

图 5-43　圆角与倒角的省略画法

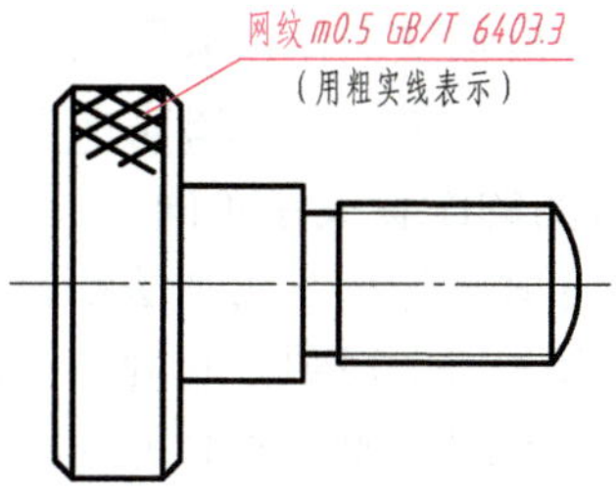

图 5-44　滚花的示意画法

第五节　第三角画法简介

国家标准 GB/T 17451—1998《技术制图　图样画法　视图》规定：“技术图样应采用正投影法绘制，并优先采用第一角画法”。在工程制图领域，世界上多数国家（如中国、英国、法国、德国、俄罗斯等）都采用第一角画法，而美国、日本、加拿大、澳大利亚等国家，则采用第三角画法。为了适应日益增多的国际技术交流和协作的需要，应当了解第三角画法。

一、第三角画法与第一角画法的异同点（GB/T 13361—2012）

如图 5-45 所示，用水平和铅垂两投影面，将空间分成四个区域，每个区域为一个分角，分别称为第一分角、第二分角、第三分角、第四分角。

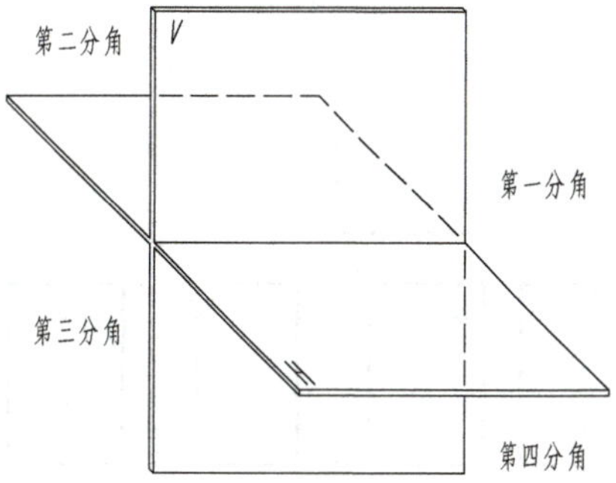

图 5-45　四个分角

1．获得投影的方式不同

第一角画法是将物体置于第一分角内，并使其处于观察者与投影面之间而得到正投影的方法（即保持人→物体→投影面的位置关系），如图 5-46a 所示。

第三角画法是将物体置于第三分角内，并使投影面处于观察者与物体之间而得到正投影的方法（假设投影面是透明的，并保持人→投影面→物体的位置关系），如图 5-46b 所示。

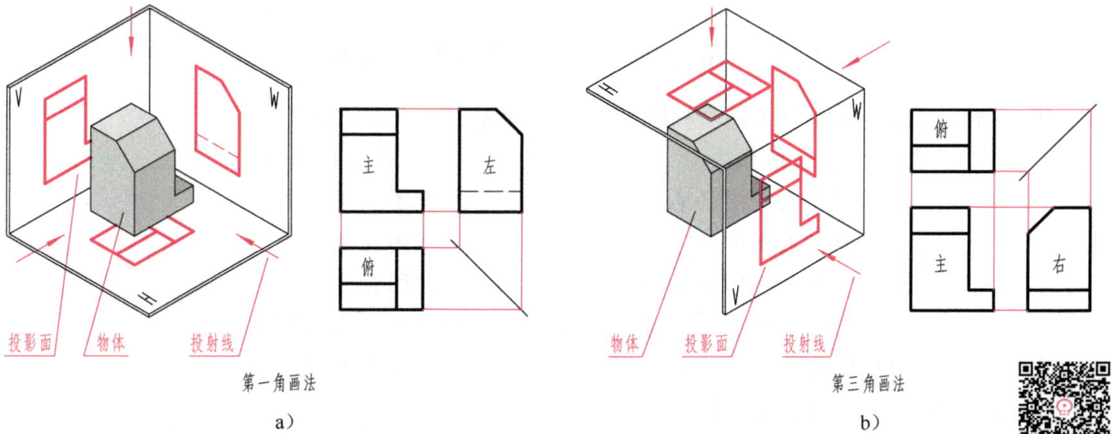

图 5-46　第一角画法与第三角画法获得投影的方式

与第一角画法类似，采用第三角画法获得的三视图符合多面正投影的投影规律，即主、俯视图长对正；主、右视图高平齐；俯、右视图宽相等。

2. 视图的配置关系不同

第一角画法与第三角画法都是将物体放在六面投影体系当中，向六个基本投影面进行投射，得到六个基本视图，其视图名称相同。由于六个基本投影面展开方式不同，其基本视图的配置关系不同，如图 5-47 所示。

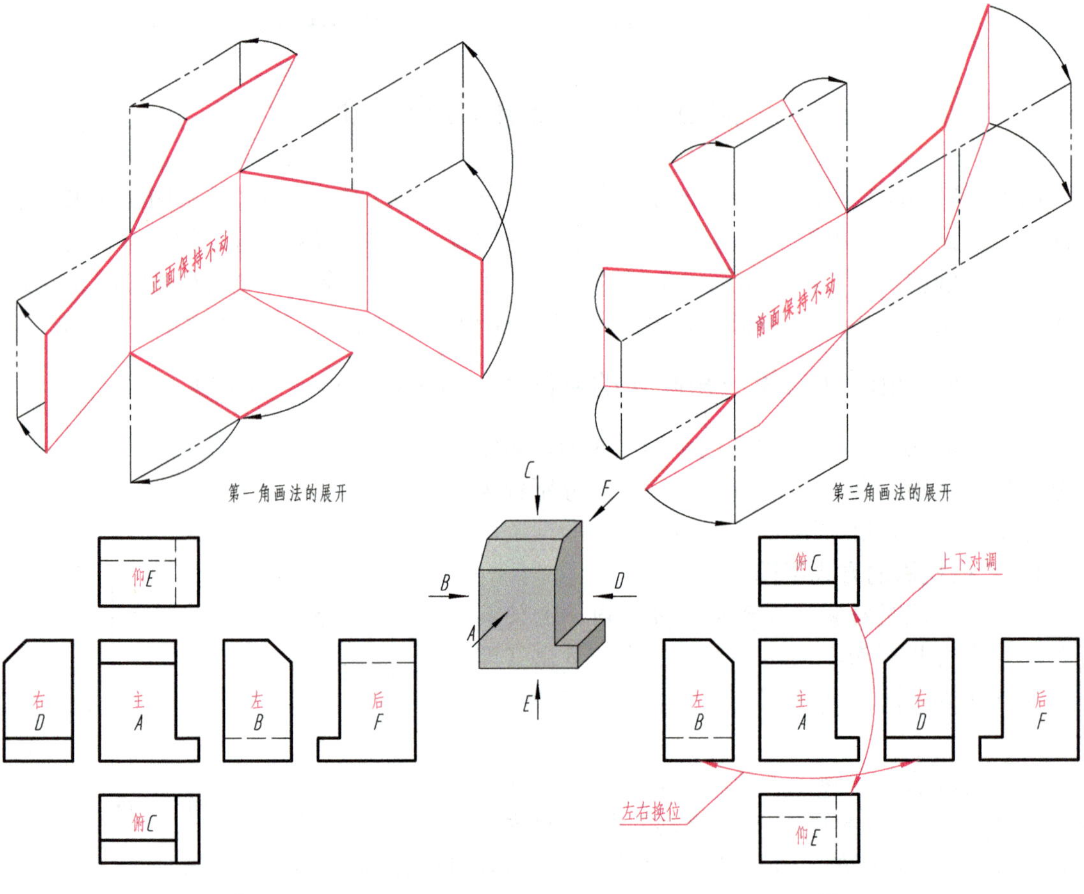

图 5-47　第一角画法与第三角画法配置关系的对比

第一角画法与第三角画法各个视图与主视图的配置关系对比如下：

第一角画法	第三角画法
左视图在主视图的右方；	左视图在主视图的左方
俯视图在主视图的下方；	俯视图在主视图的上方
右视图在主视图的左方；	右视图在主视图的右方
仰视图在主视图的上方；	仰视图在主视图的下方
后视图在左视图的右方；	后视图在右视图的右方

从上述对比中可以清楚地看到：

第三角画法的主、后视图，与第一角画法的主、后视图一致（没有变化）。

第三角画法的左视图和右视图，与第一角画法的左视图和右视图左右换位。

第三角画法的俯视图和仰视图，与第一角画法的俯视图和仰视图上下对调。

由此可见，第三角画法与第一角画法的主要区别是视图的配置关系不同。第三角画法的左视图、俯视图、右视图、仰视图靠近主视图的一边（里边），均表示物体的前面；远离主视图的一边（外边），均表示物体的后面，与第一角画法的“外前、里后”正好相反。

二、第三角画法与第一角画法的投影识别符号（GB/T 14692—2008）

为了识别第三角画法与第一角画法，国家标准规定了相应的投影识别符号，如图 5-48 所示。该符号标在标题栏内（右下角）“名称和符号区”的最下方。

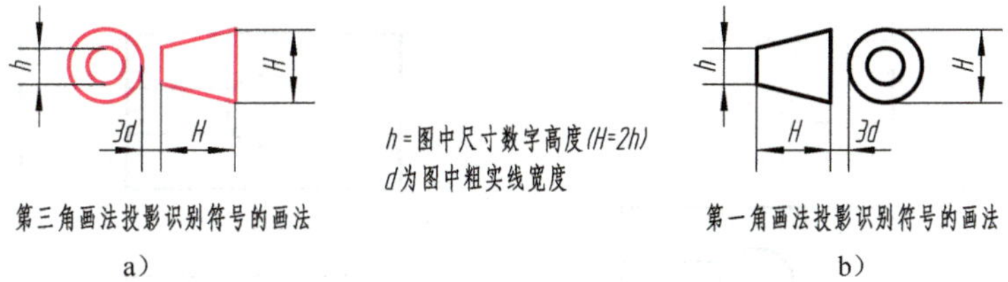

图 5-48　第三角画法与第一角画法的投影识别符号

采用第一角画法时，在图样中一般不必画出第一角画法的投影识别符号。采用第三角画法时，必须在图样中画出第三角画法的投影识别符号。

三、第三角画法的特点

第三角画法与第一角画法之间并没有根本的差别，只是各个国家应用的习惯不同而已。下面仅对第三角画法的特点进行简要介绍。

1．近侧配置，识读方便

第一角画法的投射顺序是：人→物→图，这符合人们对影子生成原理的认识，易于初学者直观理解和掌握基本视图的投影规律。

第三角画法的顺序是：人→图→物，也就是说人们先看到投影图，后看到物体。具体到六个基本视图中，除后视图外，其他所有视图可配置在相邻视图的近侧，这样识读起来比较方便。这是第三角画法的一个特点，特别是在读轴向较长的轴类零件图时，这个特点会更加

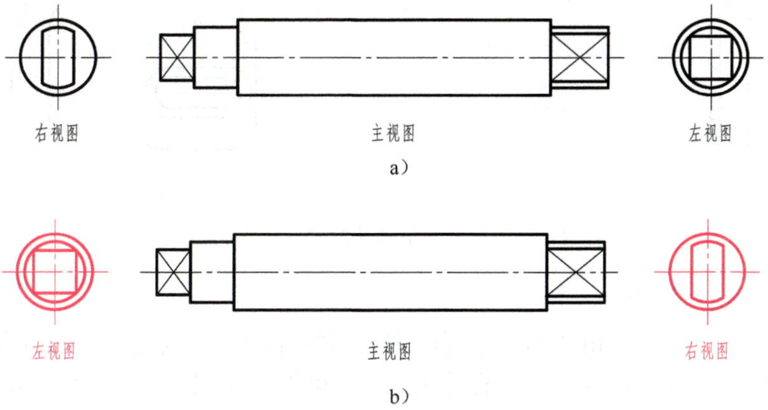

图 5-49　第三角画法的特点（一）

突出。图 5-49a 所示是第一角画法，因左视图配置在主视图的右边，右视图配置在主视图的左边，在绘制和读图时，需横跨主视图左顾右盼，不甚方便。

图 5-49b 所示是第三角画法，其左视图是从主视图左端看到的形状，配置在主视图的左端， 其右视图是从主视图右端看到的形状，配置在主视图的右端，这种近侧配置的特点，给绘图和识读带来了很大方便，可以避免和减少绘图和读图的错误。

2．易于想象空间形状

由物体的二维视图想象出物体的三维空间形状，对初学者来讲往往比较困难。第三角画法的配置特点，易于帮助人们想象物体的空间形状。在图 5-50a 中，只要想象将其俯视图和左视图向主视图靠拢，并以各自的边棱为轴反转，即可容易地想象出该物体的三维空间形状。

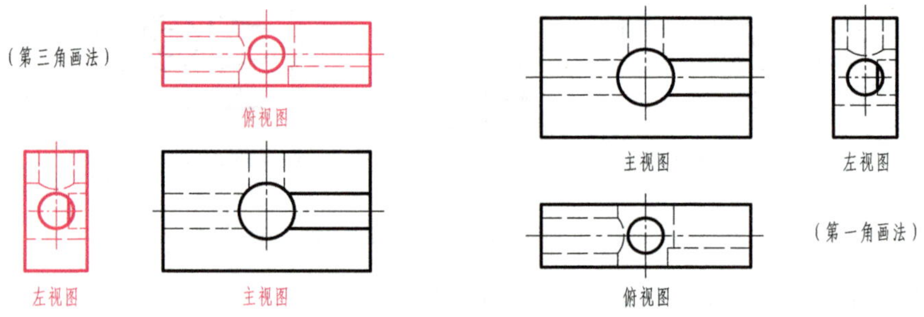

a)　　b)

图 5-50　第三角画法的特点（二）

3．利于表达物体的细节

在第三角画法中，利用近侧配置的特点，可方便简明地采用各种辅助视图（如局部视图、斜视图等）表达物体的一些细节。在图 5-51a 中，只要将辅助视图配置在适当的位置上，一般不需要加注表示投射方向的箭头。

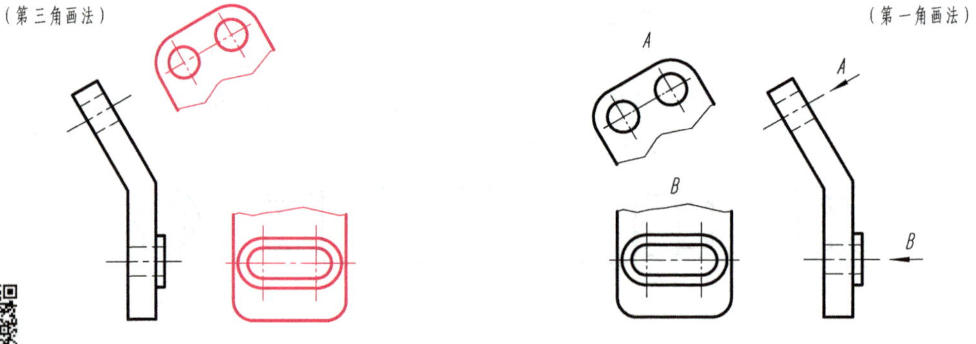

a)　　b)

图 5-51　第三角画法的特点（三）

4．尺寸标注相对集中

在第三角画法中，由于相邻的两个视图中表示物体的同一棱边所处的位置比较近，给集中标注机件上某一完整的要素或结构的尺寸提供了可能。在图 5-52a 中，标注物体上半圆柱开槽（并有小圆柱）处的结构尺寸，比图 5-52b 的标注相对集中，方便读图和绘图。

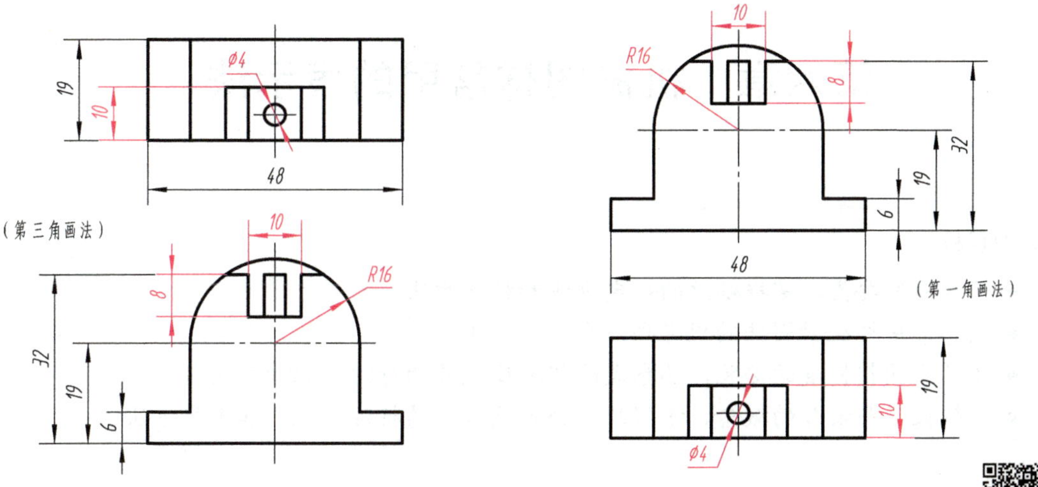

a）　　　　　　　　b）

图 5-52　第三角画法的特点（四）

第六章　机械图样常用的表示法

知识目标

- 了解螺纹要素，掌握螺纹的规定画法和标注方法。
- 熟悉常用螺纹紧固件的规定画法和查表方法。
- 了解表面粗糙度的定义，熟悉表面粗糙度代号的标注和识读方法。
- 了解极限与配合的概念，掌握尺寸公差及代号的标注、识读和查表方法。

我们每天都会看到公路上跑着各式各样的汽车。汽车企业依靠外观设计的差异化来体现特色和满足消费者的个性化需求，但对于内部的核心零部件，差异化不仅将导致相应设计、生产、维修、服务等的资源耗费，甚至还会限制行业、产业的发展。因此，必要的标准化工作或是执行相关标准对企业至关重要。标准化在企业中的作用就像空气和水在人类生活中的作用一样，平时不显山露水，但是没有它是万万不能的。而零部件的标准化是标准化工作的重点和基础。如图 6-1 所示汽车变速器由变速器壳、变速器盖、轴、齿轮、轴承等零部件构成。国家对螺纹及螺纹紧固件、齿轮、轴承等结构的尺寸、参数实行了标准化，用相应的代号就可代表。制图国家标准也规定了一系列比较简单的规定画法，了解这些规定，对于绘制和识读机械图样是非常必要的。

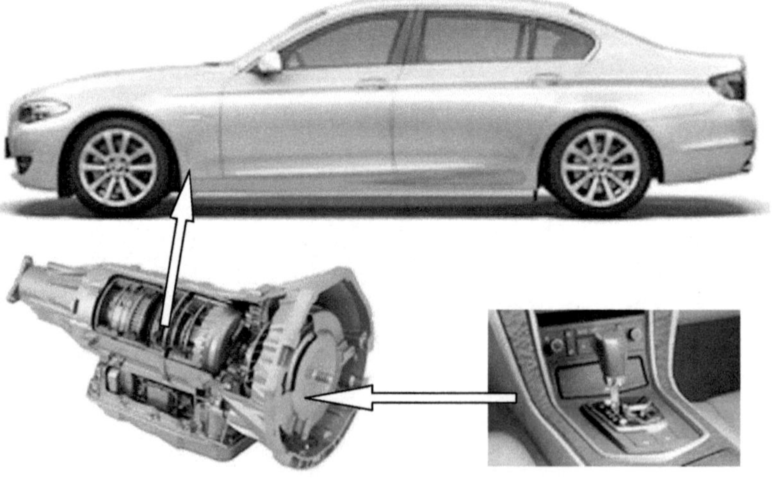

图 6-1　汽车变速器的结构

第一节　螺　　纹

螺纹是零件上常见的一种结构。螺纹是在圆柱或圆锥表面上，沿着螺旋线所形成的具有相同剖面的连续凸起（凸起是指螺纹两侧面间的实体部分，又称为牙）。

螺纹分外螺纹和内螺纹两种，成对使用。在圆柱或圆锥外表面上加工的螺纹，称为外螺纹；在圆柱或圆锥内表面上加工的螺纹，称为内螺纹。

制造螺纹有许多种方法，图 6-2 表示在车床上加工外、内螺纹的方法。工件做等速旋转，车刀沿轴线方向等速移动，刀尖即形成螺旋线运动。由于车刀切削刃形状不同，在工件表面切掉部分的截面形状也不同，因而得到各种不同的螺纹。

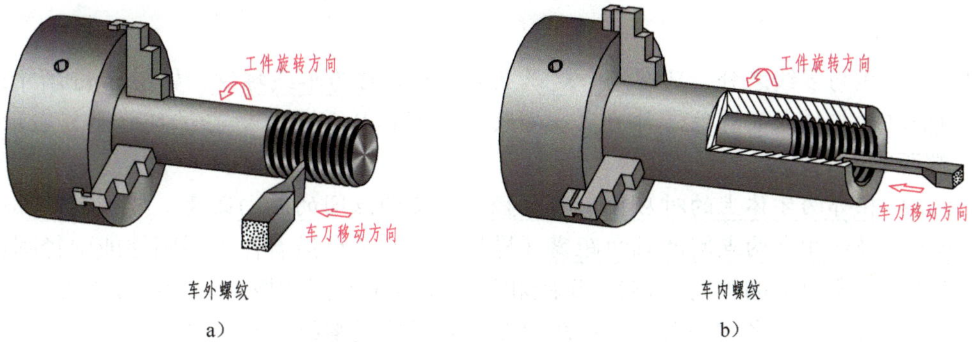

图 6-2　在车床上车削螺纹

一、螺纹要素（GB/T 14791—2013）

1. 牙型

在螺纹轴线平面内的螺纹轮廓形状，称为牙型。常见的牙型有三角形、梯形和锯齿形等。相邻牙侧间的材料实体，称为牙体。连接两个相邻牙侧的牙体顶部表面，称为牙顶。连接两个相邻牙侧的牙槽底部表面，称为牙底，如图 6-3 所示。

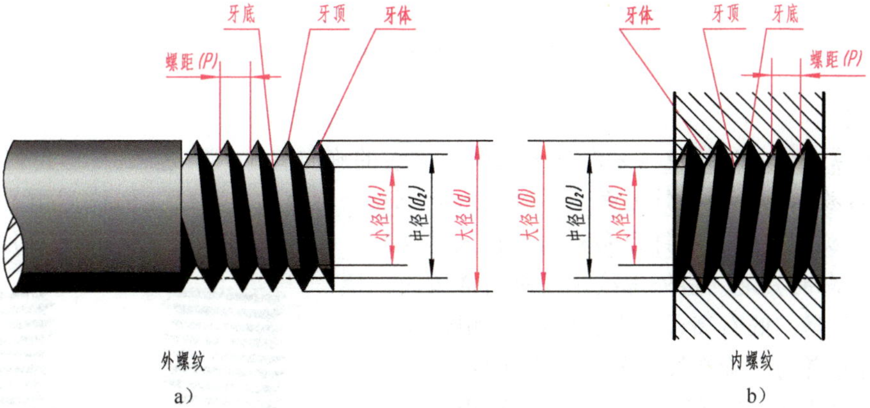

图 6-3　螺纹的各部名称及代号

2. 直径

直径有大径（d、D）、中径（d_2、D_2）和小径（d_1、D_1）之分，如图 6-3 所示。其中，外螺纹大径 d 和内螺纹小径 D_1 亦称顶径。

（1）大径（d、D）　与外螺纹牙顶或内螺纹牙底相切的假想圆柱或圆锥的直径。

（2）小径（d_1、D_1）　与外螺纹牙底或内螺纹牙顶相切的假想圆柱或圆锥的直径。

（3）中径（d_2、D_2）　中径圆柱或中径圆锥的直径。该圆柱（或圆锥）母线通过圆柱（或圆锥）螺纹上牙厚与牙槽宽相等的地方。

（4）公称直径　代表螺纹尺寸的直径称为公称直径。对紧固螺纹和传动螺纹，其大径公称尺寸是螺纹的代表尺寸。对管螺纹，其管子公称尺寸是螺纹的代表尺寸。

提示：外螺纹大径 d 和内螺纹大径 D 又称为公称直径，是代表螺纹尺寸的直径。

3．线数 n

螺纹有单线与多线之分。只有一个起始点的螺纹，称为单线螺纹，如图 6-4a 所示；具有两个或两个以上起始点的螺纹，称为多线螺纹，如图 6-4b 所示。线数的代号用 n 表示。

4．螺距 P 和导程 P_h

螺距是指相邻两牙体上的对应牙侧与中径线相交两点间的轴向距离；导程是最邻近的两同名牙侧与中径线相交两点间的轴向距离（导程就是一个点沿着在中径圆柱或中径圆锥上的螺旋线旋转一周所对应的轴向位移）。螺距和导程是两个不同的概念，如图 6-4 所示。

螺距、导程、线数之间的关系是：$P=P_h/n$。对于单线螺纹，则 $P=P_h$。

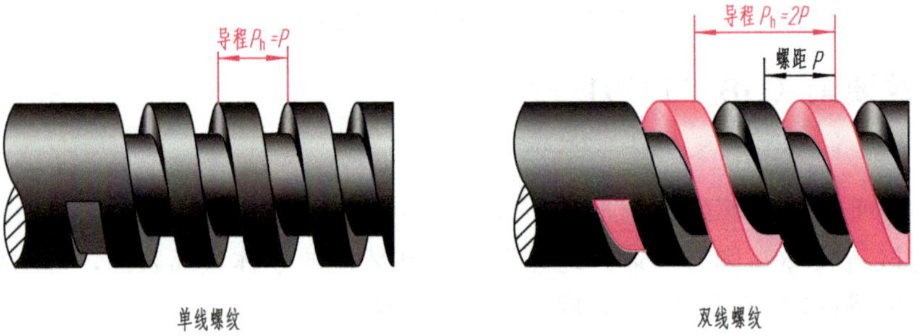

a）　　b）

图 6-4　螺距和导程

5．旋向

内、外螺纹旋合时的旋转方向称为旋向。螺纹的旋向有左、右之分。

（1）右旋螺纹　顺时针方向旋转时旋入的螺纹，称为右旋螺纹（俗称正扣）。

（2）左旋螺纹　逆时针方向旋转时旋入的螺纹，称为左旋螺纹（俗称反扣）。

（3）旋向的判定　将外螺纹轴线垂直放置时，螺纹的可见部分是左低右高者为右旋螺纹，如图 6-5a 所示；左高右低者为左旋螺纹，如图 6-5b 所示。

对于螺纹来说，只有牙型、大径、螺距、线数和旋向等诸要素都相同，内、外螺纹才能旋合在一起。

螺纹三要素　在螺纹的诸要素中，牙型、大径和螺距是决定螺纹结构规格的最基本的要素，称为螺纹三要素。凡螺纹三要素符合国家标准的，称为标准螺纹；牙型不符合国家标准的，称为非标准螺纹。

表 6-1 中所列的均为标准螺纹。

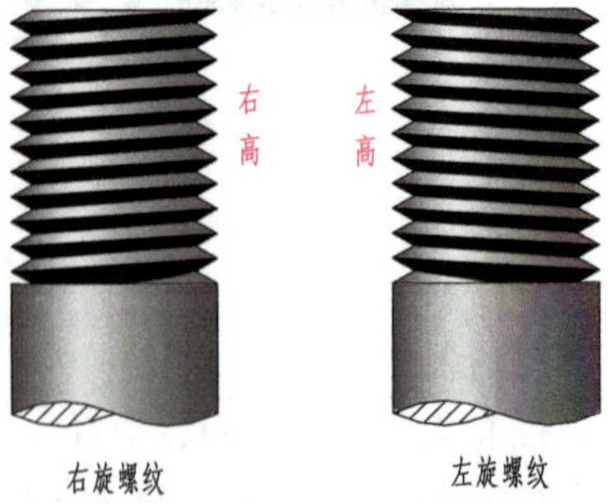

a）　　b）

图 6-5　螺纹旋向的判定

表 6-1　常用标准螺纹的种类、标记和标注

<table>
<tr><th colspan="3">螺纹类别</th><th>特征代号</th><th>牙　型</th><th>标 注 示 例</th><th>说　明</th></tr>
<tr><td rowspan="2">联接和紧固用螺纹</td><td colspan="2">粗牙普通螺纹</td><td rowspan="2">M</td><td rowspan="2">
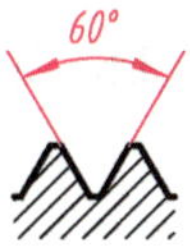
</td><td>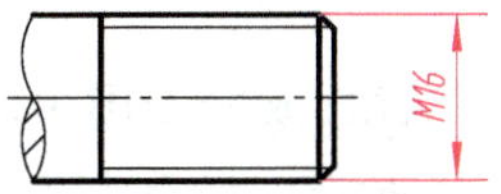
</td><td>粗牙普通螺纹
公称直径 16mm；中径公差带和大径公差带均为 6g（省略不标）；中等旋合长度；右旋</td></tr>
<tr><td colspan="2">细牙普通螺纹</td><td>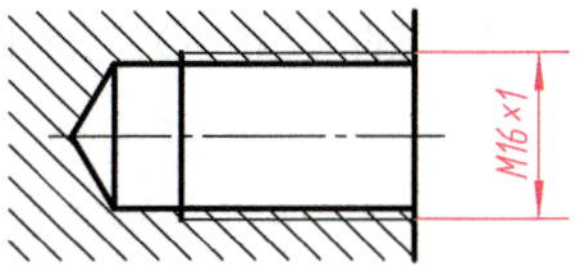
</td><td>细牙普通螺纹
公称直径 16mm，螺距 1mm；中径公差带和小径公差带均为 6H（省略不标）；中等旋合长度；右旋</td></tr>
<tr><td rowspan="4">55° 管螺纹</td><td colspan="2">55° 非密封管螺纹</td><td>G</td><td rowspan="4">

</td><td>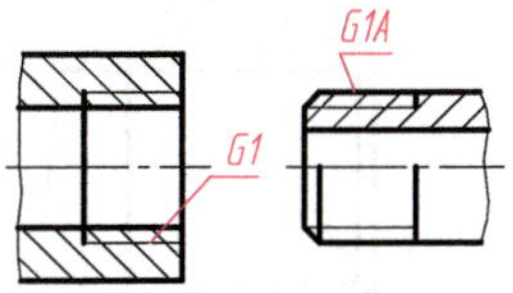
</td><td>55° 非密封管螺纹
G——螺纹特征代号
1 ——尺寸代号
A——外螺纹公差等级代号</td></tr>
<tr><td rowspan="3">55° 密封管螺纹</td><td>圆　锥内螺纹</td><td>Rc</td><td rowspan="3">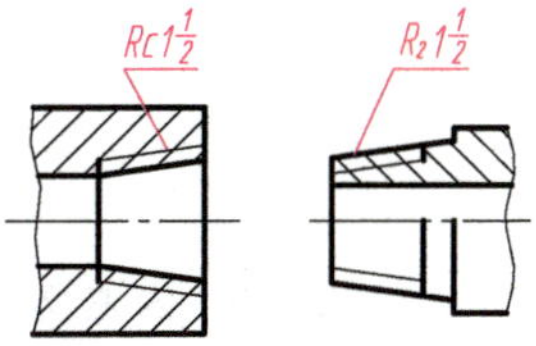
</td><td rowspan="3">55° 密封管螺纹
Rc——圆锥内螺纹
Rp——圆柱内螺纹
R_1——与圆柱内螺纹相配合的圆锥外螺纹
R_2——与圆锥内螺纹相配合的圆锥外螺纹
1½——尺寸代号</td></tr>
<tr><td>圆　柱内螺纹</td><td>Rp</td></tr>
<tr><td>圆　锥外螺纹</td><td>R_1
R_2</td></tr>
</table>

二、螺纹的规定画法（GB/T 4459.1—1995）

由于螺纹的结构和尺寸已经标准化，为了提高绘图效率，对螺纹的结构与形状，可不必按其真实投影画出，只需根据国家标准规定的画法和标记进行绘图和标注即可。

1. 外螺纹的规定画法

如图 6-6a、b 所示，外螺纹牙顶圆的投影用粗实线表示，牙底圆的投影用细实线表示（牙底圆的投影通常按牙顶圆投影的 0.85 倍绘制），在螺杆的倒角或倒圆部分也应画出；在垂直

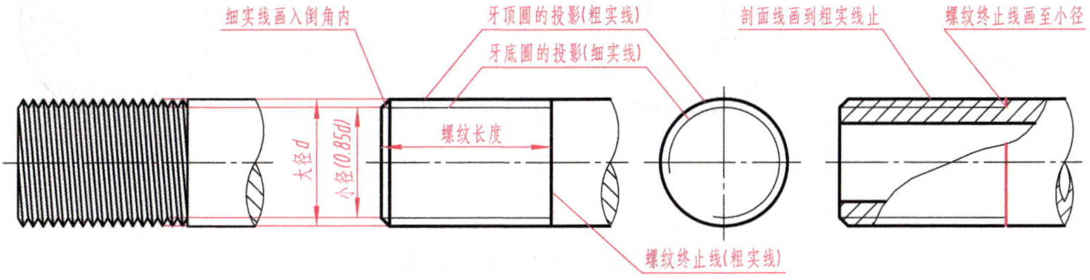

a)　　b)　　c)　　d)

图 6-6　外螺纹的规定画法

于螺纹轴线的投影面的视图中，表示牙底圆的细实线只画约 3/4 圈（空出约 1/4 圈的位置不做规定），如图 6-6c 所示。此时，螺杆或螺纹孔上倒角圆的投影，不应画出。螺纹终止线用粗实线表示，如图 6-6b、d 所示。剖面线必须画到粗实线处，如图 6-5d 所示。

2. 内螺纹的规定画法

如图 6-7a、b 所示，在剖视图或断面图中，内螺纹牙顶圆的投影和螺纹终止线用粗实线表示，牙底圆的投影用细实线表示，剖面线必须画到粗实线为止；在垂直于螺纹轴线的投影面的视图中，表示牙底圆投影的细实线仍画约 3/4 圈，倒角圆的投影仍省略不画，如图 6-7c 所示。不可见螺纹的所有图线（轴线除外），均用细虚线绘制，如图 6-7d 所示。

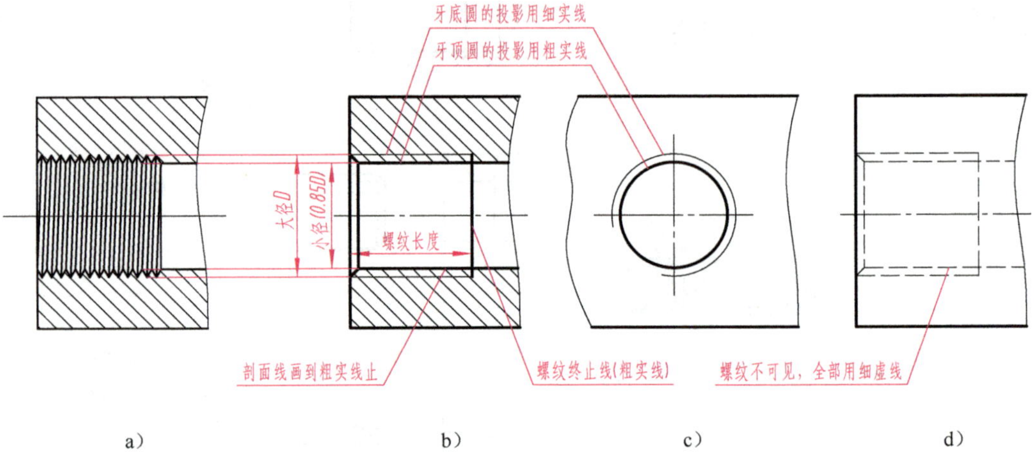

图 6-7　内螺纹的规定画法

3. 螺纹联接的规定画法

用剖视表示内、外螺纹的联接时，其旋合部分应按外螺纹的画法绘制，其余部分仍按各自的画法表示，如图 6-8a、c 所示。端面视图是外形视图时，其螺纹部分按内螺纹的规定画法绘制，如图 6-8b 所示。若端面视图是采用剖切平面通过旋合部分获得的剖视图时，其螺纹部分按外螺纹的规定画法绘制，如图 6-8d 所示。

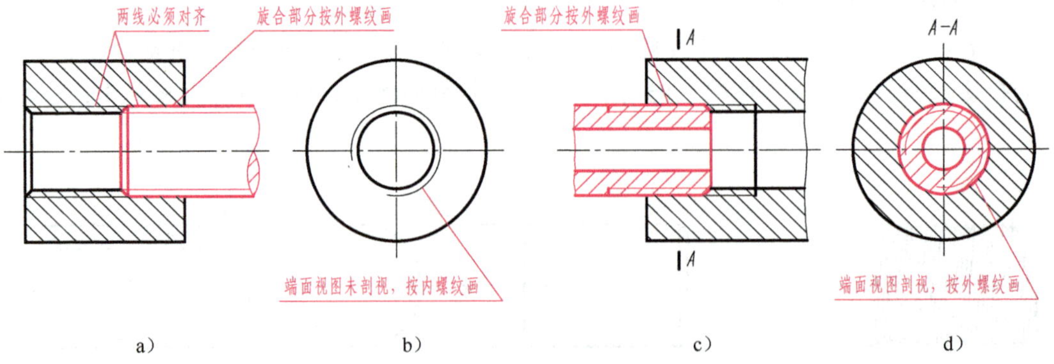

图 6-8　螺纹联接的规定画法

提示：画螺纹联接时，表示内、外螺纹牙顶圆投影的粗实线，与牙底圆投影的细实线应分别对齐。

4. 钻孔和螺纹孔的规定画法

由于钻头的顶角接近 120°，用它钻出的不通孔，底部有个顶角接近 120°的圆锥面，如图 6-9a 所示。在图中，其顶角要画成 120°，但不必注尺寸，如图 6-9b 所示。绘制不穿通的螺纹孔时，一般应将钻孔深度与螺纹深度孔分别画出，钻孔深度应比螺纹孔深度大 0.5D（螺纹大径），如图 6-9c 所示。两级钻孔（阶梯孔）的过渡处，也存在 120°的部分尖角，作图时要注意画出，如图 6-9d、e 所示。

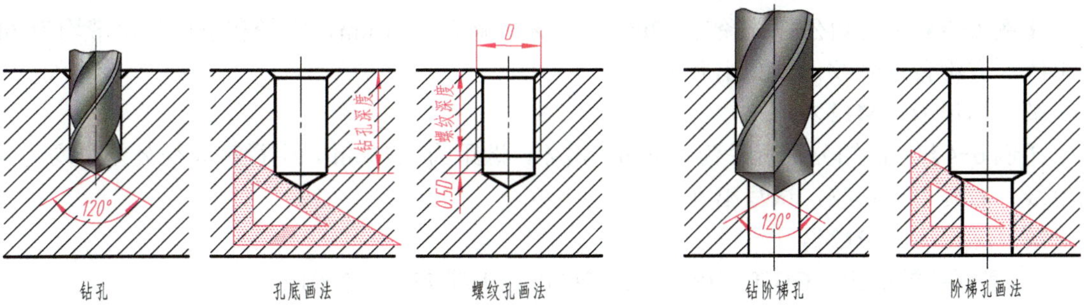

图 6-9　钻孔和螺纹孔的规定画法

三、螺纹的标记及标注（GB/T 4459.1—1995）

由于螺纹的规定画法不能表示螺纹种类和螺纹要素，因此绘制螺纹图样时，必须按照国家标准所规定的标记格式和相应代号进行标注。

1. 普通螺纹的标记（GB/T 197—2018）

普通螺纹即普通用途的螺纹，单线普通螺纹占大多数，其标记格式如下：

螺纹特征代号 公称直径×螺距 - 公差带代号 - 旋合长度代号 - 旋向代号

多线普通螺纹的标记格式如下：

螺纹特征代号 公称直径×Ph 导程 P 螺距 - 公差带代号 - 旋合长度代号 - 旋向代号

标记的注写规则：

（1）螺纹特征代号　螺纹特征代号为 M。

（2）尺寸代号　公称直径为螺纹大径。单线螺纹的尺寸代号为“公称直径×螺距”。多线螺纹的尺寸代号为“公称直径×Ph 导程 P 螺距”，需注写“Ph”和“P”字样。粗牙普通螺纹不标注螺距。粗牙螺纹与细牙螺纹的区别见表 A-1。

（3）公差带代号　公差带代号由中径公差带和顶径公差带（对外螺纹指大径公差带、对内螺纹指小径公差带）组成。大写字母代表内螺纹，小写字母代表外螺纹。若两组公差带相同，则只写一组（常用的公差带见表 A-1）。最常用的中等公差精度螺纹（外螺纹为 6g、内螺纹为 6H）不标注公差带代号。

（4）旋合长度代号　旋合长度分为短（S）、中等（N）、长（L）三种。一般采用中等旋合长度，N 省略不注。

（5）旋向代号　左旋螺纹以“LH”表示，右旋螺纹不标注旋向（所有螺纹旋向的标记均与此相同）。

【例 6-1】　解释“**M16×Ph3P1.5-7g6g-L-LH**”的含义。

解　表示双线、细牙普通外螺纹，大径为 16mm，导程为 3mm，螺距为 1.5mm，中径公差带为 7g，大径公差带为 6g，长旋合长度，左旋。

【例 6-2】　解释“**M24-7G**”的含义。

解　表示粗牙普通内螺纹，大径为 24mm，查表 A-1 确认螺距为 3mm（省略），中径和小径公差带均为 7G，中等旋合长度（省略 N），右旋（省略旋向代号）。

【例 6-3】　已知公称直径为 12mm，细牙，螺距为 1mm，中径和小径公差带均为 6H 的单线、右旋普通螺纹，试写出其标记。

解　标记为“**M12×1**”。

【例 6-4】　已知公称直径为 12mm，粗牙，螺距为 1.75mm，中径和大径公差带均为 6g 的单线、右旋普通螺纹，试写出其标记。

解　标记为“**M12**”。

2．管螺纹的标记（GB/T 7306.1～2—2000、GB/T 7307—2001）

管螺纹是在管子上加工的，主要用于联接管件，故称之为管螺纹。管螺纹的数量仅次于普通螺纹，是使用数量较多的螺纹之一。由于管螺纹具有结构简单、装拆方便等优点，所以在船舶、机床、汽车、冶金、石油、化工等行业中应用较多。

（1）55° 密封管螺纹标记　由于 55° 密封管螺纹只有一种公差，GB/T 7306.1～2—2000 规定其标记格式如下：

螺纹特征代号	尺寸代号	旋向代号

标记的注写规则：

1）螺纹特征代号。用 Rc 表示圆锥内螺纹，用 Rp 表示圆柱内螺纹，用 R_1 表示与圆柱内螺纹相配合的圆锥外螺纹，用 R_2 表示与圆锥内螺纹相配合的圆锥外螺纹。

2）尺寸代号。用 1/2、3/4、1、1½…表示，详见表 A-2。

3）旋向代号。与普通螺纹的标记相同。

> 提示：管螺纹的尺寸代号并非公称直径，也不是管螺纹本身的真实尺寸，而是用该螺纹所在管子的公称通径（单位为 in，1in=25.4mm）来表示的。管螺纹的大径、小径及螺距等具体尺寸，只有通过查阅相关的国家标准（表 A-2）才能知道。

【例 6-5】　解释“**Rc 1/2**”的含义。

解　表示圆锥内螺纹，尺寸代号为 1/2（查表 A-2，其大径为 20.955mm，螺距为 1.814mm），右旋（省略旋向代号）。

【例 6-6】　解释“**Rp 1½** LH”的含义。

解　表示圆柱内螺纹，尺寸代号为 1½（查表 A-2，其大径为 47.803mm，螺距为 2.309mm），左旋。

【例 6-7】　解释“**R_2 3/4**”的含义。

解　表示与圆锥内螺纹相配合的圆锥外螺纹，尺寸代号为 3/4（查表 A-2，其大径为 26.441mm，螺距为 1.814mm），右旋（省略旋向代号）。

（2）55°非密封管螺纹标记　GB/T 7307—2001 规定 55°非密封管螺纹标记格式如下：

螺纹特征代号 尺寸代号 公差等级代号 - 旋向代号

标记的注写规则：

1）螺纹特征代号。用 G 表示。

2）尺寸代号。用 1/2、3/4、1、1½…表示，详见表 A-2。

3）螺纹公差等级代号。对外螺纹分 A、B 两级标记；因为内螺纹公差带只有一种，所以不加标记。

4）旋向代号。当螺纹为左旋时，在外螺纹的公差等级代号之后加注“-LH”；在内螺纹的尺寸代号之后加注“LH”。

【例 6-8】　解释“**G 1½ A**”的含义。

解　表示圆柱外螺纹，尺寸代号为 1½（查表 A-2，其大径为 47.803mm，螺距为 2.309mm），螺纹公差等级为 A 级，右旋（省略旋向代号）。

【例 6-9】　解释“**G 3/4A-LH**”的含义。

解　表示圆柱外螺纹，螺纹公差等级为 A 级，尺寸代号为 3/4（查表 A-2，其大径为 26.441mm，螺距为 1.814mm），左旋（注：在左旋代号 LH 前加注半字线）。

【例 6-10】　解释“**G 1/2**”的含义。

解　表示圆柱内螺纹（未注螺纹公差等级），尺寸代号为 1/2（查表 A-2，其大径为 20.955mm，螺距为 1.814mm），右旋（省略旋向代号）。

【例 6-11】　解释“**G 1½ LH**”的含义。

解　表示圆柱内螺纹（未注螺纹公差等级），尺寸代号为 1½（查表 A-2，其大径为 47.803mm，螺距为 2.309mm），左旋（注：在左旋代号 LH 前不加注半字线）。

3. 螺纹的标注方法（GB/T 4459.1—1995）

公称直径以毫米为单位的螺纹（如普通螺纹、梯形螺纹等），其标记应直接注在大径的尺寸线或其引出线上，如图 6-10a、b、c 所示；管螺纹的标记一律注在引出线上，引出线应由大径处或对称中心处引出，如图 6-10d、e 所示。

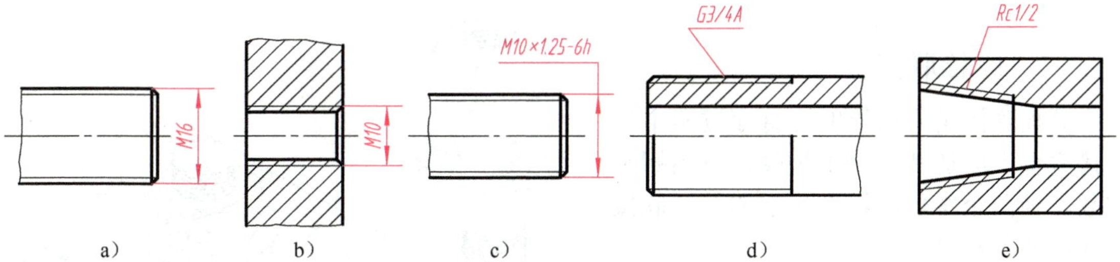

图 6-10　螺纹的标注方法

第二节　螺纹紧固件

在机器设备中，零件之间的联接方式可分为可拆卸联接和不可拆卸联接两大类。可拆卸联接包括螺纹联接、键联结和销联接等；不可拆卸连接包括铆接和焊接等。在机械工程中，可拆卸联接应用较多，它通常是利用联接件将其他零件联接起来。

一、螺纹紧固件的标记

螺纹紧固件包括螺栓、螺柱、螺钉、螺母、垫圈等，它们的结构和尺寸已经标准化，即所谓标准件。标准件的结构和尺寸可按其规定标记从相关标准中查得。因此，只要知道其规定标记，就可以从相关标准中查出它们的结构、形式及全部尺寸。常用螺纹紧固件的简化标记及示例，见表 6-2（表中的红色尺寸为规格尺寸）。

表 6-2　常用螺纹紧固件的标记

名称	轴　测　图	画法及规格尺寸	标记示例及说明
六角头螺栓	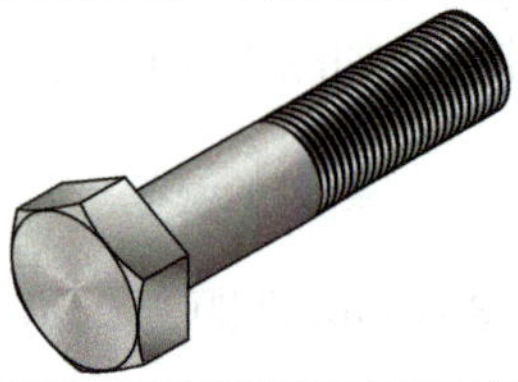	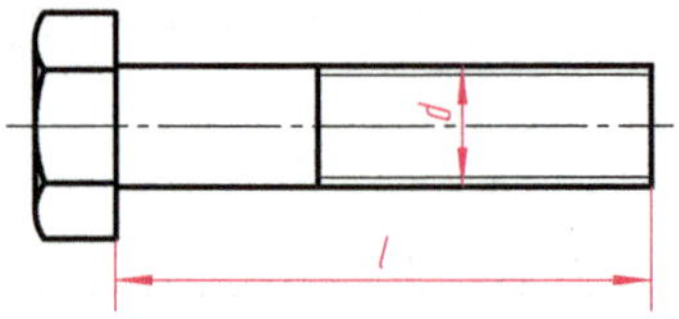	**螺栓　GB/T 5780　M16×100** 螺纹规格为 M16、公称长度 l=100mm、性能等级为 4.8 级、表面不经处理、产品等级为 C 级的六角头螺栓 注：标准年号省略，下同
双头螺柱		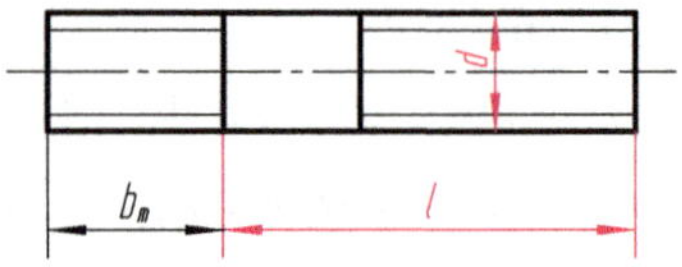	**螺柱　GB/T 899　M12×50** 两端均为粗牙普通螺纹、d=12mm、l=50mm、性能等级为 4.8 级、不经表面处理、B 型（B 省略不标）、b_m=1.5d 的双头螺柱
六角螺母	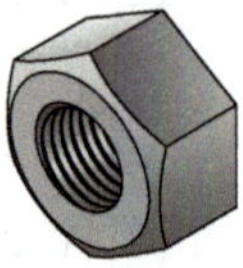	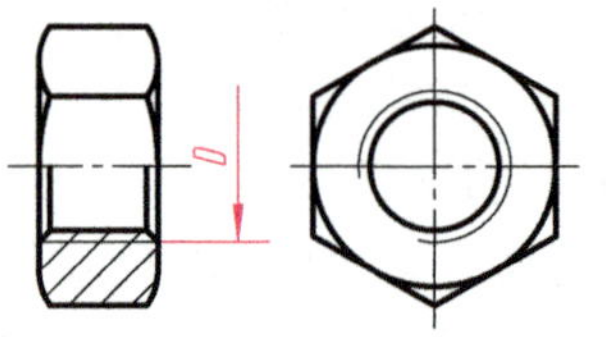	**螺母　GB/T 41　M16** 螺纹规格为 M16、性能等级为 5 级、表面不经处理、产品等级为 C 级的 1 型六角螺母
垫圈	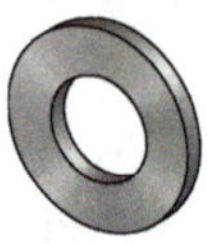	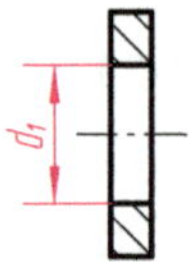	**垫圈　GB/T 97.1　16** 标准系列、公称规格 16mm、由钢制造的硬度等级为 200HV 级、不经表面处理、产品等级为 A 级的平垫圈

二、螺栓联接

螺栓联接是将螺栓的杆身穿过两个被联接零件上的通孔，套上垫圈，再用螺母拧紧，使两个零件联接在一起的一种联接方式，如图 6-11 所示。

为提高画图速度，对联接件的各个尺寸，可不按相应的标准数值画出，而是采用近似画法。采用近似画法时，除螺栓长度按 $l_{计}\approx t_1+t_2+1.35d$ 计算后，再查表 B-1 取标准值外，其他各部分尺寸均取与螺栓大径成一定的比例来绘制。螺栓、螺母、垫圈的各部尺寸比例关系，如图 6-12 所示。

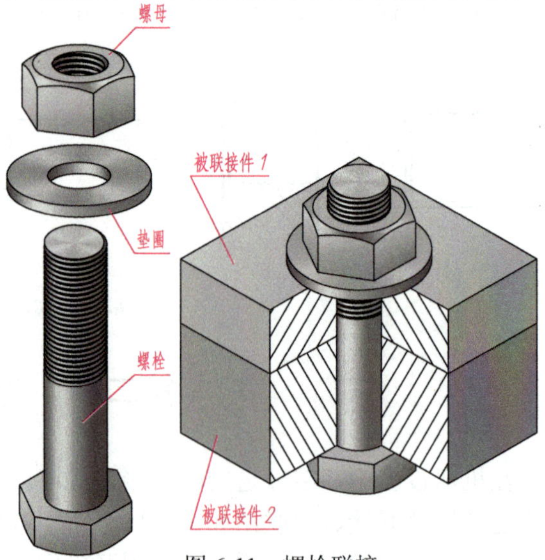

图 6-11　螺栓联接

画图时必须遵守 GB/T 4459.1—1995《机械制图　螺纹及螺纹紧固件表示法》中的规定：

1）在剖视中，相互接触的两个零件的剖面线方向应相反。而同一个零件在各剖视中，剖面线的倾斜方向和间隔应相同，如图 6-12a 所示。

2）两个零件接触面处只画一条粗实线，不得加粗；凡不接触的表面，不论间隙多小，均应在图上画出间隙，如图 6-12a、b 所示。

3）在装配图中，当剖切平面通过螺杆的轴线时，对于螺栓、螺柱、螺钉、螺母及垫圈等均按未剖切绘制，即只画外形，如图 6-12c、d 所示。

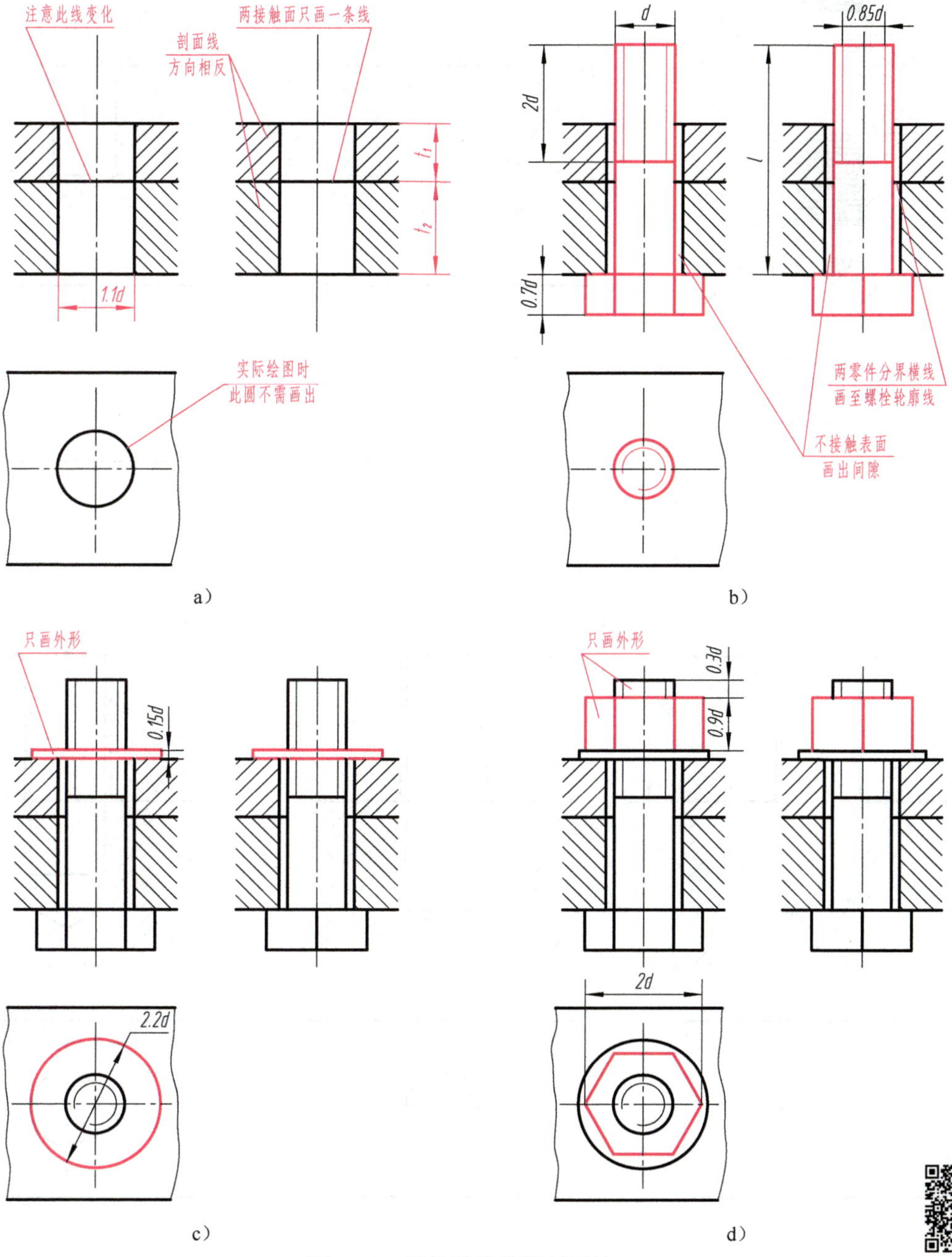

图 6-12　螺栓联接的近似画法

三、双头螺柱联接的画法

双头螺柱多用在被联接件之一较厚，不便使用螺栓联接的地方。这种联接是在机体上加工出不通的螺纹孔，将双头螺柱一端拧入螺纹孔，而另一端穿过被联接零件的通孔，放上垫

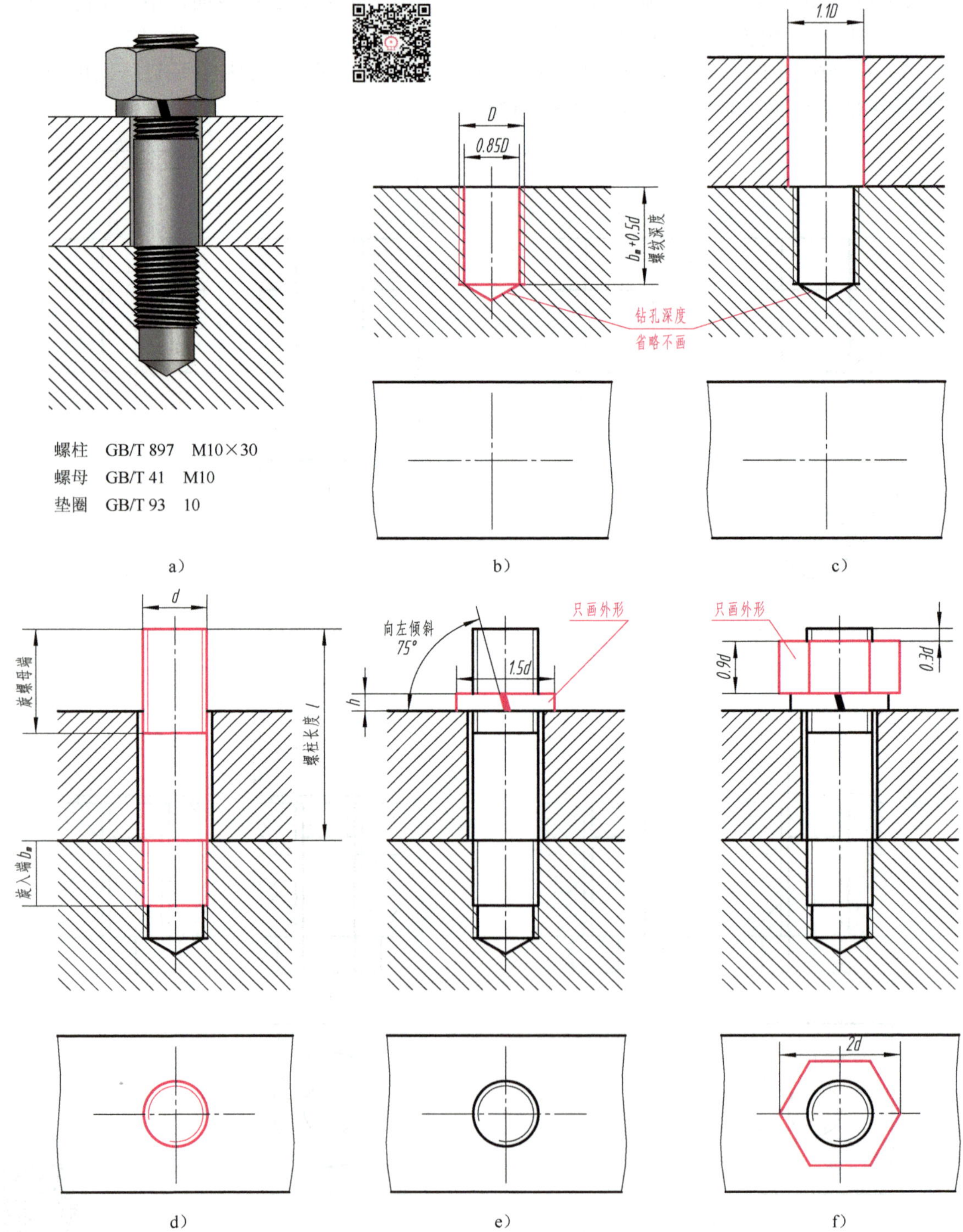

图 6-13　双头螺柱联接的近似画法

圈后再拧紧螺母的一种联接方式，如图 6-13a 所示。双头螺柱联接与螺栓联接的画法有所区别，其联接画法如图 6-13b、c、d、e、f 所示。

画双头螺柱联接时应注意以下几点：

1）螺柱旋入端的螺纹终止线与两个被联接件的接触面应画成一条线。

2）钻孔与螺纹孔可采用简化画法，即仅按螺纹孔深度画出，而不画钻孔深度。

3）螺纹紧固件采用弹簧垫圈时，其弹簧垫圈的开口方向应向左倾斜（与水平线成 75°），用一条特粗线（约为 2 倍粗实线）表示，如图 6-13e 中的主视图所示（参见表 B-4）。

第三节　表面结构的表示法

在机械图样上，为保证零件装配后的使用要求，除了对零件各部分结构的尺寸、形状和位置给出公差要求外，还要根据零件的功能需要，对零件的表面质量——表面结构提出要求。表面结构是表面粗糙度、表面波纹度、表面缺陷、表面纹理和表面几何形状的总称。表面结构的各项要求在图样上的表示法在 GB/T 131－2006《产品几何技术规范（GPS）　技术产品文件中表面结构的表示法》中均有具体规定。这里简要介绍表面粗糙度的表示法。

一、表面粗糙度的基本概念

零件在机械加工过程中，由于机床、刀具的振动，以及材料在切削时产生塑性变形、刀痕等原因，经放大后可见其加工表面是高低不平的，如图 6-14 所示。零件加工表面由较小间距和较小峰、谷所组成的微观几何形状特征，称为表面粗糙度。表面粗糙度与加工方法、刀具形状及进给量等因素有密切关系。

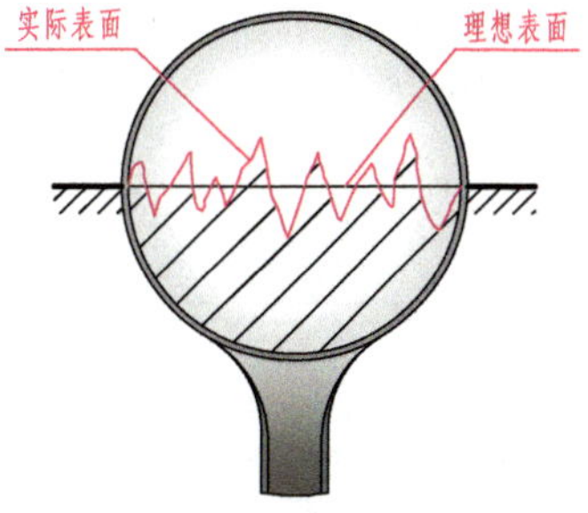

图 6-14　零件的真实表面

国家标准规定评定粗糙度轮廓中的两个高度参数 *Ra* 和 *Rz*，是我国机械图样中最常用的评定参数。

（1）轮廓的算术平均偏差 *Ra*　在一个取样长度内，纵坐标值 $Z(x)$ 绝对值的算术平均值，如图 6-15 所示。

（2）轮廓的最大高度 *Rz*　在一个取样长度内，最大轮廓峰高和最大轮廓谷深之和，如图 6-15 所示。

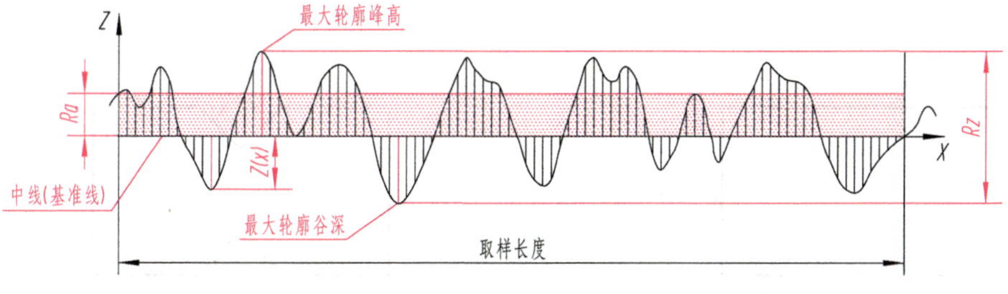

图 6-15　轮廓的算术平均偏差 *Ra* 和轮廓的最大高度 *Rz*

表面粗糙度是评定零件表面质量的一项重要技术指标，对于零件的配合、耐磨性、耐蚀性以及密封性等都有显著影响，是零件图中必不可少的一项技术要求。零件表面粗糙度的选用，既应该满足零件表面的功用要求，又要考虑经济合理。一般情况下，零件上凡是有配合要求或有相对运动的表面，表面粗糙度参数值均较小。表面粗糙度参数值越小，表面质量越高，加工成本也越高。因此，在满足使用要求的前提下，应尽量选用较大的粗糙度参数值，以降低成本。

二、表面粗糙度的图形符号

标注表面粗糙度时，其图形符号的种类、名称、符号及含义见表6-3。

表6-3 表面粗糙度图形符号的含义

符号名称	符 号	含 义
基本图形符号（简称基本符号）	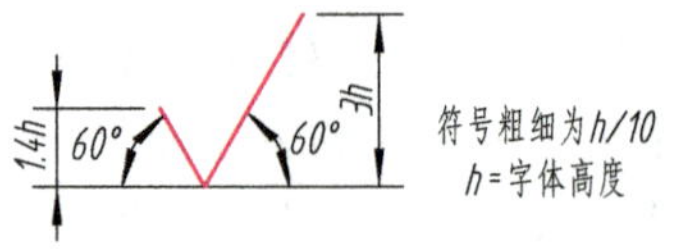	对表面粗糙度有要求的图形符号 仅用于简化代号标注，没有补充说明时不能单独使用
扩展图形符号（简称扩展符号）	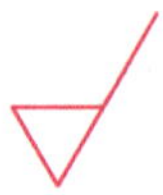	对表面粗糙度有指定要求（去除材料）的图形符号 在基本图形符号上加一短横，表示指定表面是用去除材料的方法获得的，如通过机械加工获得的表面；仅当其含义是“被加工表面”时可单独使用
		对表面粗糙度有指定要求（不去除材料）的图形符号 在基本图形符号上加一圆圈，表示指定表面是用不去除材料的方法获得的
完整图形符号（简称完整符号）		对基本图形符号或扩展图形符号扩充后的图形符号 当要求标注表面结构特征的补充信息时，在基本图形符号或扩展图形符号的长边上加一横线

三、表面粗糙度在图样中的注法

在图样中，零件表面粗糙度是用代号标注的。表面粗糙度的图形符号中注写了具体参数代号及数值等要求后，即称为表面粗糙度代号。

1）表面粗糙度对每一表面一般只注一次，并尽可能注在相应的尺寸及其公差的同一视图上。除非另有说明，所标注的表面粗糙度是对完工零件表面的要求。

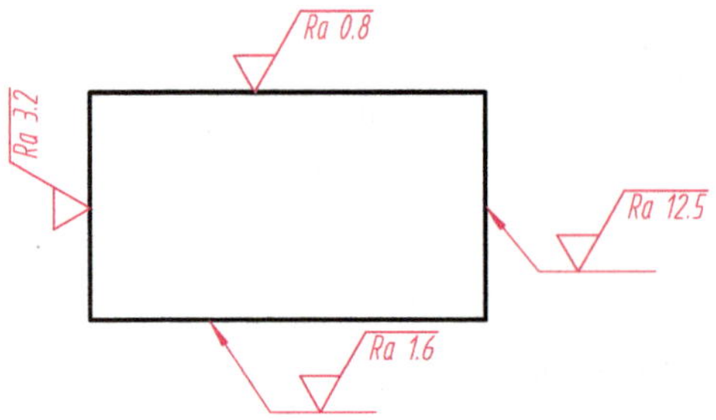

图6-16 表面粗糙度的注写方向

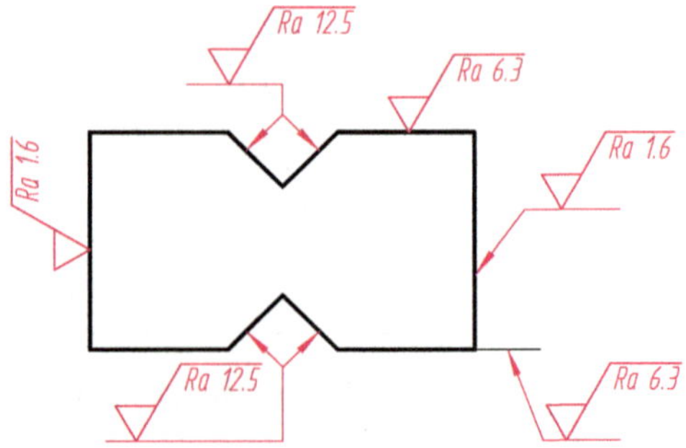

图6-17 表面粗糙度在轮廓线上的标注

2）表面粗糙度可标注在轮廓线上，其符号应从材料外指向并接触表面。表面粗糙度的注写和读取方向，与尺寸数值的注写和读取方向一致，如图 6-16 所示。

3）表面粗糙度可标注在轮廓线上，其符号应从材料外指向并接触表面，如图 6-16、图6-17 所示。必要时，表面粗糙度也可用带箭头或黑点的指引线引出标注，如图 6-18 所示。

4）在不致引起误解时，表面粗糙度可以标注在给定的尺寸线上，如图 6-19 所示。

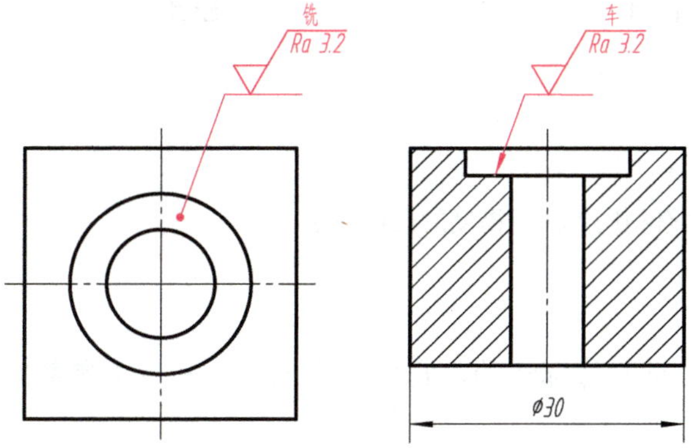

a）　　b）

图 6-18　用指引线引出标注表面粗糙度

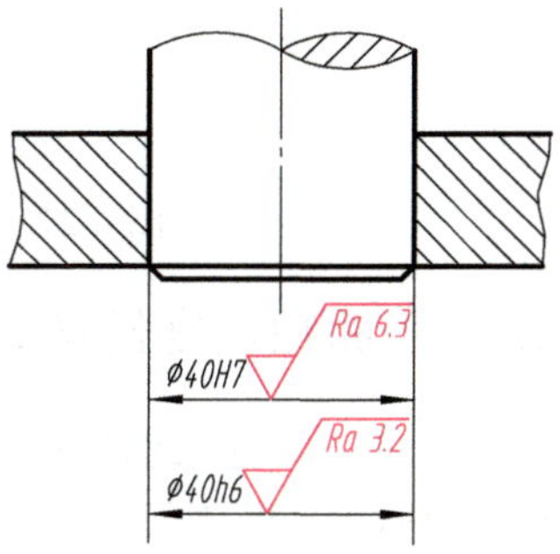

图 6-19　表面粗糙度标注在尺寸线上

5）圆柱表面的表面粗糙度只标注一次，如图 6-20 所示。

6）表面粗糙度可以直接标注在延长线上，如图 6-20 所示。

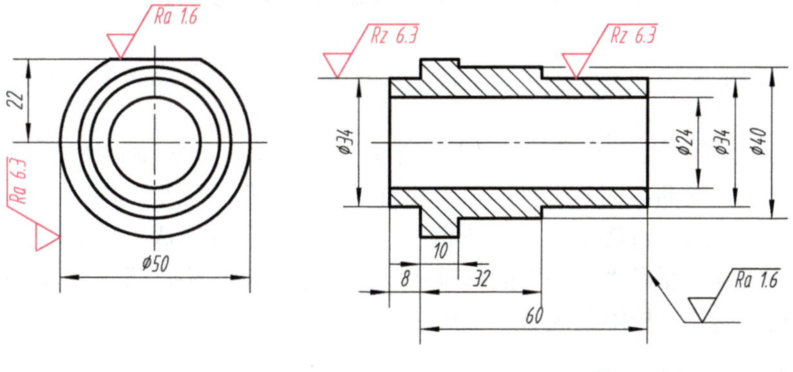

图 6-20　表面粗糙度标注在圆柱特征的延长线上

四、表面粗糙度的简化注法

1）如果工件的全部表面具有相同的表面粗糙度，则图形中不再标注表面粗糙度代号，在紧邻标题栏的右上方统一标注表面粗糙度代号即可，如图 6-21a 所示。

2）如果工件的多数表面有相同的表面粗糙度，则表面粗糙度代号可统一标注在紧邻标题栏的右上方，并在表面粗糙度代号后面的圆括号内，给出无任何其他标注的基本符号，如图 6-21b 所示；或将已在图形上注出不同的表面粗糙度代号，一一抄注在圆括号内，如图 6-21c 所示。

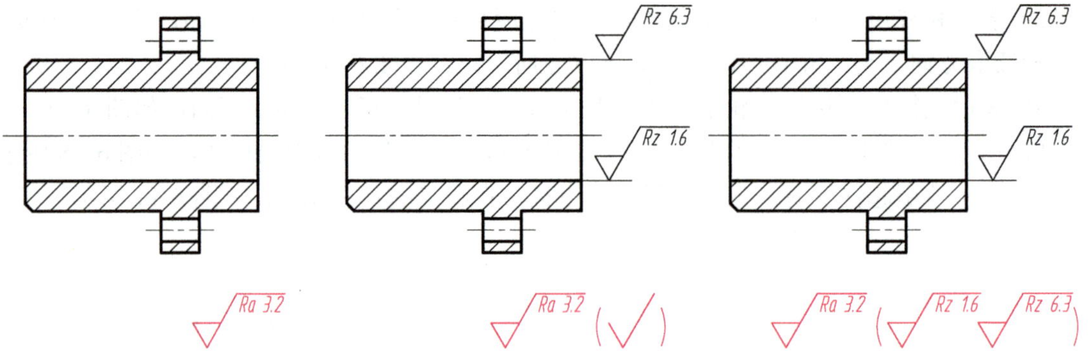

a)　　　　b)　　　　c)

图 6-21　大多数表面有相同表面粗糙度的简化注法

五、表面粗糙度代号的识读

在图样中，零件表面粗糙度是用代（符）号标注的，它由规定的符号和有关参数组成。表面粗糙度代号一般按下列方式识读：

1）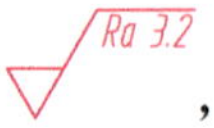

，读作“表面粗糙度 *Ra* 的上限值为 3.2μm（微米）”。

2）

，读作“表面粗糙度的最大高度 *Rz* 为 6.3μm（微米）”。

第四节　极限与配合的表示法

在一批相同的零件中任取一个，不需修配便可装到机器上并能满足使用要求的性质，称为互换性。

就尺寸而言，互换性要求尺寸的一致性，并不是要求零件都准确地制成一个指定的尺寸，而是限定其在一个合理的范围内变动。对于相互配合的零件，这个范围，一是要求在使用和制造上是合理、经济的；再就是要求保证相互配合的尺寸之间形成一定的配合关系，以满足不同的使用要求。前者要以“公差”的标准化——极限制来解决，后者要以“配合”的标准化来解决，由此产生了“极限与配合”制度。

一、尺寸公差与公差带

如图 6-22a、b 所示，轴的直径尺寸 $\phi40^{+0.050}_{+0.034}$ 中，$\phi40$ 是由图样规范定义的理想形状要素的尺寸，称为公称尺寸。$\phi40$ 后面的 $^{+0.050}_{+0.034}$ 的含义分别是：

上极限尺寸：尺寸要素（轴的直径）允许的最大尺寸，即 40mm+0.05mm=40.05mm。

下极限尺寸：尺寸要素（轴的直径）允许的最小尺寸，即 40mm+0.034mm=40.034mm。

上极限偏差：上极限尺寸减其公称尺寸所得的代数差，即 40.05mm−40mm=0.05mm。

下极限偏差：下极限尺寸减其公称尺寸所得的代数差，即 40.034mm−40mm=0.034mm。

公差：上极限尺寸与下极限尺寸之差；也可以是上极限偏差与下极限偏差之差。

公差=上极限尺寸−下极限尺寸，即 40.05mm−40.034mm=0.016mm；

公差=上极限偏差-下极限偏差，即 0.05mm-0.034mm=0.016mm。

也就是说，轴的直径最粗（上极限尺寸）为 ϕ40.05mm、最细（下极限尺寸）为 ϕ40.034mm。轴径的实际尺寸只要在 ϕ40.034mm~ ϕ40.05mm 范围内，就是合格的。

极限偏差是一个带符号的值，可以是正值、负值或零。公差是一个没有符号的绝对值，恒为正值，不能是零或负值。

在机械加工过程中，不可能将零件的尺寸加工得绝对准确，而是允许零件的实际尺寸在合理的范围内变动。公差越小，零件的精度越高，实际尺寸的允许变动量也越小；反之，公差越大，零件的精度越低。

在公差分析中，常把公称尺寸、极限偏差及尺寸公差之间的关系简化成公差带图，如图 6-22c 所示。

在公差带图中，由代表上、下极限偏差的两条直线所限定的一个区域，称为公差带。在极限与配合图中，表示公称尺寸的一条直线称为零线，以其为基准确定极限偏差和尺寸公差。

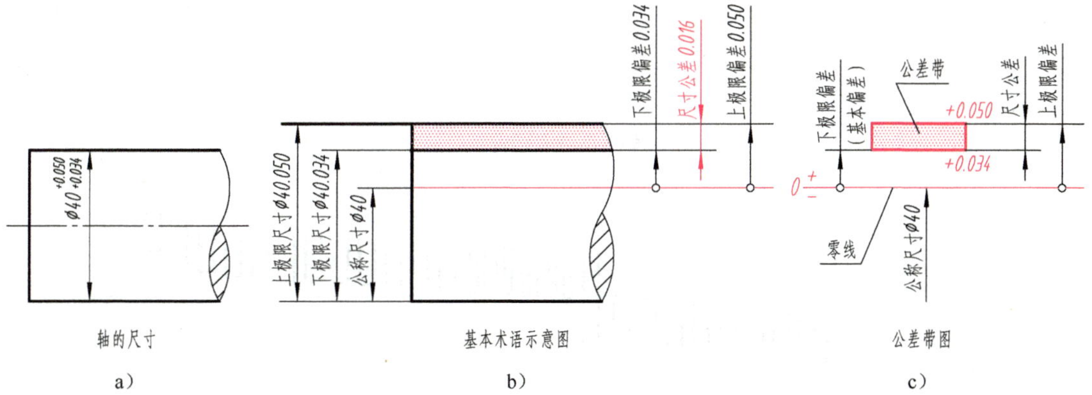

图 6-22　基本术语和公差带示意图

二、标准公差与基本偏差

公差带由公差带大小和公差带位置两个要素来确定。

1. 标准公差

线性尺寸公差ISO代号体系中的任一公差，称为标准公差。缩略语字母“IT”代表“国际公差”，标准公差等级用字符IT和等级数字表示，如IT7。标准公差分为20个等级，即IT01，IT0，IT1，IT2，…，IT18。IT01公差值最小，精度最高。IT18公差值最大，精度最低。标准公差数值可由表C-1中查得。公差带大小由标准公差来确定。

2. 基本偏差

确定公差带相对公称尺寸位置的那个极限偏差，称为基本偏差。基本偏差是指最接近公称尺寸的那个极限偏差，它可以是上极限偏差或下极限偏差。当公差带在零线上方时，基本偏差为下极限偏差（EI，ei）；当公差带在零线下方时，基本偏差为上极限偏差（ES，es），如图 6-23 所示。公差带相对零线的位置由基本偏差来确定。

GB/T 1800.1—2020《产品几何技术规范（GPS）　线性尺寸公差 ISO 代号体系 第 1 部

分：公差、偏差和配合的基础》对孔和轴各规定了 28 个不同的基本偏差。基本偏差代号用拉丁字母表示。其中，用一个字母表示的有 21 个，用两个字母表示的有 7 个。从 26 个拉丁字母中去掉了易与其他含义相混淆的 I、L、O、Q、W（i、l、o、q、w）5 个字母。大写字母表示孔，小写字母表示轴。轴和孔的基本偏差代号与数值可由表 C-2、表 C-3 中查得。

如果基本偏差和标准公差确定了，那么，孔和轴的公差带大小和位置就确定了。

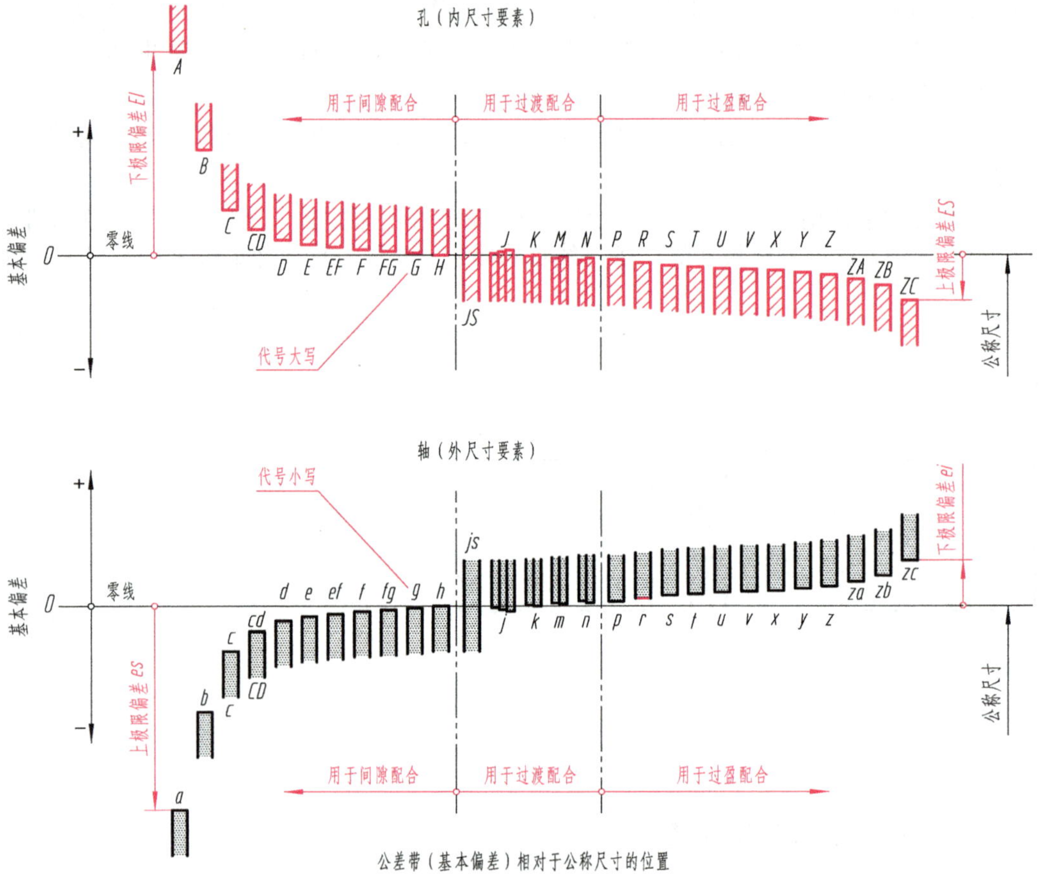

图 6-23　公差带（基本偏差）相对于公称尺寸的位置示意图

> 提示：如图 6-23 所示，图中各公差带只表示了公差带位置，即基本偏差，另一端开口，由相应的标准公差确定。

三、配合

类型相同且待装配的外尺寸要素（轴）和内尺寸要素（孔）之间的关系，称为配合。根据使用要求的不同，配合有松和有紧。

1. 间隙配合

孔和轴装配时总是存在间隙的配合，称为间隙配合。此时，孔的下极限尺寸大于或在极端情况下等于轴的上极限尺寸。也就是说孔的最小尺寸大于或等于轴的最大尺寸，如图 6-24 所示。

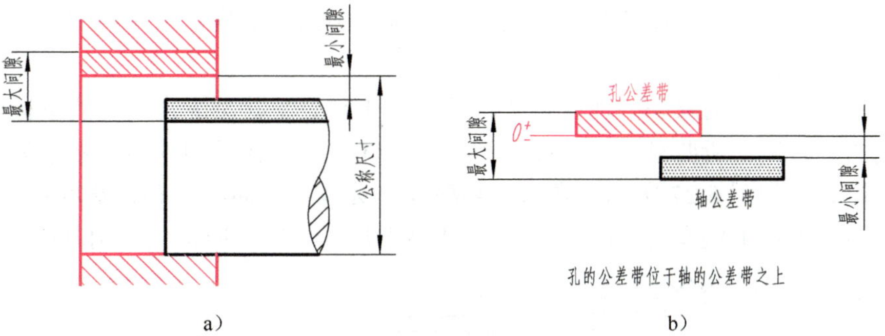

图 6-24　间隙配合

2．过盈配合

孔和轴装配时总是存在过盈的配合，称为过盈配合。此时，孔的上极限尺寸小于或在极端情况下等于轴的下极限尺寸。也就是说轴的最小尺寸大于或等于孔的最大尺寸，如图6-25 所示。

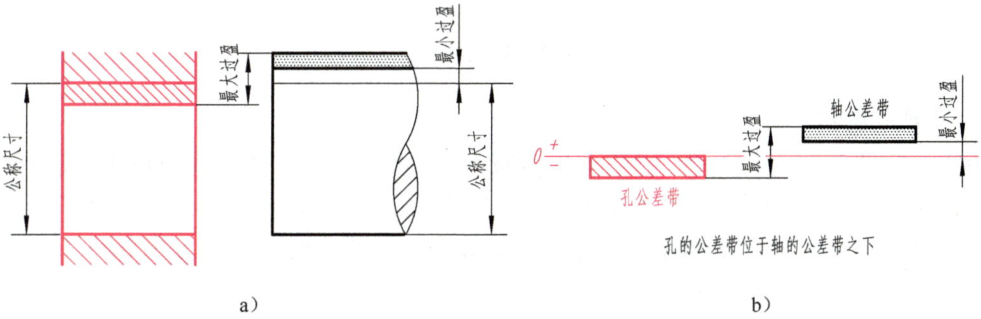

图 6-25　过盈配合

3．过渡配合

孔和轴装配时可能具有间隙或过盈的配合，称为过渡配合。孔和轴的公差带或完全重叠或与部分重叠，因此，是否形成间隙配合或过盈配合取决于孔和轴的实际尺寸。也就是说轴与孔配合时，有可能产生间隙，也可能产生过盈，产生的间隙或过盈都比较小，如图6-26 所示。

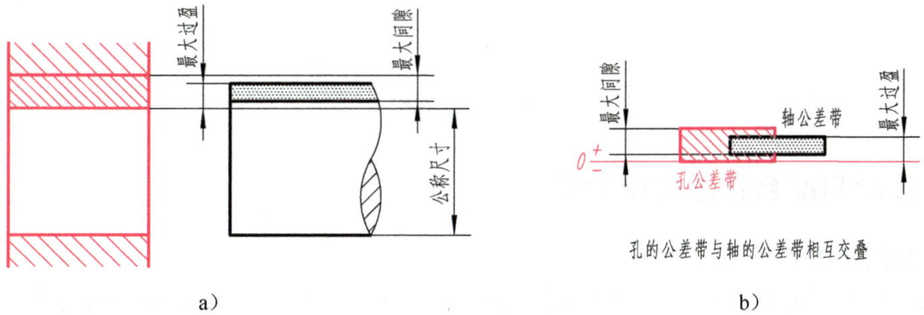

图 6-26　过渡配合

四、配合制

在加工制造相互配合的零件时，采取其中一个零件作为基准件，使其基本偏差不变，通过改变另一零件的基本偏差以达到不同的配合要求。国家标准规定了两种配合制。

1．基孔制配合

孔的基本偏差为零的配合，即其下极限偏差等于零。基孔制配合是孔的下极限尺寸与公称尺寸相同的配合制。所要求的间隙或过盈，由不同公差带代号的轴与一基本偏差为零的基准孔相配合得到，如图 6-27 所示。在基孔制配合中选作基准的孔，称为基准孔（其特点是：基本偏差为 H，下极限偏差为 0）。由于轴比孔易于加工，所以应优先选用基孔制配合。

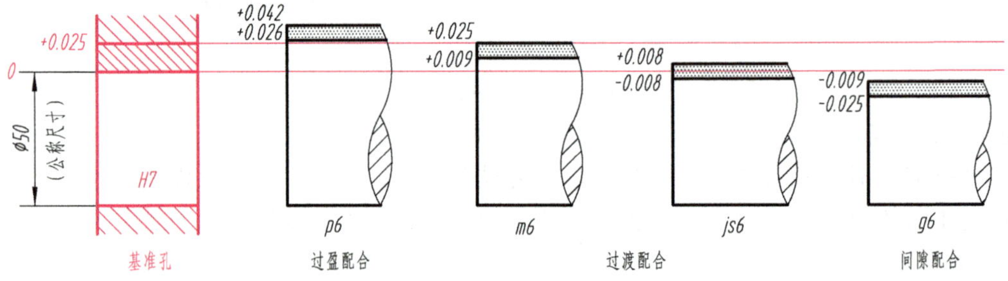

图 6-27　基孔制配合

2．基轴制配合

轴的基本偏差为零的配合，即其上极限偏差等于零。基轴制配合是轴的上极限尺寸与公称尺寸相同的配合制。所要求的间隙或过盈，由不同公差带代号的孔与一基本偏差为零的基准轴相配合得到，如图 6-28 所示。在基轴制配合中选作基准的轴，称为基准轴（其特点是：基本偏差为 h，上极限偏差为 0）。

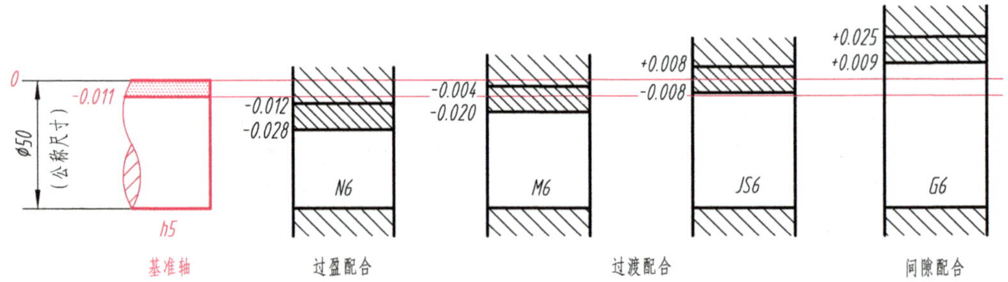

图 6-28　基轴制配合

五、极限与配合在图样中的标注

1．装配图中的注法

在装配图中，极限与配合一般采用代号的形式标注。分子表示孔的公差带代号（大写），分母表示轴的公差带代号（小写），如图 6-29a 所示。

2．零件图中的注法

在零件图中，与其他零件有配合关系的尺寸可采用三种形式进行标注。一般采用在公称尺寸后面标注极限偏差的形式；也可以采用在公称尺寸后面标注公差带代号的形式；或采用两者同时注出的形式，如图 6-29b 所示。

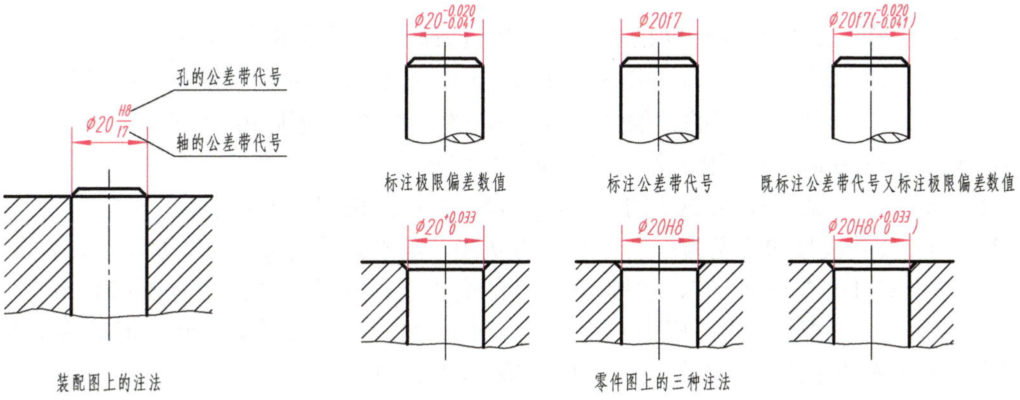

a）　　　　b）

图 6-29　极限与配合的标注

提示：机械图样中的尺寸以毫米为单位。比毫米还小的单位有哪些？仔细看一下表 6-4 就知道了。

表 6-4　（长度）法定计量单位与常用非法定计量单位的对照和换算表

法定计量单位		常用非法定计量单位		换　算　关　系
名称	符号	名称	符号	
米	m	公尺	M	
分米	dm	公寸	—	1dm（分米）=10^{-1}m=10cm（厘米）
厘米	cm	公分	—	1cm（厘米）=10^{-2}m=10mm（毫米）
毫米	mm	公厘	MM	1mm（毫米）=10^{-3}m=10dmm（忽米）
—	—	忽米	dmm	1dmm（忽米）=10^{-4}m=10cmm（丝米）
—	—	丝米	cmm	1cmm（丝米）=10^{-5}m=10μm（微米）
微米	μm	公微	μM	1μm（微米）=10^{-6}m=1000nm（纳米）
纳米	nm	毫微米	mμm	1nm（纳米）=10^{-9}m =1mμm（毫微米）

六、极限与配合应用举例

由图 6-29 中可以看出，极限与配合代号一般用基本偏差代号（拉丁字母）和标准公差等级（阿拉伯数字）组合来表示。通过查阅国家标准（表 C-1～表 C-5）可获得标准公差和极限偏差的数值。

查表时，首先要查阅“优先选用的轴（孔）的公差带”（表 C-4、表 C-5），直接获得极限偏差数值。若表中没有，再通过查阅“标准公差数值”（表 C-1）和“轴（孔）的基本偏差数值”（表 C-2、表 C-3）两个表，通过计算获得。

通过以下例题中“含义”的解释，可了解极限与配合代号的识读方法。

【例 6-12】　试解释 ϕ35H7 的含义，直接查表确定其极限偏差数值。

解　① 公差代号的含义为：公称尺寸为 ϕ35、公差等级为 IT7的基准孔。

② 查表 C-1：查竖列 IT7、横排 30～50 的交点，得到其上极限偏差为+0.025（基准孔的下极限偏差为 0）。写作 $\phi35^{+0.025}_{0}$ 。

【例 6-13】 试解释 ϕ50f7 的含义，直接查表确定其极限偏差数值。

解 ① 公差代号的含义为：公称尺寸为 ϕ50、基本偏差为 f、公差等级为 IT7 的轴。

② 查表 C-4（优先选用的轴的公差带）：查竖列 f→7、横排 40 至 50 的交点，得到其上极限偏差为-25μm，下极限偏差为-50μm。写作 $\phi50^{-0.025}_{-0.050}$。

【例 6-14】 试解释 ϕ30g7 的含义，查表并计算其极限偏差数值。

解 ① 公差代号的含义为：公称尺寸为 ϕ30、基本偏差为 g、公差等级为 IT7 的轴。

② 查表 C-1：查竖列 IT7、横排 18～30 的交点，得到其标准公差为+0.021μm。

③ 查表 C-2：查竖列“上极限偏差”→g、横排 24～30 的交点，得到上极限偏差为-7μm（因为 g 位于零线下方，所以其上、下极限偏差均为负值）。

④ 计算其下极限偏差。因为上极限偏差-下极限偏差=公差，所以下极限偏差=上极限偏差-公差，即下极限偏差=（-0.007）mm -（0.021）mm =-0.028mm。写作 $\phi30^{-0.007}_{-0.028}$。

【例 6-15】 试解释 ϕ55E8 含义，查表并计算其极限偏差数值。

解 ① 公差代号的含义为：公称尺寸为 ϕ55、基本偏差为 E、公差等级为 IT8 的孔。

② 查表 C-1：查竖列 IT8、横排 50～80 的交点，得到标准公差为+46μm。

③ 查表 C-3：查竖列“下极限偏差”→E、横排 50～65 的交点，得到下极限偏差为+60μm（因为 E 位于零线上方，所以其上、下极限偏差均为正值）。

④ 计算其上极限偏差。因为上极限偏差-下极限偏差=公差，所以上极限偏差=公差+下极限偏差，即上极限偏差=（0.06）mm+（0.046）mm=0.106mm。写作 $\phi55^{+0.106}_{+0.060}$ 。

【例 6-16】 试写出孔 ϕ25H7 与轴 ϕ25n6 的配合代号，并说明其含义。

解 ① 配合代号写作：$\phi25\ \frac{H7}{n6}$。

② 配合代号的含义为：公称尺寸为 ϕ25、公差等级为 IT7 的基准孔，与相同公称尺寸、基本偏差为 n、公差等级为 IT6 的轴，所组成的基孔制、过渡配合。

【例 6-17】 试写出孔 ϕ40G6 与轴 ϕ40h5 的配合代号，并说明其含义。

解 ① 配合代号写作：$\phi40\ \frac{G6}{h5}$。

② 配合代号的含义为：公称尺寸为 ϕ40、公差等级为 IT5 的基准轴，与相同公称尺寸、基本偏差为 G、公差等级为 IT6 的孔，所组成的基轴制、间隙配合。

第七章　金属焊接图

知识目标

- 掌握焊缝的图示法。
- 熟悉常见焊缝符号的组成及其含义。
- 熟悉常见焊缝代号的标注和识读方法。

图 7-1 所示的国家体育场俗称“鸟巢”，其主体结构为整体的马鞍形钢桁架编织式“鸟巢”状钢结构。在建造“鸟巢”的过程中，最重要的一道工艺就是焊接。该工程中既有薄板焊接，又有厚板焊接；既有平焊、立焊，又有仰焊；既有高强度钢的焊接，又有铸钢件的焊接，焊接工作量和难度都非常大。焊工师傅们克服重重困难，用他们的巧手建成了世界上独一无二的“鸟巢”。焊工师傅是根据什么进行焊接的？答案是：焊接图样。焊接图样属于机械图样的一个分支，也是按照制图国家标准的要求绘制的。要想绘制和看懂焊接图样，就必须先了解国家标准关于焊接图样的一些基本规定，为进一步深入学习奠定基础。

图 7-1　国家体育场外观

第一节　焊缝的图示法

将两件或两件以上的金属构件，用焊接的方法连接成一个整体，该构件就称为金属焊接件。用来表达金属焊接件的工程图样称为金属焊接件图（简称焊接图）。焊接是设备制造和安装工艺中最常见的连接方法，焊缝是工业生产中常见的工艺结构。

国家标准 GB/T 12212—2012《技术制图　焊缝符号的尺寸、比例及简化表示法》规定：需在图样中简易地绘制焊缝时，可用视图、剖视图或断面图表示，也可用轴测图示意地表示。

一、用视图表示焊缝

用视图表示焊缝时，当施焊面（或带坡口的一面）可见时，焊缝用栅线（一系列细实线）表示，此时表示两个被焊接件相接的轮廓线应保留，如图 7-2c（右视图）中的第一个图例所示。

当施焊面（或带坡口的一面）不可见时，表示焊缝的栅线省略不画，如图 7-2e（左视图）中的第一个图例所示。

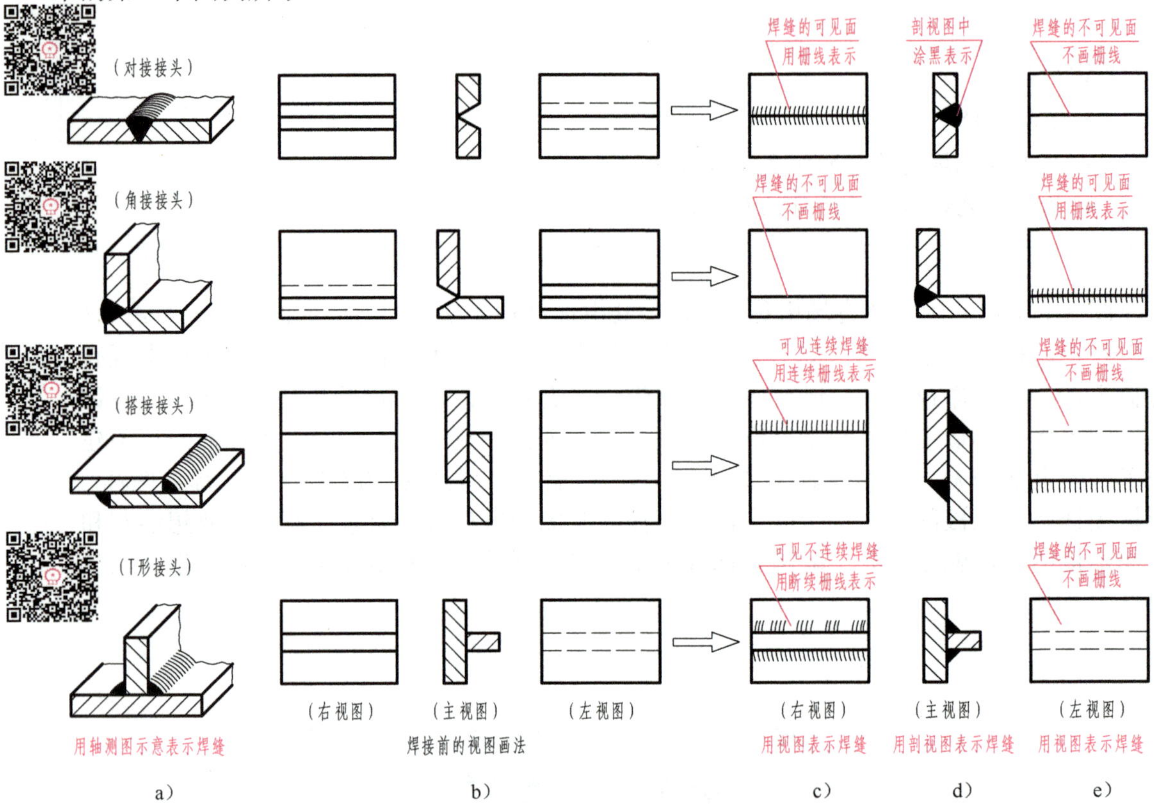

图 7-2　焊缝的规定画法

在表示焊缝端面的视图中，通常用粗实线绘出焊缝的轮廓。必要时，可用细实线画出焊接前的坡口形状等，如图 7-3a 所示。

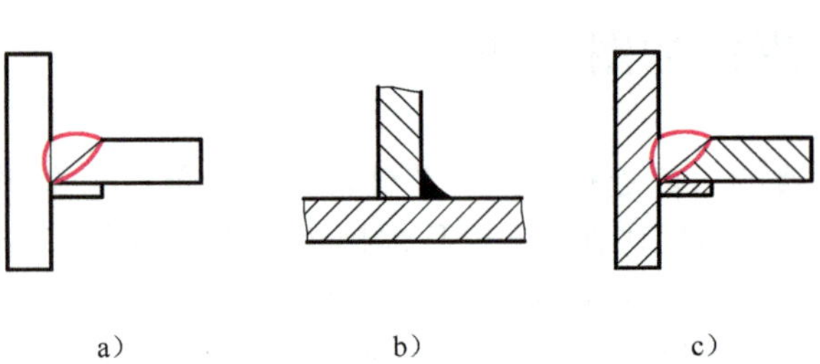

图 7-3　焊缝断面视图的画法

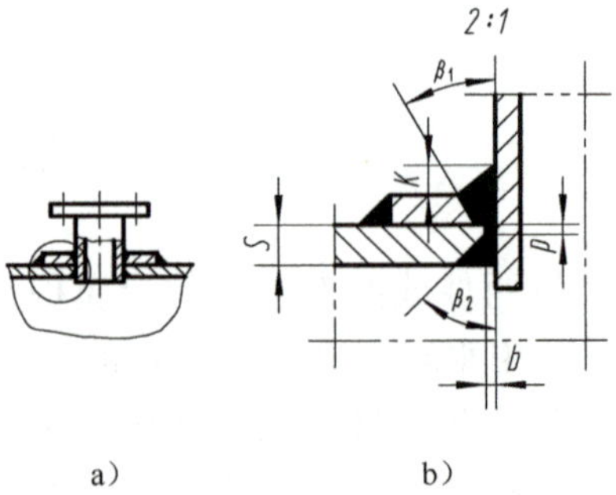

图 7-4　焊缝的局部放大图

二、用剖视图或断面图表示焊缝

用剖视图或断面图表示焊缝接头或坡口的形状时，焊缝的金属熔焊区通常应涂黑表示，如图 7-3b 所示。若同时需要表示坡口等的形状时，熔焊区部分的画法如图 7-3c 所示。必要时，可将焊缝部位用局部放大图表示并标注尺寸，如图 7-4 所示。

焊缝也可用轴测图示意地表示，如图 7-2a 所示。

第二节　焊缝符号表示法

根据国家标准 GB/T 324—2008《焊缝符号表示法》规定，在技术图样或文件上需要表示焊缝或接头时，推荐采用焊缝符号。必要时，也可采用一般的技术制图方法表示，与国家标准 GB/T 12212—2012《技术制图　焊缝符号的尺寸、比例及简化表示法》配套使用。

完整的焊缝符号包括基本符号、指引线、补充符号、尺寸符号及数据等。

一、基本符号

焊缝的基本符号表示焊缝横截面的形式或特征，常见焊缝的基本符号见表 7-1。

表 7-1　常见焊缝的基本符号（摘自 GB/T 324—2008）

名　称	图形符号	示　意　图	标注示例
I 形焊缝		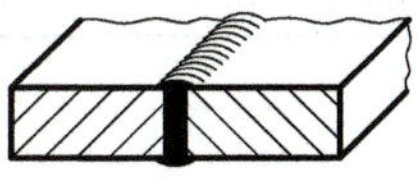	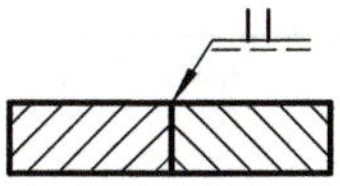
V 形焊缝		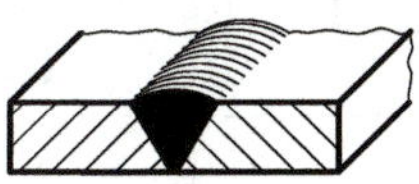	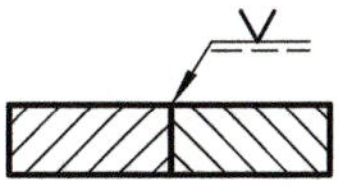
单边 V 形焊缝			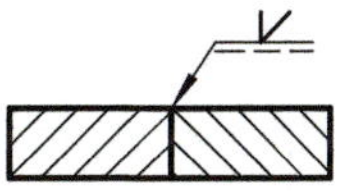
带钝边 V 形焊缝		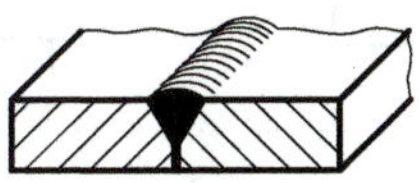	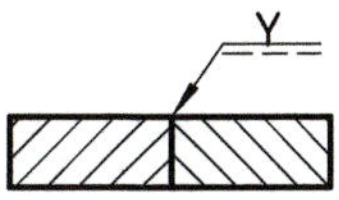
带钝边单边 V 形焊缝		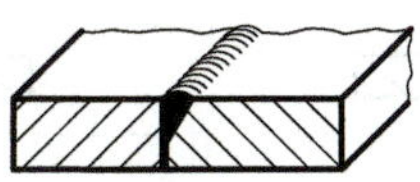	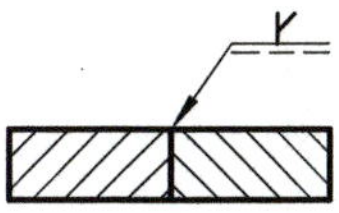
带钝边 U 形焊缝		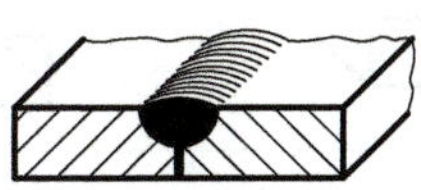	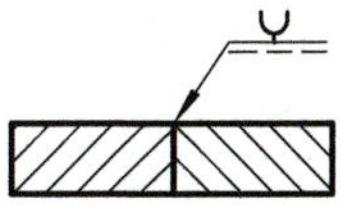
带钝边 J 形焊缝		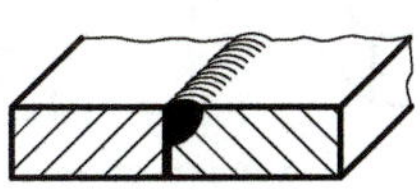	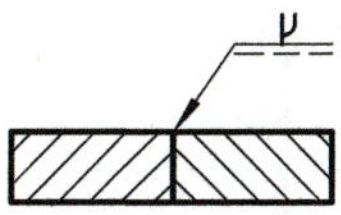
封底焊缝		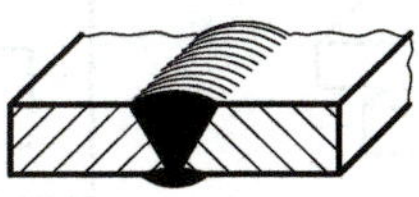	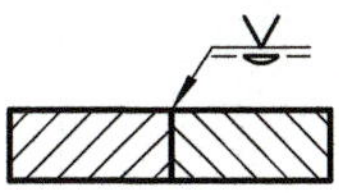

（续）

名　称	图形符号	示　意　图	标注示例
角焊缝	◺	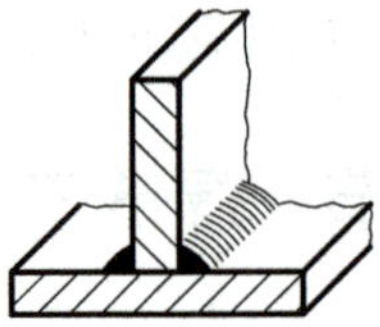	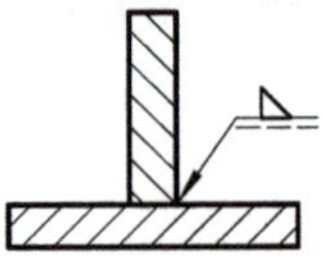
点焊缝	○	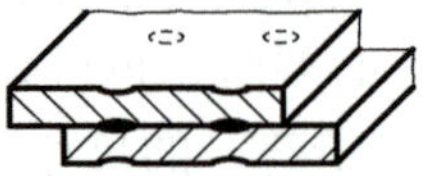	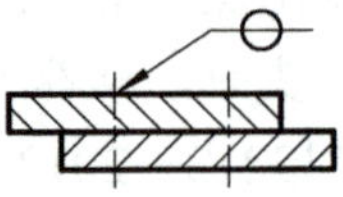

注：焊缝基本符号的线宽 *d'* 与图中数字的高度 *h* 成一定比例，即 *d'*=*h*/10。

二、补充符号

焊缝的补充符号用来补充说明有关焊缝或接头的某些特征，如表面形状、焊缝分布、施焊地点等，见表 7-2。

表 7-2　焊缝的补充符号（摘自 GB/T 324—2008）

名称	图形符号	示　意　图	标注示例	示例的说明
平面	—		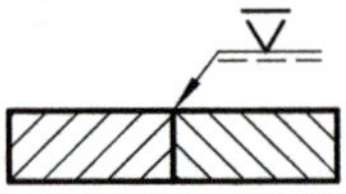	平齐的 V 形焊缝，焊缝表面经过加工后平整
凹面	⌣	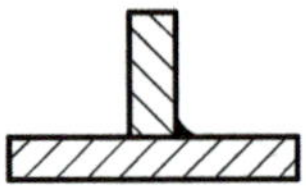	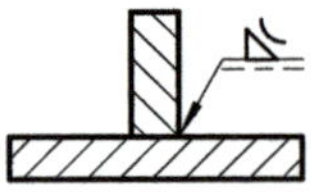	角焊缝表面凹陷
凸面	⌢		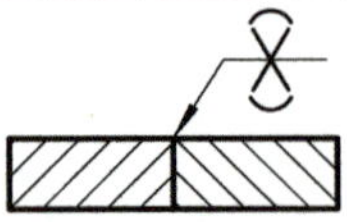	双面 V 形焊缝，焊缝表面凸起
圆滑过渡		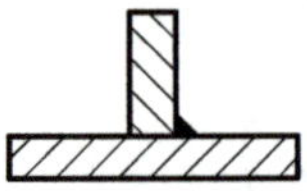	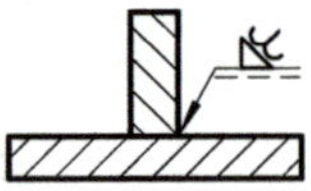	焊缝表面与母材交接处圆滑过渡
永久衬垫		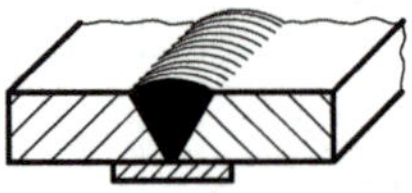	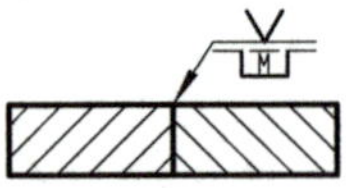	V 形焊缝背面的衬垫永久保留
临时衬垫		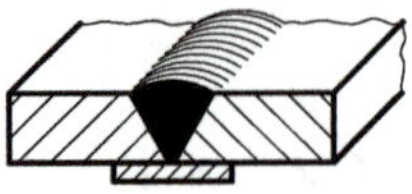	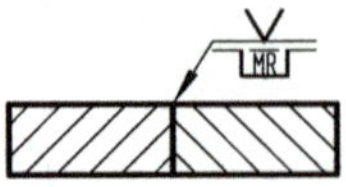	V 形焊缝背面的衬垫在焊接完成后拆除
三面焊缝	⊏	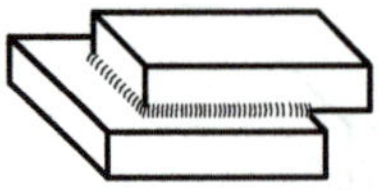	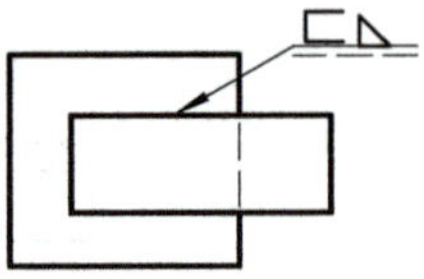	三面带有（角）焊缝，符号开口方向与实际方向一致

（续）

<table>
<tr><th>名称</th><th>图形符号</th><th>示 意 图</th><th>标注示例</th><th>示例的说明</th></tr>
<tr><td>周围焊缝</td><td>○</td><td rowspan="2">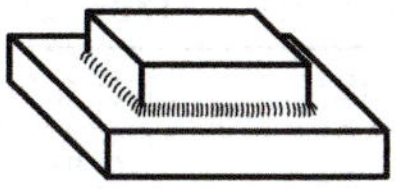</td><td rowspan="2">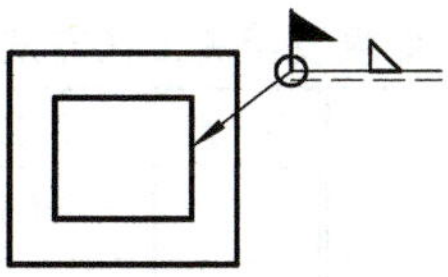</td><td>沿着工件周边施焊的焊缝，周围焊缝符号标注在基准线与指引线的交点处</td></tr>
<tr><td>现场焊缝</td><td></td><td>在现场焊接的焊缝</td></tr>
<tr><td>尾部</td><td><</td><td colspan="2">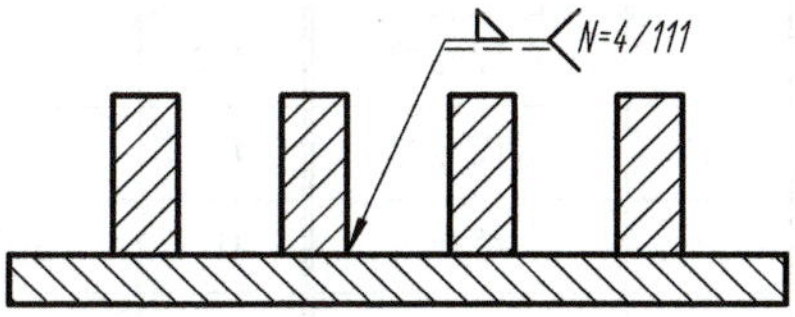</td><td>表示有 4 条相同的角焊缝，采用焊条电弧焊</td></tr>
</table>

注：焊缝补充符号的线宽 d' 与图中数字的高度 h 成一定比例，即 $d'=h/10$。

三、焊缝的尺寸符号

焊缝的尺寸符号是用字母代表对焊缝的尺寸要求，当需要注明焊缝尺寸时才标注。焊缝尺寸符号的含义见表 7-3。

表 7-3 焊缝尺寸符号的含义（摘自 GB/T 324—2008）

<table>
<tr><th>名 称</th><th>符号</th><th>符 号 含 义</th></tr>
<tr><td>工件厚度</td><td>δ</td><td rowspan="10">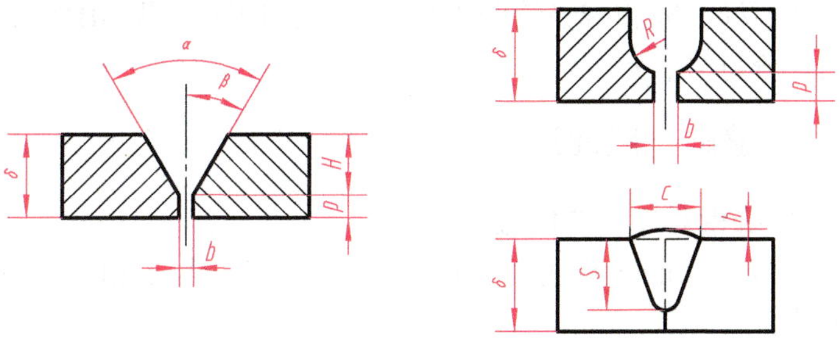</td></tr>
<tr><td>坡口角度</td><td>α</td></tr>
<tr><td>坡口面角度</td><td>β</td></tr>
<tr><td>根部间隙</td><td>b</td></tr>
<tr><td>钝 边</td><td>p</td></tr>
<tr><td>坡口深度</td><td>H</td></tr>
<tr><td>焊缝宽度</td><td>c</td></tr>
<tr><td>余 高</td><td>h</td></tr>
<tr><td>焊缝有效厚度</td><td>S</td></tr>
<tr><td>根部半径</td><td>R</td></tr>
<tr><td>焊脚尺寸</td><td>K</td><td rowspan="5">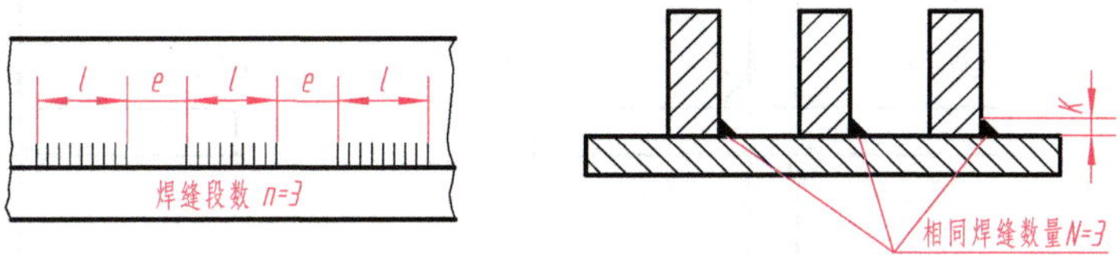</td></tr>
<tr><td>焊缝长度</td><td>l</td></tr>
<tr><td>焊缝间距</td><td>e</td></tr>
<tr><td>焊缝段数</td><td>n</td></tr>
<tr><td>相同焊缝数量</td><td>N</td></tr>
</table>

四、焊接工艺方法代号

按焊接过程中金属所处的状态不同，焊接方法分为熔化焊、压力焊和钎焊三大类。随着焊接技术的发展，焊接工艺方法已有上百种之多。国家标准 GB/T 5185—2005《焊接及相关工艺方法代号》规定，用阿拉伯数字代号表示各种焊接工艺方法并可在图样中标出。

焊接及相关工艺方法一般采用三位数字表示：一位数代号表示工艺方法大类，二位数代号表示工艺方法分类，而三位数代号表示某种工艺方法。常用的焊接及相关工艺方法代号见表 7-4。

表 7-4　焊接及相关工艺方法代号（摘自 GB/T 5185—2005）

代号	工艺方法	代号	工艺方法	代号	工艺方法	代号	工艺方法
1	电弧焊	2	电阻焊	3	气焊	72	电渣焊
101	金属电弧焊	21	点焊	311	氧乙炔焊	74	感应焊
11	无气体保护电弧焊	211	单面点焊	312	氧丙烷焊	81	火焰切割
111	焊条电弧焊	212	双面点焊	4	压力焊	82	电弧切割
112	重力焊	22	缝焊	41	超声波焊	84	激光切割
12	埋弧焊	221	搭接缝焊	42	摩擦焊	91	硬钎焊
131	熔化极惰性气体保护焊	23	凸焊	5	高能束焊	911	红外线硬钎焊
135	熔化极非惰性气体保护焊	231	单面凸焊	51	电子束焊	912	火焰硬钎焊
141	钨极惰性气体保护焊	232	双面凸焊	52	激光焊	94	软钎焊
15	等离子弧焊	24	闪光焊	521	固体激光焊	942	火焰软钎焊

第三节　焊缝的标注方法

为了使图样清晰和减轻绘图工作量，可按国家标准 GB/T 324—2008《焊缝符号表示法》中规定的焊缝符号表示焊缝。

一、焊缝的一般注法

1. 箭头线相对接头的位置

箭头直接指向的接头侧为“接头的箭头侧”，与之相对的则为“接头的非箭头侧”，如图 7-5 所示。

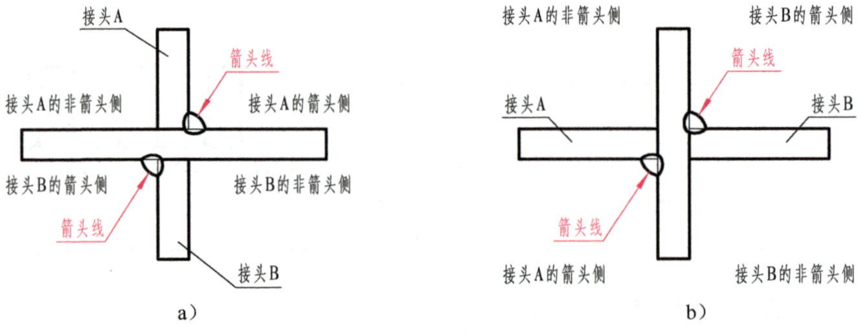

图 7-5　接头的“箭头侧”与“非箭头侧”示例

2. 基本符号相对基准线的位置

箭头线相对焊缝的位置一般没有特殊要求，箭头线可以标在有焊缝的一侧，也可以标在没有焊缝的一侧。

如图 7-6a 所示，焊缝的坡口朝右（施焊面在右侧），此时如果箭头线位于施焊面一侧，则将基本符号标在基准线的细实线上，如图 7-6b 所示；如果箭头线位于非施焊面一侧，则将基本符号标在基准线的细虚线上，如图 7-6c 所示。

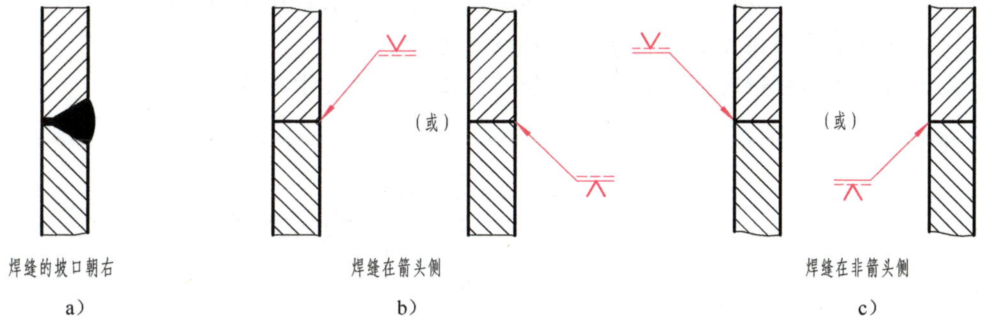

图 7-6　基本符号相对基准线的位置

在不至于引起误解时，对称焊缝和双面焊缝可以省略基准线的细虚线，如图 7-7 所示。

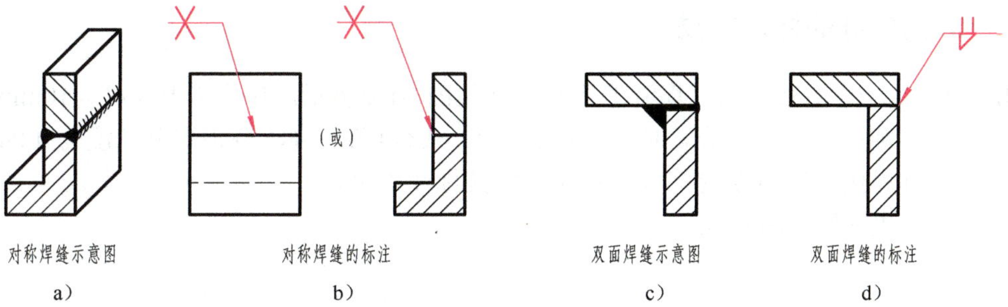

图 7-7　对称焊缝和双面焊缝的注法

> 提示：标注对称焊缝时，要注意“对称板”的选择，如图 7-8 所示。

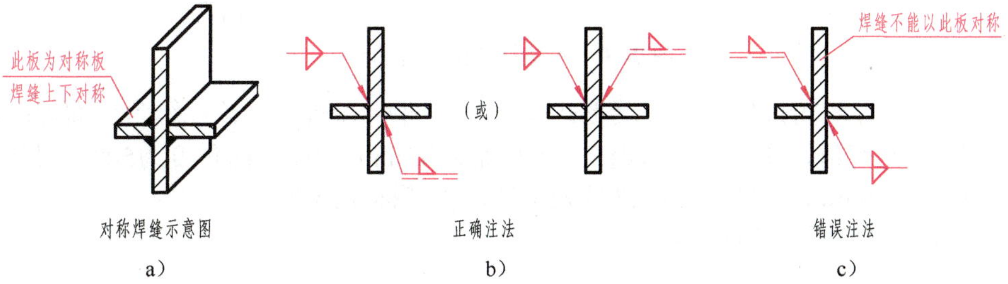

图 7-8　“对称板”的选择

没有特殊要求的焊缝，可省略尾部符号和标注。必要时，可以在尾部标注焊接方法代号，见表 7-2。

二、在焊缝符号中标注尺寸的规则

焊缝符号的基准线由两条相互平行的细实线和细虚线组成，如图 7-9 所示。基准线一般与标题栏的长边平行。

必要时，可以在焊缝符号中标注表 7-3 中的焊缝尺寸，焊缝尺寸在焊接符号中的标注位置如图 7-9 所示。其标注规则如下：

焊缝的横向尺寸标注在基本符号的左侧。

焊缝的纵向尺寸标注在基本符号的右侧。

焊缝的坡口角度、坡口面角度、根部间隙尺寸标注在基本符号的上侧或下侧。

相同焊缝数量及焊接方法代号等可以标注在尾部。

当尺寸较多不易分辨时，可在尺寸数值前标注相应的尺寸符号。

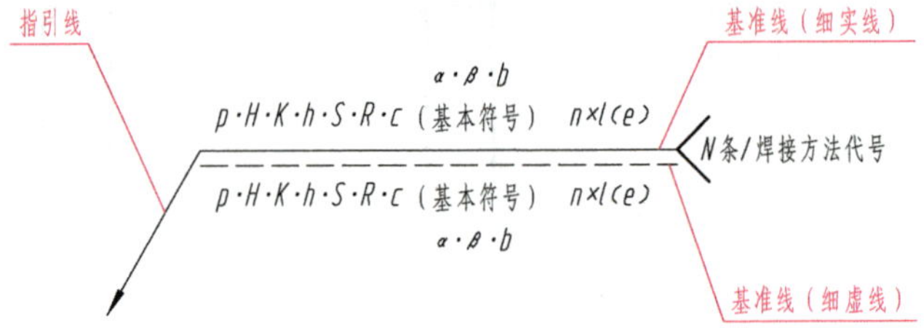

图 7-9　焊缝标注指引线

三、常见焊缝的标注方法

【例7-1】　一对对接接头，焊缝形式及尺寸如图7-10a所示。其接头板厚度为10mm，根部间隙为2mm，钝边高度为3mm，坡口角度为60°。共有4条焊缝，每条焊缝长度为100mm，采用埋弧焊进行焊接。试用焊缝符号表示法，将其标注出来。

解　标注结果如图7-10b所示。

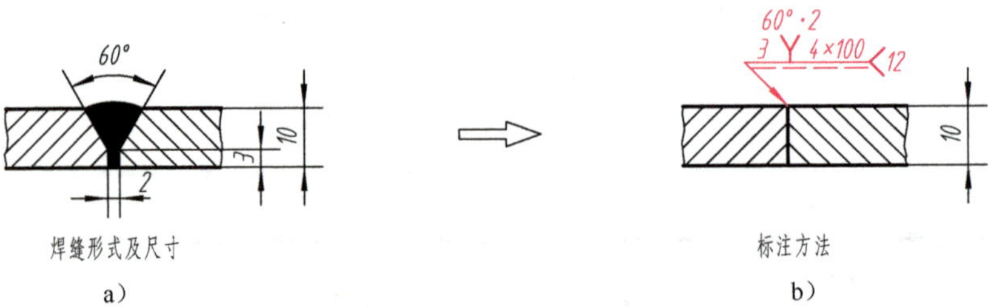

图 7-10　对接接头的标注方法

【例7-2】　一对角接接头，焊缝形式及尺寸如图7-11a所示。该焊缝为双面焊缝，上面为带钝边单边V形焊缝，下面为角焊缝。钝边高度为3mm，坡口面角度为50°，根部间隙为2mm，焊脚尺寸为 6mm。试用焊缝符号表示法，将其标注出来。

解　标注结果如图7-11b 所示。

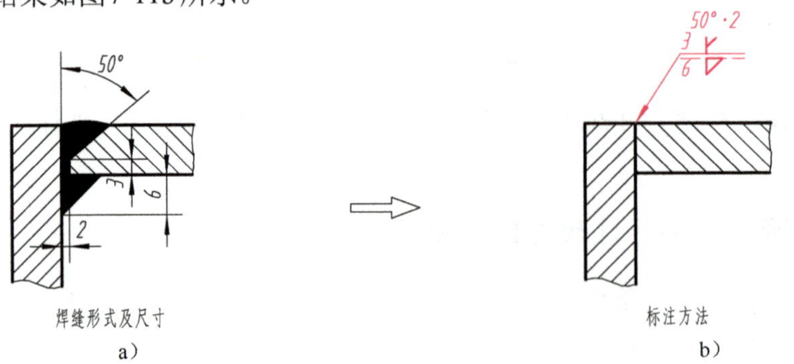

图 7-11　角接接头的标注方法

> 提示：①当同一图样上全部焊缝所采用的焊接方法完全相同时，焊缝符号尾部表示焊接方法的代号可省略不注，但必须在技术要求或其他技术文件中注明“全部焊缝均采用×××焊”等字样。
> ②当大部分焊接方法相同时，也可在技术要求或其他技术文件中注明“除图样中注明的焊接方法外，其余焊缝均采用×××焊”等字样。

【例7-3】 一对搭接接头，焊缝形式及焊缝符号标注如图7-12所示。试解释焊缝符号的含义。

解 “⊏”表示三面焊缝；“◺”表示单面角焊缝；*K*表示焊脚尺寸。

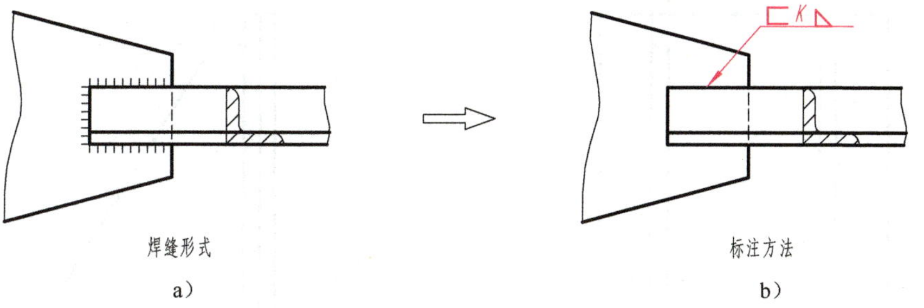

图 7-12　解释搭接接头标注的含义

【例7-4】 一对T形接头，焊缝形式及尺寸如图7-13a所示。该焊缝为对称角焊缝，焊脚尺寸为4mm，在现场装配时进行焊接。试用焊缝符号表示法将其标注出来。

解 标注结果如图7-13b所示。

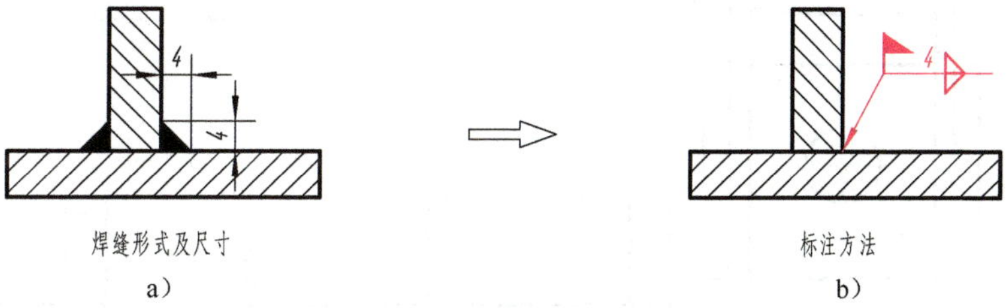

图 7-13　T 形接头的标注方法（一）

【例 7-5】 一对 T 形接头，焊缝形式及尺寸如图 7-14a 所示。该焊缝为双面、断续、角焊缝（交错），断续焊缝共有 12 条，每段焊缝长度为 60mm，焊缝间距为 65mm，焊脚尺寸为 4mm。试用焊缝符号表示法将其标注出来。

解 标注结果如图 7-14b 所示。

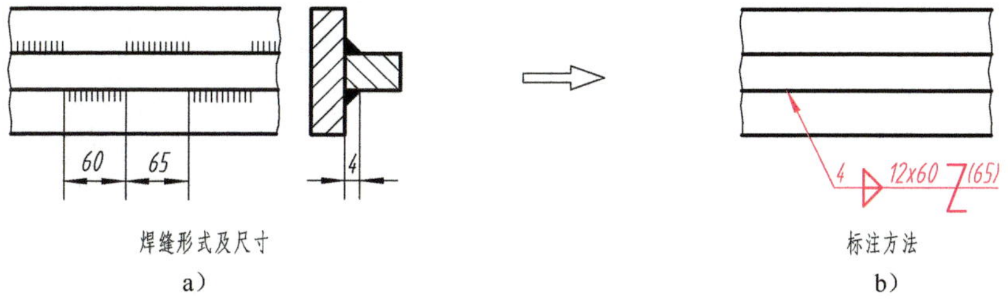

图 7-14　T 形接头的标注方法（二）

【例 7-6】　图 7-15 为某化工设备的支座焊接图。试解释图中三种不同焊缝符号所表示的含义。

解　① 件 1（垫板）与设备吻合，与设备之间吊装现场焊接，四周全部采用角焊缝焊接，焊脚尺寸为 8mm。

② 件 2（支承板）与件 1（垫板）之间四周全部采用角焊缝焊接，焊脚尺寸为 8mm。

③ 件 3（底板）与件 2（支承板）之间采用双面角焊缝焊接，焊脚尺寸为 6mm。

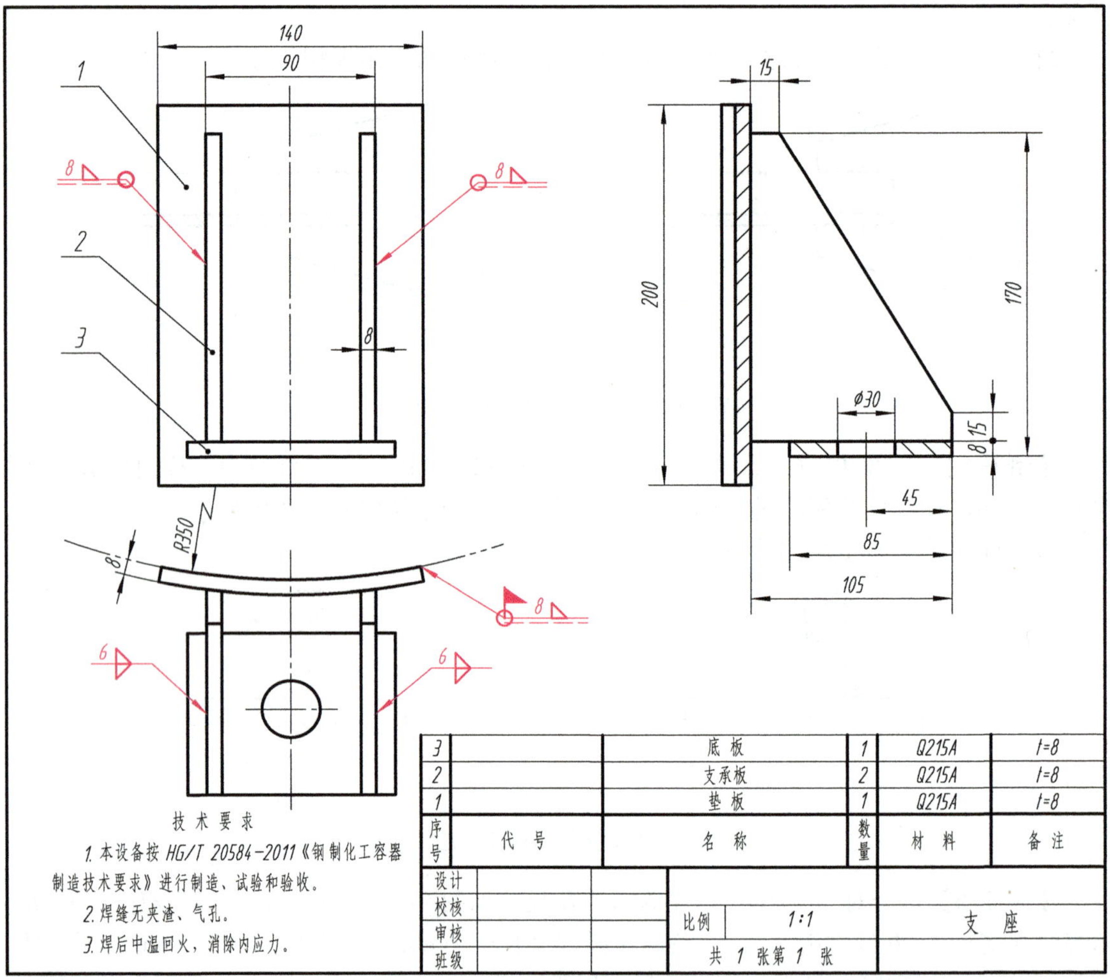

图 7-15　支座焊接图

第八章　焊接结构装配图的识读

知识目标

- 熟悉焊接结构装配图的组成、表达方法和特点。
- 了解识读焊接结构装配图的目的，掌握识读焊接结构装配图的基本方法和步骤。
- 基本能够识读典型焊接结构装配图。

焊接图样，除了包括焊接结构装配图外，还要有必要的零件图和部件图。图 8-1 所示是弯头焊接结构装配图，它是焊接结构生产过程的核心。能否正确识读焊接结构装配图，将直接关系到焊接构件的生产质量和效率。作为一名焊工，只有全面理解设计者的意图，看懂焊接结构装配图，详细分析图样中有关焊接的技术条件，才能按图样要求完成焊接结构的装配，制造出合格的焊接结构产品。

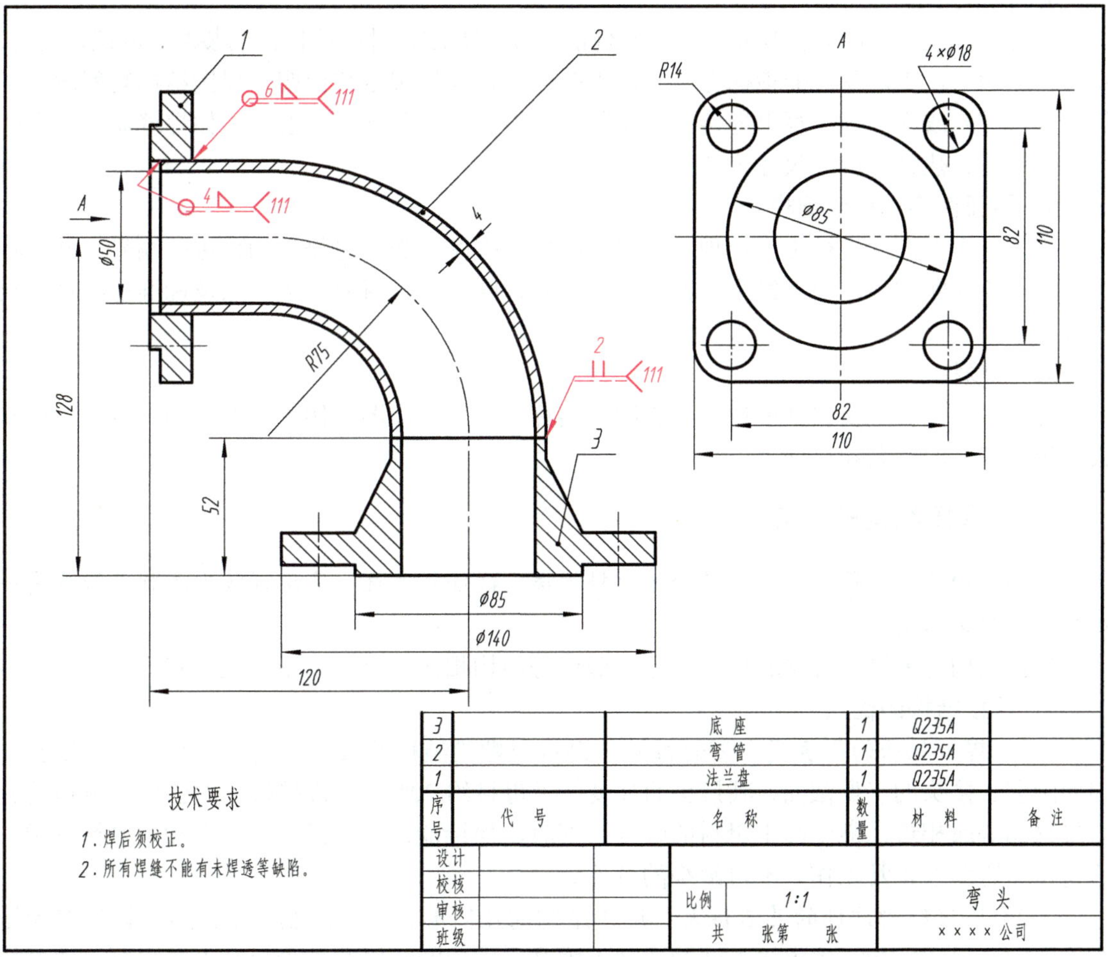

图 8-1　弯头焊接装配图

第一节 焊接结构装配图的表达方法

一、焊接结构装配图的内容

焊接结构装配图是用来表达金属焊接构件的工程图样，它是指导焊接构件的加工、装配、施焊和焊后处理的技术文件，并能清楚地表达焊接构件的结构形状、接头形式及尺寸、焊缝位置和焊接要求。如图8-1所示，焊接结构装配图一般有以下内容：

1. 一组图形

用一般和特殊的表达方式，完整、清晰地表达出焊接构件的结构特征、全部构件的结构形状、构件之间的装配与连接关系。此外，图中既包含与焊接有关的内容，又有其他加工所需要的全部内容。

2. 必要的尺寸

焊接结构装配图中需注明焊接构件的外形、连接关系、装配、检验、安装时所必需的尺寸，以及确定焊接构件的各部分结构形状和相对位置的尺寸。

3. 技术要求

为确保焊接构件的焊接质量，满足其性能及使用要求，对焊接构件的装配、调试、检验、安装、运输、使用以及性能指标方面等提出严格、合理的规定和说明。焊接结构装配图是用代号（符号）或文字等注写出焊接构件在制造和检验时的各项质量要求，如焊缝质量、表面修整、校正、热处理以及尺寸公差等。

4. 零部件序号和明细栏

为了便于看图和进行生产管理，在焊接结构装配图中必须对每种构件进行编号，并在标题栏上方绘制明细栏，明细栏中要按编号填写构件的名称、材料、数量以及标准件的规格尺寸等。

5. 标题栏

标题栏的内容主要包括单位名称、图样名称、图号、绘图比例，以及制图、设计、审核人员等责任人的签名和日期。

二、焊接结构的特点

焊接结构是将各种经过轧制的金属材料及铸、锻件等毛坯，采用焊接方法制成能承受一定载荷的金属结构。

焊接结构与铆钉、螺栓联接、铸造、锻造等结构相比，具有以下一些特点：

1. 焊接结构的优点

（1）焊接接头的强度高、密封性好　铆钉或螺栓结构的接头，需预先在母材上钻孔，因而削弱了接头的工作截面，其接头的强度低于母材约20%。而焊接接头的强度一般可达到与母材相等或相近，甚至高于母材的强度。同时，焊接能保证产品的气密性和水密性要求，这是压力容器在正常工作时不可缺少的条件。

（2）焊接结构设计的灵活性大　焊接结构的几何形状不受限制，如锻造、铸造等无法制造的空心封闭结构，用焊接方法制造并不困难；结构的壁厚和外形尺寸不受限制，通过焊接可将多种不同形状与厚度的钢材（或其他金属）连接起来；可以充分利用轧制型材组焊成所需要的结构，这样可以减轻结构重量、减少焊缝；可以和其他工艺方法联合，如铸-焊、锻-焊等金属结构；异种金属材料间也可以焊接。

（3）成品率高　一旦出现焊接缺陷，修复容易，很少产生废品。

（4）最适于制作大型或重型的、结构简单而且是单件小批量生产的产品结构　可将大型、复杂的结构分解为许多小零件或部件分期加工，然后通过焊接连成整个结构，以小拼大，解决其他加工方法难于制造乃至无法加工的机器结构。

（5）结构的变更和改型快，且比较容易　与其他加工方法相比，制造焊接结构一般不需大型、贵重的设备；设备投资较少，投产快，对产品的生产规模适应性强，而且更换产品规格和品种也比较容易。

2．焊接结构的缺点

焊接结构的不足之处主要反映在焊接接头上。

（1）产生焊接应力与变形　焊接是一种不均匀的加热和冷却过程，焊后焊缝区的收缩将引起焊接残余应力和变形，对结构的工作性能产生一定的影响。焊接应力可能导致裂纹；残余应力对结构强度和尺寸稳定性等会有不利影响；超过允许范围的焊接变形会增加矫正和机械加工的工作量，增加制造成本。

（2）对应力集中敏感　焊接结构具有整体性，其刚性大，对应力集中因素较为敏感。主要是由于焊缝中的工艺缺陷、接头几何形状的改变、不合理的接头形式和焊缝外形等，而引起较大的应力集中。

（3）焊接接头上性能不均匀　焊缝金属是母材和填充金属在焊接热的作用下熔合而成的组织。靠近焊缝金属的母材，受到焊接热的影响而发生组织变化，结果在整个焊接区出现了化学成分、金相组织、物理性质和力学性能不同于母材的情况，使焊接接头附近成为一个不均匀体。

三、焊接结构的分类

焊接结构种类繁多，应用广泛，分类方法也不尽相同。例如，根据焊接结构的材料种类可分为钢制结构、铝制结构和钛制结构等；根据焊接结构的材料厚度可分为薄壁结构和厚壁结构；按照半成品的制造方法可分为板焊结构、冲焊结构等。

现在通用的分类方法是根据其承载、工作条件和结构特征来分类，并将焊接结构分为以下几类：

1．板壳结构

板壳结构承受较大的内部压力或外压载荷，因而要求焊接接头具有良好的气密性，如要求密闭的压力容器、锅炉、管道、大型储罐和运送液体或液化气体的罐车罐体等。另一类板壳结构主要用于运输装备，如大型船舶的船体、客车车厢和集装箱体等。图 8-2、图 8-3 所示均为板壳结构。

2．桁架结构

桁架结构由一系列受拉或受压杆件组合而成，各杆件以节点形式相互连接组成各种形状的结构，多用于大跨度的工业和民用建筑、大跨度的桥式起重机及门式起重机等。图 7-1 所示国家体育场、图 8-4 所示门式起重机、图 8-5 所示空间桁架等均为桁架结构。

图 8-2　液氯储罐

图 8-3　冷却器

图 8-4　门式起重机

图 8-5　空间桁架

3. 梁及梁系结构

这类焊接结构的工作特点是组成梁系结构的元件受横向弯曲，当由多根梁通过刚性连接组成梁系结构(或称框架结构)时，各梁的受力情况将变得较为复杂。如图 8-6 所示桥式起重机桥架的主梁、图 8-7 所示钢梁桥等均属于梁及梁系结构。

图 8-6　桥式起重机桥架的主梁

图 8-7　钢梁桥

4. 柱类结构

这类焊接结构的特点是承受压应力或在受压的同时又承受纵向弯曲应力，结构的断面形状多为“工”字形、“箱形”或管式圆形断面。柱类焊接结构也常用各种型钢组合成所谓虚腹虚壁式组合截面。采用这些形式都可增大惯性矩，提高结构的稳定性，同时也节约材料。

柱和梁一起组成厂房、高层建筑和工作平台的钢骨架。

5．机械结构

这类结构最适宜于在交变载荷或多次重复性载荷下工作。因此要求这类结构具有精确的尺寸，才能保证主要部件的加工质量。属于该类结构的有机座、机身、机床横梁及齿轮、飞轮和仪表枢轴等。如图 8-8 所示减速器箱体、图 8-9 所示轴承支座均属于该类结构。这类结构采用钢板焊接或铸-焊、锻-焊等联合工艺，可以解决铸锻设备能力不足的问题，同时可大大缩短制造周期。

图 8-8　减速器箱体

图 8-9　轴承支座

四、装配图的规定画法

1．相邻两零件的规定画法

相邻两零件的接触面和配合面，只画一条轮廓线。当相邻两零件有关部分的公称尺寸不同时，即使间隙很小，也要画出两条线。

如图 8-10 所示，滚动轴承与轴和机座上的孔均为配合面，滚动轴承与轴肩为接触面，只画一条线；轴与填料压盖的孔之间为非接触面，必须画两条线。

2．装配图中剖面线的画法

同一零件在不同的视图中，剖面线的方向和间隔应保持一致，相邻两零件的剖面线，应有明显的区别，即倾斜方向相反或间隔不等，以便在装配图中区分不同的零件。

如图 8-10 所示，机座与端盖的剖面线倾斜方向相反。

3．实心件及螺纹紧固件的画法

实心的轴、手柄、键、销、连杆、球及螺纹紧固件等零件，若按纵向剖切，即剖切平面通过其轴线或基本对称面时，这些零件均按未剖绘制，如图 8-10 所示的螺栓和轴；当剖切平面垂直轴线或基本对称面时，则应按剖开绘制。

4．夸大画法

对于直径或厚度小于 2mm 的孔和薄片，以及画较小的锥度或斜度时，允许将该部分不按原比例而夸大画出，如图 8-10 中垫片的画法。

5．简化画法

1）对于装配图中的螺栓联接等若干相同零件组，允许仅详细地画出一组，其余用细点画线表示出中心位置即可，如图 8-10 所示螺栓的画法。

2）在装配图中，零件上某些较小的工艺结构，如倒角、退刀槽等允许省略不画，如图 8-10 所示。

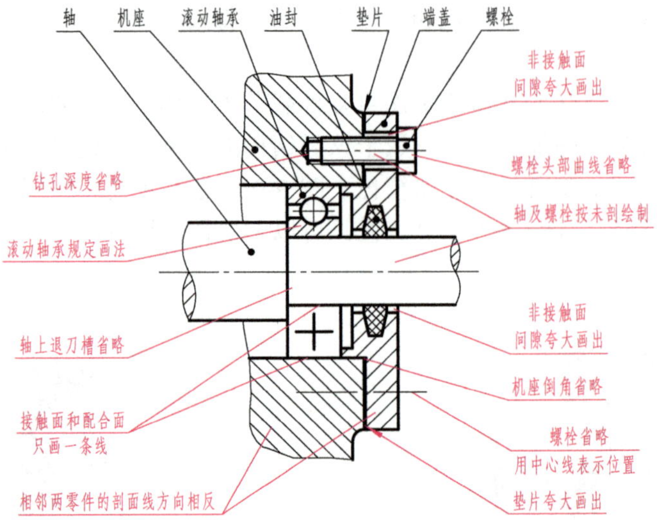

图 8-10　规定画法和简化画法

3）在装配图中，剖切平面通过某些标准产品组合件（如油杯、油标、管接头等）轴线时，可以只画外形。对于标准件（如滚动轴承、螺栓、螺母等）可采用简化或示意画法，如图 8-10 所示滚动轴承的画法。

五、零（构）件序号和明细栏

为了便于看图和管理图样，装配图中必须对每种零 (构) 件进行编号，并根据零（构）件编号绘制相应的明细栏。

1）装配图中所有单个零（构）件，应按顺序编写序号，相同零（构）件只编一个序号，一般只注一次。

2）零（构）件序号应填写在指引线一端的横线上（或圆圈内），指引线的另一端应自所指零（构）件的可见轮廓引出，并在末端画一圆点；若所指部分内不宜画圆点（零件很薄或涂黑的剖面）时，可在指引线一端画箭头指向该部分的轮廓，如图 8-10、图 8-11a 所示。

3）一组紧固件或装配关系清楚的零件组，可采用公共指引线，如图 8-11b 所示。

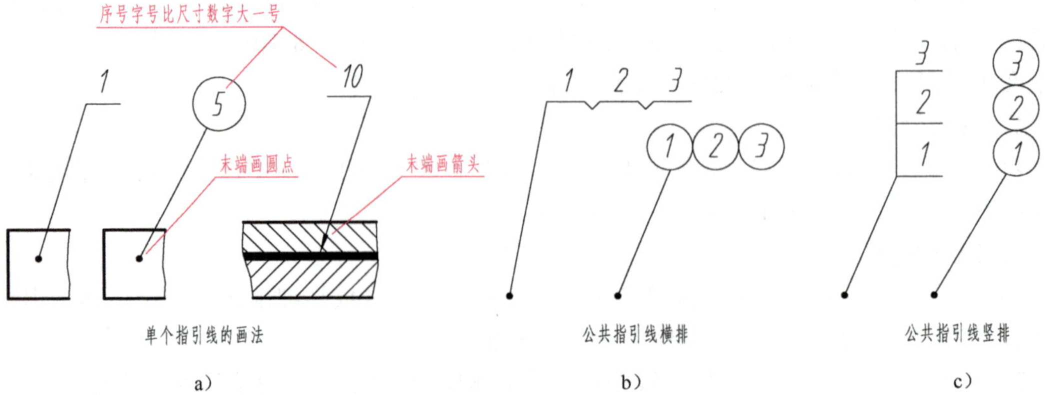

图 8-11　零（构）件序号的编写形式

4）序号的字号应比图中尺寸数字大一号或大两号，如图 8-1 所示。

5）零（构）件序号应标注在视图周围，按水平或竖直方向排列整齐。应按顺时针或逆时针方向排列，如图 8-12a、b 所示。

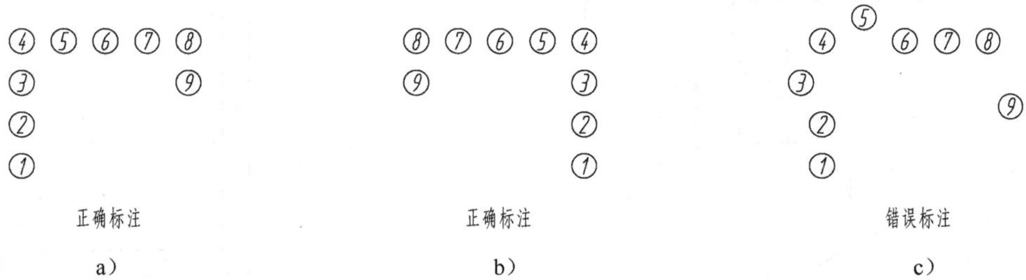

图 8-12　零（构）件序号的排列方法

6）零（构）件的明细栏应画在标题栏上方，如图 8-1 所示。当标题栏上方位置不够时，可在标题栏左边继续列表。明细栏也可单独编写，明细栏的格式和内容如图 1-6 所示。

第二节　识读焊接结构装配图的方法与步骤

焊接结构装配图与一般装配图的不同之处在于：图中必须清楚地表示与焊接有关的问题，如坡口与接头形式、焊接方法、焊接材料和焊接及检验技术要求等。

作为一名焊工来说，必须具备正确识读焊接结构装配图的能力。除了掌握相关机械制图的知识外，还必须了解焊缝符号表示方法的有关标准，掌握识读焊接装配图的方法和步骤，并严格执行图样中有关焊接的技术条件。

一、识读焊接结构装配图的目的

1）了解零（构）件或部件的名称、性能、结构和工作原理。

2）了解各零（构）件间的相互位置、连接关系、装配关系和拆装顺序。

3）了解各零（构）件的主要结构形状、作用和技术要求等。

二、识读焊接结构装配图的方法与步骤

下面以图 8-13 所示轴承挂架焊接结构装配图为例，简要介绍识读焊接结构装配图的一般方法和步骤。

1. 概括了解

识读焊接结构装配图时，首先看标题栏和明细栏，从中了解该焊接结构或部件的名称、数量、质量、画图比例等；了解各零（构）件的名称及其在装配图上的大致位置，对焊接结构有一个初步了解。

图 8-13 所示为轴承挂架焊接结构装配图。由标题栏可知该焊接构件的名称为“轴承挂架”，对照图上的序号和明细栏可知，它由立板、横板、肋板和圆筒等构件焊接而成。材料为普通碳素结构钢，绘图比例为 1∶2。

2. 分析视图，想象出焊接结构形状

开始看图时， 必须先找出主视图，分析焊接结构装配图的表达方案，采用了几个视图，

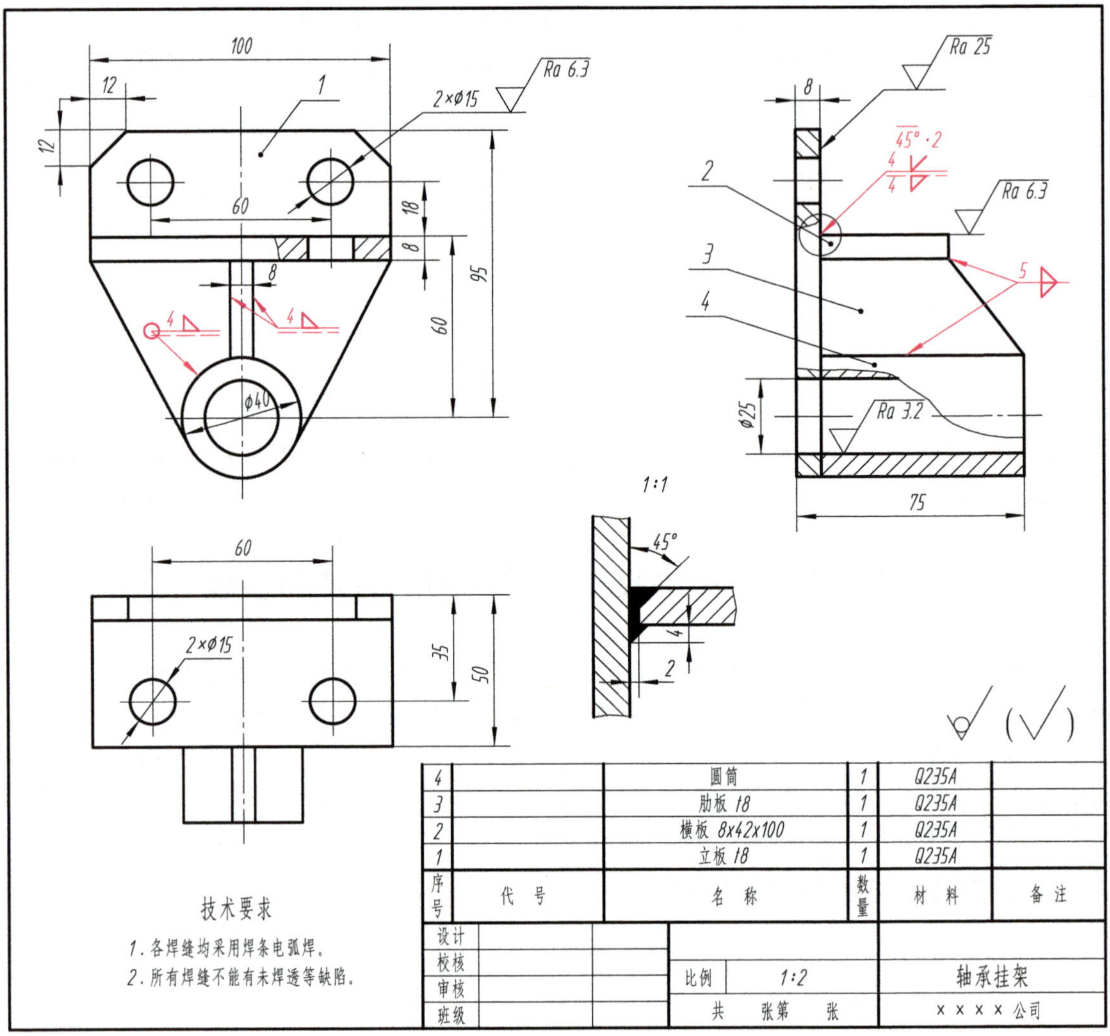

图 8-13 轴承挂架焊接结构装配图

搞清各视图之间的关系，每个视图都采用了什么表达方法，为进一步看图打好基础。

轴承挂架焊接结构装配图采用了主、俯、左三个基本视图和一个局部放大图。各视图及表达方法的分析如下。

（1）主视图　主要表达了立板、横板、肋板和圆筒的分布情况，并采用局部剖视图，表达了横板上孔的内部结构（通孔）。同时，采用焊接符号表达了立板与肋板、立板与圆筒的焊缝形式及尺寸。

（2）俯视图　是轴承挂架的俯视外形图，给出了横板上两个孔的相对位置。

（3）左视图　采用局部剖视图，分别表达了立板上孔的内部结构和圆筒的内部结构。同时采用焊接符号表达了立板与横板、横板与肋板、肋板与圆筒的焊缝形式及尺寸。

（4）局部放大图　用以表达立板 1 与横板 2 焊缝的断面形状及尺寸。

综合三个基本视图和局部放大图，由形体分析法可知，轴承挂架主要由立板、横板、肋板和圆筒四部分焊制而成，而圆筒为支承轴的主体，立板为固定支架，横板和肋板是为了增加承载能力的加强肋板，其结构如图 8-14 所示。

3. 看懂焊接结构的焊缝形式及尺寸

圆筒与肋板之间采用焊脚尺寸为 5mm 的双面连续角焊缝进行焊接；肋板与横板之间也是采用焊脚尺寸为 5mm 的双面连续角焊缝进行焊接；横板与立板之间采用单边 V 形焊缝，表面铲平，坡口角度为 45°，焊缝间隙为 2mm，坡口深度为 4mm，横板下表面与立板的焊缝是焊脚尺寸为 4mm 的角焊缝；肋板与立板之间采用焊脚尺寸为 4mm 的角焊缝；圆筒与立板之间采用焊脚尺寸为 4mm 的角焊缝，围绕圆筒周围进行焊接。

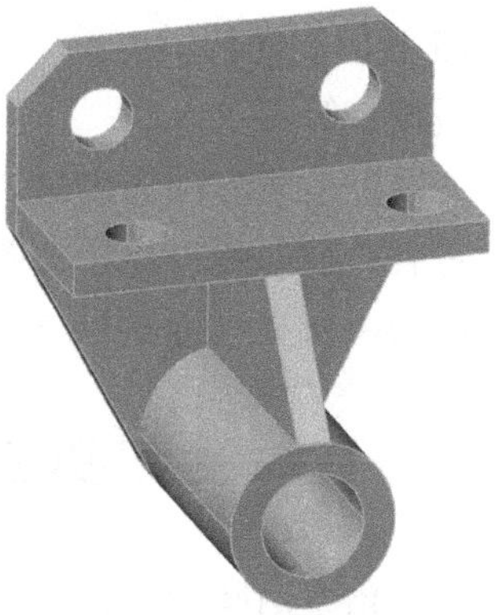

图 8-14　轴承挂架

4. 分析尺寸

焊接结构装配图上的尺寸是制造、检验焊接结构的重要依据。分析尺寸的主要目的是根据构件的结构特点、设计和制造的工艺要求，找出尺寸基准，分清设计基准和工艺基准，明确尺寸种类和标注形式；分析影响性能的主要尺寸标注是否合理，标准结构要素的尺寸标注是否符合要求，其他尺寸是否满足工艺要求；校对尺寸标注是否完整等。

（1）尺寸分类　焊接结构装配图主要标注以下几类尺寸：

1）定形尺寸。表示焊接构件各组成部分长、宽、高三个方向的尺寸。

2）定位尺寸。表示焊接构件各组成部分相对位置的尺寸。

3）总体尺寸。表示焊接结构外形大小的尺寸。

4）配合尺寸。表示焊接构件的配合尺寸，也称为装配尺寸。

5）安装尺寸。表示焊接结构安装到其他装配体或地基上所需的尺寸。

（2）尺寸基准　尺寸基准是确定焊接构件位置的一些点、线、面，也是标注尺寸的起点。一般选择下面两种基准：

1）设计基准。标注设计尺寸的起点称为设计基准。

2）工艺基准。焊接构件在装配定位或测量时使用的基准。对于焊接构件，通常选取主要的装配面、支承面、对称面、主要加工面或回转体的轴线作为尺寸基准。

（3）分析尺寸　在轴承挂架焊接结构装配图中，长度方向的总体尺寸为 100mm，尺寸基准是中心对称平面，以此来确定立板上两孔及横板上两孔的中心距为 60mm；宽度方向的总体尺寸为 75mm，尺寸基准是立板的端面，以此来确定立板上两孔的定位尺寸为 35mm；高度方向的尺寸基准是圆筒的轴线，立板顶端到该轴线的距离为 95mm，横板到该轴线的距离为 60mm；横板的上端面是高度方向的辅助基准，以此来确定横板的厚度以及立板上两孔的定位尺寸。

5. 了解技术要求

焊接结构装配图上的技术要求是焊接构件制造的质量指标。焊接结构装配图的技术要求可用文字说明，也可用符（代）号标注。对于这部分内容，应能看懂表面粗糙度、尺寸与配合公差、以及焊接方面的要求，如焊缝符号、焊接方法代号、焊缝质量要求、焊后校正和热处理方法等。

轴承挂架的技术要求在图中分为两部分，一部分是在图中用符（代）号标注出来的，如

ϕ15 孔的表面粗糙度符号、焊缝符号等；另一部分是文字说明，如焊接方法、焊缝质量要求、焊后校正等。

通过上述方法和步骤，一般可对焊接结构有所了解。但对于某些比较复杂的结构，还需参考有关技术资料和相关图样，才能彻底读懂。读图的步骤也可视焊接结构的具体情况，灵活运用，交叉进行。

第三节　管道焊接结构装配图的识读

管道是用管子、管子连接件和阀门等连接成的用于输送气体、液体或带固体颗粒的流体的装置，如图 8-15 所示。管道的用途很广泛：在锅炉机组中，主要是指给水管和向汽轮机输送蒸汽的主蒸汽管道；在采油采气和炼油装置中，管道主要用于输送原油、各种石油制品、石油气和天然气等介质；在化工生产装置中，管道主要用来输送液态和气态的化工原料、半成品和各种化工制品。

一、管道的焊接特点

管道在运行过程中，不仅经受一定的压力和温度，而且也受到介质的腐蚀作用。因此，管道用钢应具有足够的常温和高温强度，与管道制造工艺相适应的塑性以及耐介质腐蚀的化学稳定性。

图 8-15　管道连接

管道与一般容器的焊接不同，只能单面焊，即从外面进行焊接，如果焊缝内侧产生缺陷，也不能从里面进行清根和重新焊接。管道的封底焊易产生气孔、裂纹等缺陷，而根部焊接缺陷往往是高压管道破坏的根源，因此要求做到单面焊、双面成形。

管道的焊接方法可选用手工氩弧焊封底加焊条电弧焊和埋弧焊、全位置钨极惰性气体保护焊、自动钨极惰性气体保护焊等方法，其焊接接头形式主要是对接接头、角接接头和搭接接头等几种。

二、管道焊接结构装配图的识读

现以图 8-16 所示简单管道连接焊接结构图为例，介绍如何识读管道焊接结构装配图。

1. 概括了解

如图 8-16 所示，该焊接结构件的名称是抽底管，主要由法兰、管接、补强圈、45°无缝弯头、底板和支承板等构件焊接而成。其中，法兰、45°无缝弯头和管接的材料为焊接性较好的低碳钢（20 钢），而补强圈、底板和支承板的材料为普通碳素钢（Q235B）。支承板有三块。绘图时未按比例绘制。

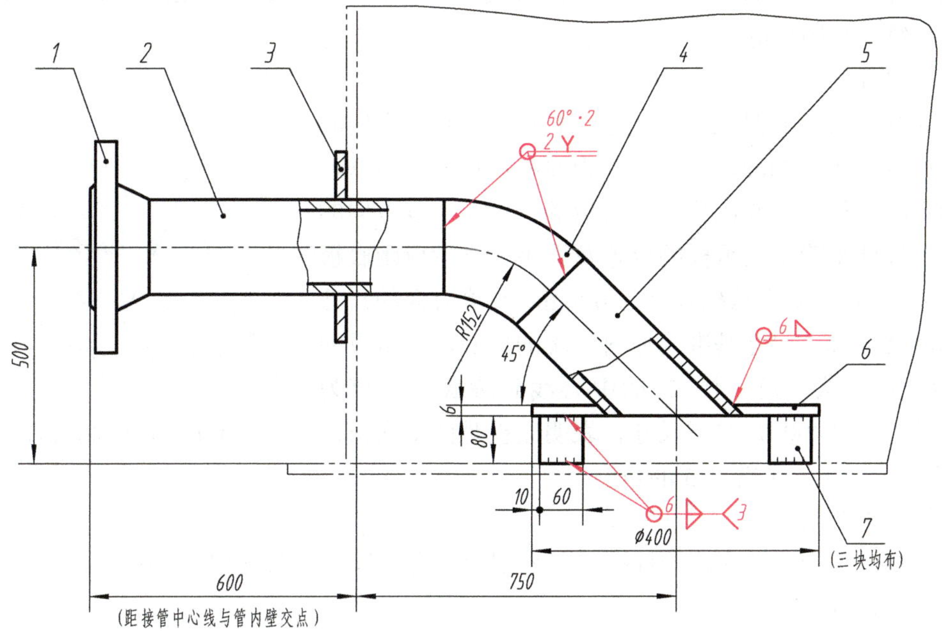

技术要求

1. 焊接采用焊条电弧焊，焊条型号 E4303。

2. 法兰的焊接按相应法兰标准中的规定。

序号	代号	名称	数量	材料	备注
7		支承板 t=6	3	Q235B	
6		底板 t=6	1	Q235B	
5		管接 Φ108x10	1	20	
4		45°无缝弯头	1	20	
3		补强圈	1	Q235B	
2		管接 Φ108x10	1	20	
1		法兰 S=10	1	20	

设计				抽底管
校核		比例	不按比例	
审核				
班级		共 张第 张		XXXX公司

图 8-16 抽底管焊接结构装配图

2. 分析视图，想象出焊接结构形状

如图 8-16 所示，为表达抽底管的焊接结构，采用了一个主视图和两处局部剖视图，主要表达了法兰、管接、补强圈、45°无缝弯头、底板和支承板的分布情况，并采用局部剖视图，表达了底板与管接 5 的相对位置。同时，采用焊接符号表达了 45°无缝弯头与管接 2 和管接 5、底板与管接 5 的焊缝形式及尺寸。

如图 8-16 所示，与管接 2 相连的细双点画线表示的是原料油罐的罐体，与支承板相连接的细双点画线表示的是原料油罐的罐底。由形体分析方法可知，抽底管在原料油罐里的结构如图 8-17 所示。

3. 看懂焊接结构的焊缝形式及尺寸

如图 8-16 所示，45°无缝弯头与管接的连接采用根部间隙为 2mm、钝边高度为 2mm 的 V 形坡口，坡口角度为 60°，焊接方法为焊条电弧焊。管接 5 与底板的连接采用焊脚尺寸为 6mm

的角焊缝，并沿着管接周围施焊。支承板与底板、支承板与罐底都是采用焊脚尺寸为 6mm 的双面角焊缝，相同焊缝的条数为 3 条。

4. 分析尺寸

如图 8-16 所示，在抽底管的焊接结构图中，长度方向的尺寸有 600mm 和 750mm，尺寸基准为原料油罐的罐内壁，以此来确定法兰与管接 5 的位置。底板的一侧为长度方向的辅助基准，以此来确定支承板的位置及大小，支承板距底板的边缘距离为 10mm，支承板长度为 60mm。高度方向的尺寸有 500mm、80mm，尺寸基准为原料油罐的罐底，支承板的高度为 80mm，法兰及管接 2 的中心线到罐底的距离为 500mm。此外，ϕ400 是定形尺寸，表明底板是圆形底板；45°是定位尺寸，限定了管接 5 的角度。

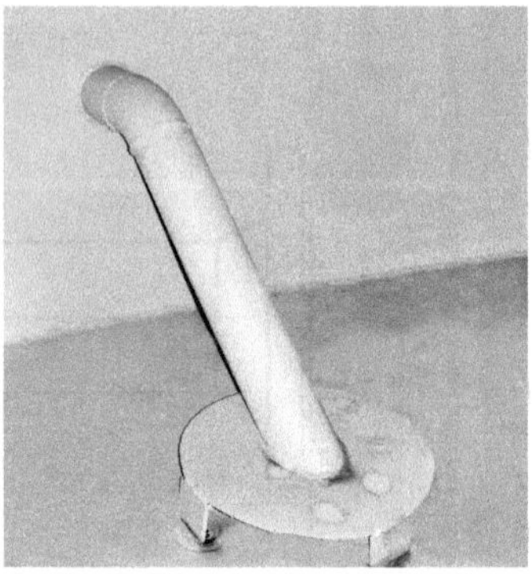

图 8-17 原料油罐抽底管

5. 了解技术要求

由技术要求可知，抽底管的焊接主要采用焊条电弧焊，焊条选用 E4303。焊接法兰时要严格执行相关标准。

第四节 锅炉焊接结构装配图的识读

锅炉，顾名思义就是由锅和炉两大部分组成的设备。锅是锅炉中盛水和汽的部分，它的作用是吸收炉放出来的热量，从而使低温水变成具有一定压力和温度的蒸汽。由于锅要承受一定的压力，所以锅称为受压部件。炉是锅炉中燃料燃烧的地方，其作用是使燃料充分燃烧，产生的热量供锅吸收，所以被称为燃烧设备。

一、锅炉的焊接特点

锅炉是利用燃料燃烧时产生的热能或其他能源的热能，把液体加热或变成蒸汽的热能转换设备。

1）锅炉是各工业部门不可缺少的重要生产设备，用于供热、供电、储存和运输各种工业原料及产品，完成工业生产过程必需的各种物理过程和化学反应。这些装备的运行条件相当地复杂和苛刻。例如，电站锅炉必须在高温高压下长期安全运行。

2）由于工程焊接技术的迅速发展，现代锅炉已演变成典型的全焊结构，其焊接接头承受着与受压壳体相同的各种载荷、温度和工作介质的物理、化学作用，不仅应具有与壳体材料基本相等的静载强度，而且应具有足够的塑性和韧性，以防止这些受压部件在加工过程中以及在低温和各种应力的共同作用下产生脆性破裂。此外，在一些特殊的应用场合，接头还应具有耐工作介质腐蚀的性能。因此，对焊接接头性能要求的总原则是等强度、等塑性、等韧性和等耐蚀性。

3）锅炉受压部件可以采用下列焊接方法进行焊接：焊条电弧焊、埋弧焊、熔化极气体保护焊、药芯焊丝电弧焊、钨极惰性气体保护焊、等离子弧焊、闪光对焊、电阻对焊、摩擦焊、氧乙炔焊、激光焊和电子束焊等。由于现场焊接位置为管水平固定或倾斜固定对接，包

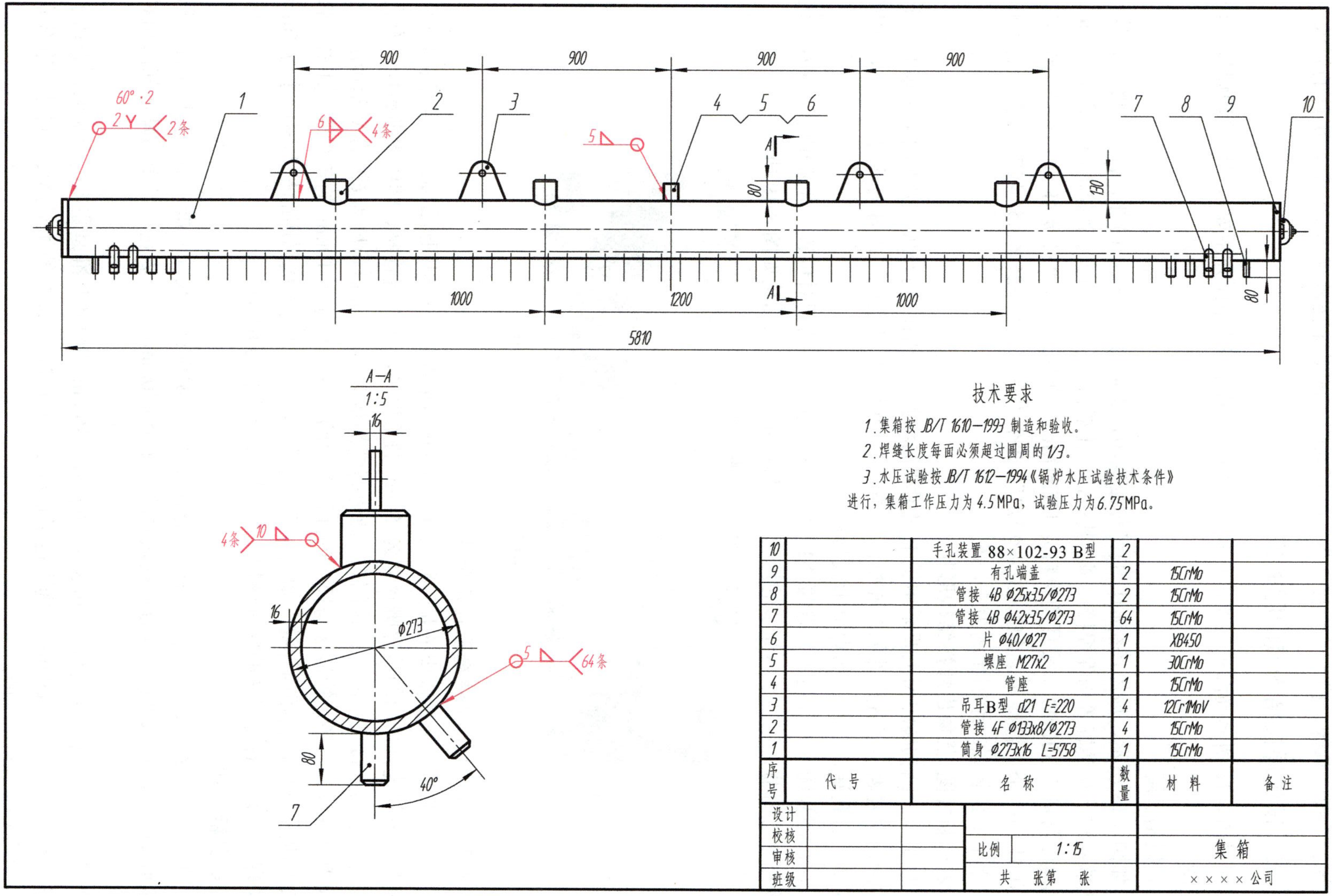

技术要求

1.集箱按 JB/T 1610—1993 制造和验收。

2.焊缝长度每面必须超过圆周的1/3。

3.水压试验按 JB/T 1612—1994《锅炉水压试验技术条件》进行，集箱工作压力为4.5MPa，试验压力为6.75MPa。

序号	代号	名称	数量	材料	备注
10		手孔装置 88×102-93 B型	2		
9		有孔端盖	2	15CrMo	
8		管接 4B φ25x3.5/φ273	2	15CrMo	
7		管接 4B φ42x3.5/φ273	64	15CrMo	
6		片 φ40/φ27	1	XB450	
5		螺座 M27x2	1	30CrMo	
4		管座	1	15CrMo	
3		吊耳B型 d21 E=220	4	12Cr1MoV	
2		管接 4F φ133x8/φ273	4	15CrMo	
1		筒身 φ273x16 L=5758	1	15CrMo	

设计				
校核		比例	1:15	集箱
审核				
班级		共 张第 张		××××公司

图 8-18 高温过热器出口集箱焊接结构装配图

括平焊、立焊、仰焊、横焊等焊接位置，所以对焊工的操作技术提出了更高、更严的要求。

二、锅炉焊接结构装配图的识读

现以图 8-18 所示高温过热器出口集箱焊接结构装配图为例，介绍如何识读锅炉焊接结构装配图。

1. 概括了解

如图 8-18 所示，该焊接结构件的名称是集箱，由筒身、管接、吊耳、管座、螺座、片、有孔端盖和手孔装置等构件焊接而成。其中，有孔端盖、管座、筒身、管接的材料为 15CrMo，而螺座的材料为 30CrMo，吊耳的材料为 12Cr1MoV。集箱有 4 个“管接 4F　ϕ133×8/ ϕ273”，4 个吊耳，64 个“管接 4B　ϕ42×3.5/ ϕ273”，2 个“管接 4B　ϕ25×3.5/ ϕ273”，2 个有孔端盖和 2 个手孔装置。绘图比例为 1∶15。

2. 分析视图，想象出焊接结构形状

集箱焊接结构装配图主要采用了主视图和局部剖视图的表达方法。主视图是集箱的外形结构图，主要表达了各构件的分布情况。同时采用焊接符号表达了吊耳与筒身，管座、螺座与筒节，有孔端盖与筒节的焊缝形式与尺寸。

局部剖视图主要表达了“管接 4B　ϕ42×3.5/ ϕ273”的相对位置，并采用焊接符号表达了管接 2 与筒节、管接 7 与筒节的焊缝形式与尺寸。集箱的结构如图 8-19 所示。

图 8-19　高温过热器出口集箱

3. 看懂焊接结构的焊缝形式及尺寸

吊耳与筒节的连接采用的是焊脚尺寸为 6mm 的角焊缝，且相同焊缝条数为 4 条；管座、螺座与筒节的连接采用的是焊脚尺寸为 5mm 的角焊缝，并沿着管座、螺座周围施焊；有孔端盖与筒节的连接采用的是钝边间隙、钝边高度都是 2mm 的坡口角度为 60°的 V 形焊缝，且相同焊缝条数为 2 条；管接 2 与筒节的连接采用的是焊脚尺寸为 10mm 的角焊缝，并沿着管接 2 的周围施焊，且相同焊缝条数为 4 条；管接 7 与筒节的连接采用的是焊脚尺寸为 5mm 的角焊缝，并沿着管接 7 的周围施焊，且相同焊缝条数为 64 条。

4. 分析尺寸

在集箱焊接结构图中，长度方向的总体尺寸是 5810mm，尺寸基准是中心对称平面，以此来确定集箱的总长度；长度方向的尺寸还有 4 个 900mm，主要表达了各个吊耳之间的相对位置。

高度方向的尺寸有 130mm 和 3 个 80mm，130mm 的尺寸基准是集箱的上端面，表达了吊耳的相对高度；3 个 80mm 分别表达了管接 2、管接 7、管接 8 的相对高度，尺寸基准分别是集箱的上端面和下端面。

宽度方向只有一个尺寸 16mm，表达了吊耳的宽度。

5. 了解技术要求

从技术要求可知，集箱要严格按照 JB/T 1610—1993《锅炉集箱制造技术条件》制造和验收。焊缝长度每面必须超过圆周的 1/3。水压试验按 JB/T 1612—1994《锅炉水压试验技术条件》进行，集箱工作压力为 4.5MPa，试验压力为 6.75MPa。

第五节　压力容器焊接结构装配图的识读

压力容器是指盛装气体或者液体，并承载一定压力的密闭容器。压力容器多由板材加工成形后焊接而成。焊接容器应用广泛，具有连续、密封和制造成本低等优点，在国民经济各部门，尤其是动力、石油、化工、核能和航天等工业部门，大量采用各种类型的焊接压力容器。压力容器一般由筒体、封头、法兰、密封元件、开孔和管接、支座六大部分构成容器本体。

一、压力容器的焊接特点

压力容器运行的安全可靠性是特别重要的，对压力容器的焊接接头规定了很高的技术要求。这些要求基本上反映在两个方面，一是焊缝金属和热影响区应具有足够好的力学性能，包括强度、塑性和韧性；二是焊接接头不允许有裂纹等缺陷。

焊接接头的强度性能和冲击韧度，通常在产品的设计技术条件中做出规定。这些性能指标通常与压力容器材料的性能指标相一致。焊接接头的力学性能除强度、冷弯角和冲击韧度外，有时还规定高温强度等一些特殊要求，如抗疲劳性能和耐腐蚀性能等。除了焊接接头的各项性能要符合产品的技术要求外，焊缝和热影响区还不能存在产品技术条件规定所不允许的缺陷，尤其不允许各种焊接裂纹的存在。对于压力容器，焊缝的外观质量也很重要，焊缝尺寸不够、余高过大、焊缝表面粗糙、成形不规整、焊趾部位咬边、焊缝气孔、焊瘤、背面未焊透、焊穿和疏松等缺陷，都会对焊接接头承受负荷的能力起有害作用。

二、压力容器焊接结构装配图的识读

现以图 8-20 所示减温器集箱的焊接结构装配图为例，介绍如何识读压力容器的焊接结构装配图。

1. 概括了解

如图 8-20 所示，该焊接结构件的名称是减温器集箱，由筒体、管接 4、双头螺柱、螺母、垫圈、管、有孔端盖和手孔装置等构件焊接而成。其中，筒体、管接 4、管、有孔端盖的材料为 20 钢。减温器集箱有 3 个“管接 4 $\phi108\times7$”，6 个“管接 4 $\phi25\times3.5$”，1 个“管接 4 $\phi16\times3.5$”，2 个支座，16 个双头螺柱、32 个螺母和垫圈。绘图比例为 1∶10。

2. 分析视图，想象出焊接结构形状

如图 8-20 所示，减温器集箱主要采用了主视图和 *A* 向视图。主视图主要采用全剖视图，表达了减温器集箱的外形结构，并采用焊接符号表达了各构件的连接形式及尺寸。*A* 向视图是减温器集箱的 *A* 向外形图，并采用焊接符号表达了支座与筒体的连接形式与尺寸。减温器集箱的结构如图 8-21 所示。

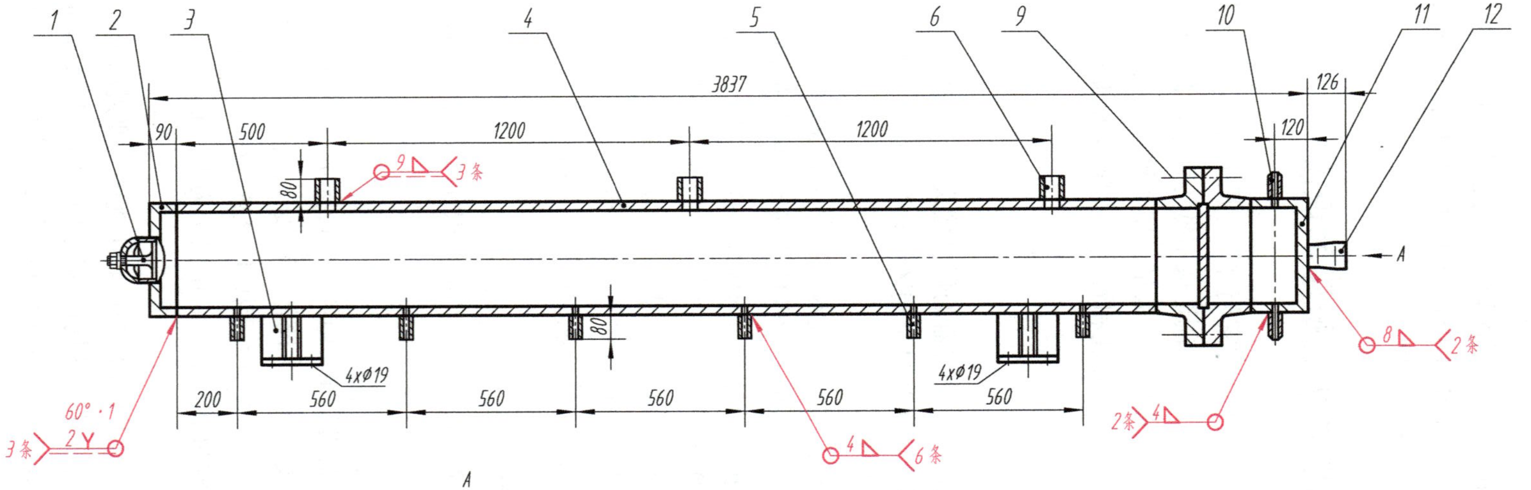

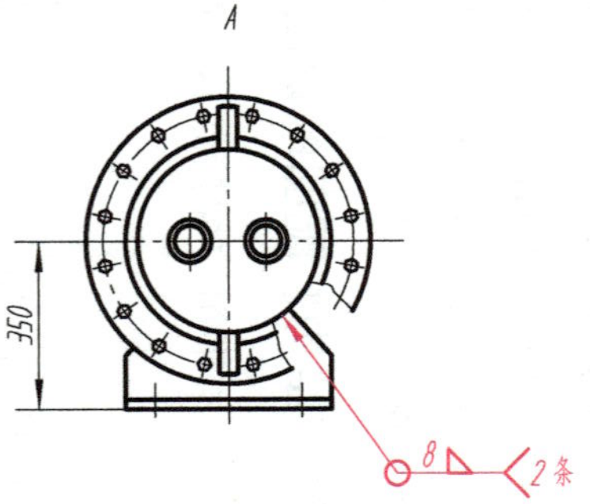

12		管	2	20	
11		有孔端盖 ϕ377x25	1	20	
10		管接4 ϕ16x3.5	1	20	
9	GB/T 901—1988	螺柱 M36x250	16		
8	GB/T 6170—2015	螺母 M36	32		
7	GB/T 97.1—2002	垫圈 36	32		
6		管接4 ϕ108x7	3	20	L=88
5		管接4 ϕ25x3.5	6	20	L=81
4		筒体 ϕ377x25	1	20	
3		支座	2		L=3243
2		有孔端盖 ϕ377x25	1	20	
1		手孔装置88×102-105 A型	1		
序号	代　号	名　称	数量	材　料	备 注

设计			
校核			减温器集箱
审核		比例　1 : 10	
批级		共　张第　张	×××× 公司

技术要求

1. 减温器集箱按 JB/T 1610—1993 制造和验收。
2. 管接 4 端部外倒角 1x30°。

图 8-20　减温器集箱焊接结构装配图

图 8-21 减温器集箱

3. 看懂焊接结构的焊缝形式及尺寸

由减温器集箱主视图中的焊缝符号可知，“管接 4 ϕ108×7”与筒体的连接采用的是焊脚尺寸为 9mm 的角焊缝，并围绕“管接 4 ϕ108×7”四周施焊，且相同焊缝的条数为 3 条；“管接 4 ϕ25×3.5”与筒体的连接采用的是焊脚尺寸为 4mm 的角焊缝，并围绕“管接 4 ϕ25×3.5”四周施焊，且相同焊缝的条数为 6 条；“管接 4 ϕ16×3.5”与筒体的连接采用的是焊脚尺寸为 4mm 的角焊缝，并围绕“管接 4 ϕ16×3.5”四周施焊，且相同焊缝的条数为 2 条；管与有孔端盖 11 的连接采用的是焊脚尺寸为 8mm 的角焊缝，并围绕管一周施焊，且相同焊缝的条数为 2 条；有孔端盖 2 与筒体的连接采用的是钝边高度为 2mm，根部间隙为 1mm，坡口角度为 60°的 V 形坡口，且相同焊缝条数为 3 条。

由 A 向视图中的焊缝符号可知，支座与筒体的连接采用的是焊脚尺寸为 8mm 的角焊缝，且相同焊缝的条数为 2 条。

4. 分析尺寸

在减温器集箱焊接结构装配图中，长度方向的总体尺寸是 3837mm，尺寸基准是中心对称平面；有孔端盖 2 和有孔端盖 11 的一端为长度方向的辅助基准，以此来确定有孔端盖 2、有孔端盖 11 和管的长度，并确定了 3 个“管接 4 ϕ108×7 ”的相对位置；长度方向的尺寸还有 200mm 和 560mm，这两个尺寸确定了“管接 4 ϕ25×3.5”的相对位置。

高度方向的尺寸基准是中心对称平面，以此来确定支座的高度；高度方向的辅助基准是筒体的上、下端面，以此来确定“管接 4 ϕ108×7”和“管接 4 ϕ25×3.5”的高度。

5. 了解技术要求

从技术要求可知，减温器集箱要严格按照 JB/T 1610—1993《锅炉集箱制造技术条件》制造和验收。“管接 4”端部外倒角为 1×30°。

第六节 桁架焊接结构施工图的识读

焊接钢桁架是指由直杆在节点处通过焊接，相互连接组成的承受横向弯曲的格构式结构。桁架在钢结构中应用很广，如工业与民用建筑的屋架和吊车梁、桥梁、起重机、水工闸门、海洋采油平台、各种类型的塔架等，常采用钢桁架作为承重结构的主要构件。

一、桁架焊接结构的焊接特点

桁架中的大部分杆件只承受轴向力的作用，与实腹式受弯构件相比，受力合理，节省钢

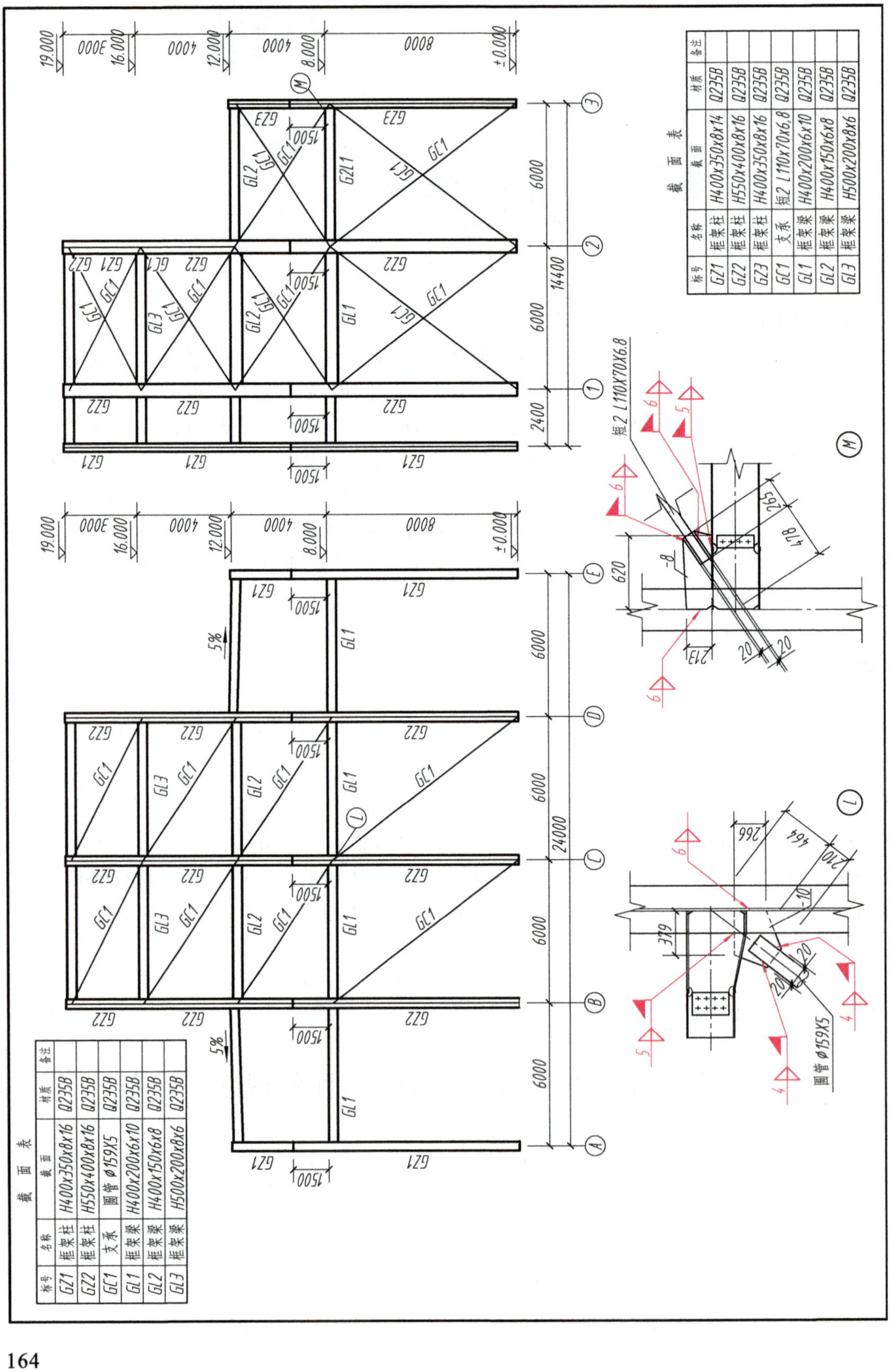

截面表

标号	名称	截面	材质	备注
GZ1	框架柱	H400x350x8x16	Q235B	
GZ2	框架柱	H550x400x8x16	Q235B	
GC1	支承	圆管 ø159X5	Q235B	
GL1	框架梁	H400x200x6x10	Q235B	
GL2	框架梁	H400x150x6x8	Q235B	
GL3	框架梁	H500x200x8x6	Q235B	

截面表

标号	名称	截面	材质	备注
GZ1	框架柱	H400x350x8x14	Q235B	
GZ2	框架柱	H550x400x8x16	Q235B	
GZ3	框架柱	H400x350x8x16	Q235B	
GC1	支承	短2 L110x70x6.8	Q235B	
GL1	框架梁	H400x200x6x10	Q235B	
GL2	框架梁	H400x150x6x8	Q235B	
GL3	框架梁	H500x200x8x6	Q235B	

图 8-22　四层钢框架结构施工图

材，自重轻，可做成各种几何外形，易满足各种不同的使用要求。

由于桁架在工厂预先制作，所以现场安装节点数少，现场焊接量少，桁架与柱节点可以采用铰接，从而使构造简单，传力明确，施工周期更短。

二、桁架焊接结构施工图的识读

以图 8-22 所示的四层钢框架结构施工图为例，说明桁架焊接结构施工图的识读过程。

1. 概括了解

如图 8-22 所示，该图为四层钢框架结构施工图，主要由框架柱 GZ1、GZ2、GZ3，框架梁 GL1、GL2、GL3，圆管支承 GC1 和短 2L 支承拼焊而成，焊接材料均为 Q235B。

2. 分析视图，想象出焊接结构形状

四层钢框架结构施工图主要采用了主视图、左视图和两处局部剖视图的表达方法。主视图和左视图主要表达了四层钢框架结构施工图的外部形状及构件分布情况。*L* 视图主要表达了框架柱 GZ2、框架梁 GL1 与圆管支承的连接形式及尺寸；*M* 视图表达了框架柱 GZ3、框架梁 GL1 与短 2L 支承的连接形式及尺寸。该四层钢框架的结构如图 8-23 所示。

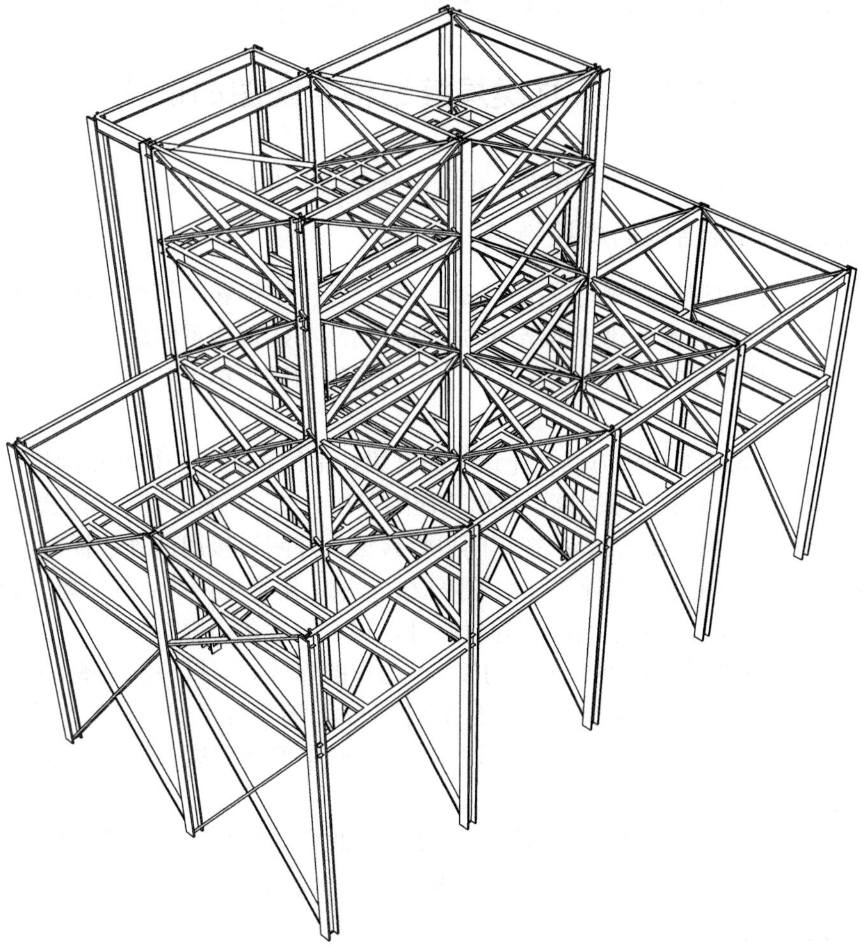

图 8-23　四层钢框架的结构

3. 看懂焊接结构的焊缝形式及尺寸

由 L 视图中的焊接符号和尺寸可知，框架柱 GZ2 与扁钢 10 的连接采用的是焊脚尺寸为 6mm 的双面角焊缝；框架梁 GL1 与扁钢 10 的连接采用的是焊脚尺寸为 5mm 的双面角焊缝，且在焊接现场进行焊接；圆管支承与扁钢 10 的连接采用的是焊脚尺寸为 4mm 的双面角焊缝，且在焊接现场进行焊接。

由 M 视图中的焊接符号和尺寸可知，框架柱 GZ3 与扁钢 8 的连接采用的是焊脚尺寸为 6mm 的双面角焊缝；框架梁 GL1 与扁钢 8 的连接采用的是焊脚尺寸为 5mm 的双面角焊缝，且在焊接现场进行焊接； 短 2L 支承与扁钢 8 的焊接采用的是焊脚尺寸为 6mm 的双面角焊缝，且在焊接现场进行焊接。

4. 分析尺寸

在四层钢框架结构施工图中，长度方向的总体尺寸为 24000mm，尺寸基准为中心对称平面，以此来确定四层钢框架结构的长度。长度方向的辅助基准是各框架柱所在的平面，以此来确定各框架柱之间的距离为 6000mm。宽度方向的尺寸有 2400mm、6000mm 和 14400mm，尺寸基准为框架柱 GZ1 所在的平面，以此来确定框架梁的宽度。高度方向的尺寸有 8000mm、4000mm、4000mm 和 3000mm，主要表达了各层钢框架结构的高度。

第七节　梁柱类焊接结构装配图的识读

在工作状态承受弯曲的杆件称作梁，在工作状态承受压力的杆件称作柱。

一、梁柱类焊接结构的焊接特点

梁柱类焊接结构由型材和板材焊接而成，其中“工”字形和“箱形”断面用得最多，主要承受弯矩作用，是组成各种建筑钢结构的基础。超高层建筑和重型厂房是现代钢结构的主要结构形式，梁和柱则是它们的传统构件。当今的钢结构已不单是昔日的小梁、小柱，它们在焊接方面具有下列特点：

1）大量采用较先进的焊接方法。无论柱还是梁，都比较短，一律在车间里制作和焊接，到工地再安装，这就要求采用效率高、操作简便的焊接方法。例如，在车间里焊接梁和柱时，大量采用单丝埋弧焊和双丝埋弧焊；在车间里焊接梁、柱间连接用的连接板时，采用半自动二氧化碳气体保护焊；在车间里焊接柱内的隔板时，采用熔嘴电渣焊；到工地上焊接连板时，采用药芯焊丝自保护焊等。除了给埋弧焊封底外，很少用焊条电弧焊。

2）采用较多的 T 形接头或类似 T 形的接头。这样的焊缝对焊接裂纹是敏感的。在板厚大、约束大的构件中，这样的焊缝在板厚方向还易受拉应力，容易发生层状撕裂一类的焊接裂纹。

3）在梁与柱焊接的部位，焊缝相对集中，容易产生焊接裂纹。在选择坡口形式、焊接顺序和焊接方法时，应特别注意。

4）设计钢结构时，应尽可能选用焊接性良好的低合金高强度钢和碳素结构钢。对于像桥梁、海洋钻探平台、高层建筑等重要的梁和柱，可能使用具有特殊性能的金属材料。

二、梁柱类焊接结构装配图的识读

现以图 8-24 所示主梁焊接结构装配图为例，说明梁柱类焊接结构装配图的识读过程。

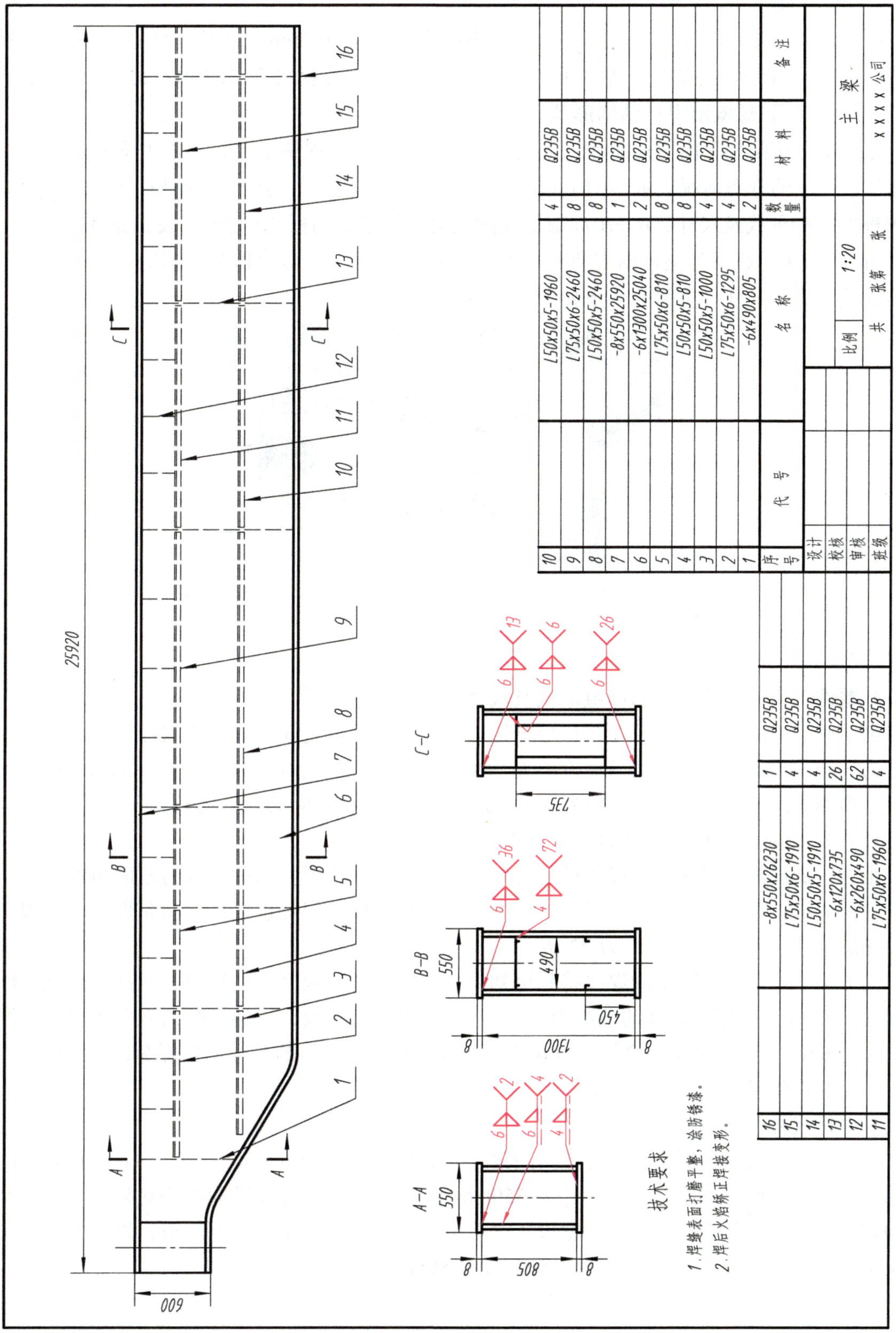

序号	代号	名称	数量	材料	备注
16		-8x550x26230	1	Q235B	
15		L75x50x6-1910	4	Q235B	
14		L50x50x5-1910	4	Q235B	
13		-6x120x735	26	Q235B	
12		-6x260x490	62	Q235B	
11		L75x50x6-1960	4	Q235B	
10		L50x50x5-1960	4	Q235B	
9		L75x50x6-2460	8	Q235B	
8		L50x50x5-2460	8	Q235B	
7		-8x550x25920	1	Q235B	
6		-6x1300x25040	2	Q235B	
5		L75x50x6-810	8	Q235B	
4		L50x50x5-810	8	Q235B	
3		L50x50x5-1000	4	Q235B	
2		L75x50x6-1295	4	Q235B	
1		-6x490x805	2	Q235B	

图 8-24　主梁焊接结构装配图

1. 概括了解

由标题栏可知，图 8-24 所示为起重机主梁结构，主要由 8mm 厚的钢板拼焊而成，其断面基本上都是 H 形，局部为了提高承载能力加焊肋板，焊接材料为 Q235B，比例为 1∶20。

2. 分析视图, 想象出焊接结构形状

该主梁焊接结构图由主视图和三处局部剖视图组成，主视图主要表达了主梁的外形及其内部加强肋板的分布情况。*A—A* 局部剖视图主要表达了肋板 1 的外形、肋板 1 和腹板与上、下盖板的连接形式及尺寸；*B—B* 局部剖视图主要表达了短肋板 12 的形状及角钢 4、角钢 5 的分布情况；*C—C* 局部剖视图主要表达了长肋板 13 的形状、肋板和左、右腹板与上、下盖板的连接形式及尺寸。主梁的外形如图 8-25 所示。

图 8-25　主梁结构

3. 看懂焊接结构装配图的焊缝形式及尺寸

由 *A—A* 局部剖视图中的焊接符号可知：上盖板与腹板之间的焊缝为双面角焊缝，焊脚尺寸为 6mm，且相同焊缝条数为 2 条；左腹板与肋板 1 之间的焊缝为背面平齐的角焊缝，焊脚尺寸为 6mm，且相同焊缝的条数为 4 条；肋板 1 与下盖板之间的焊缝为背面平齐的角焊缝，焊脚尺寸为 4mm，且相同焊缝的条数为 2 条。

由 *B—B* 局部剖视图中的焊接符号可知：上盖板与短肋板之间的焊缝为双面角焊缝，焊脚尺寸为 6mm，且相同焊缝的条数为 36 条；梁中长肋板的焊接也采用双面角焊缝，焊脚尺寸为 4mm，且相同焊缝的条数为 72 条。

由 *C—C* 局部剖视图中的焊接符号可知：上盖板与长肋板之间的焊缝为双面角焊缝，焊脚尺寸为 6mm，且相同焊缝的条数为 13 条；右腹板与长肋板之间的焊缝为双面角焊缝，焊脚尺寸为 6mm，且相同焊缝的条数为 6 条；下盖板的焊接采用的是双面角焊缝，焊脚尺寸为 6mm，且相同焊缝的条数为 26 条。

4. 分析尺寸

在主梁的焊接结构图中，长度方向的尺寸为 25920mm，尺寸基准为中心对称平面，以此来确定主梁的长度。宽度方向的尺寸为 550mm 和 490mm，尺寸基准为中心对称平面，以此来确定上、下盖板和长、短肋板的宽度。高度方向的尺寸基准是上、下盖板，以此来确定角钢距下盖板的距离为 450mm；肋板 1 的高度是 805mm。

第九章　展　开　图

知识目标

- 了解用直角三角形法和垂直轴旋转法求实长（实形）的方法。
- 掌握可展曲面的展开图画法。
- 基本掌握不可展曲面的近似展开法。

在航空、船舶、汽车、冶金、化工等设备制造行业中，经常需要用金属板料制作零部件。图 9-1a 所示集粉筒是除尘设备的一个主要部件，它的外壳是用金属薄板制造的。在制造过程中，需经过放样、画展开图、放加工余量、剪切等工序，然后按图样要求进行弯、卷或拼接成形，最后经过焊接（或铰接、铆接）制作而成。

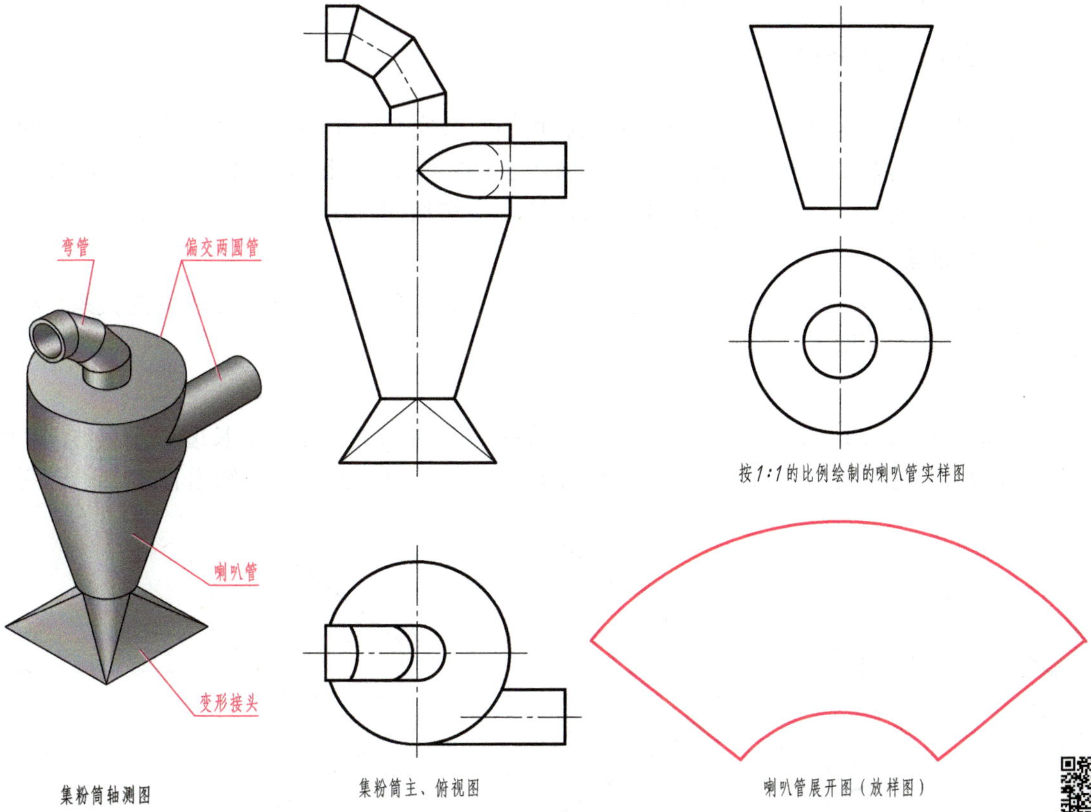

a）　　b）　　c）

图 9-1　集粉筒

什么是展开图？将立体的各表面，按其实际形状和大小摊平在一个平面上，称为立体的表面展开。展开所得的图形，称为表面展开图，简称展开图。图 9-1c 所示为按 1∶1 的比例绘制的喇叭管实样图和展开图。把这个扇形图画在金属薄板上，按照图线留出必要的加工余量，再将其余部分剪去，就是工厂实际放样的展开图。

> 提示：画展开图的目的在于精确地反映立体表面的实际形状和大小，其比例只限于 1∶1；展开图上不必标注尺寸，线条的粗细、长短都无关紧要。

立体的表面是复杂的，有可展表面和不可展表面之分。如果一个立体的表面能够不遗漏、不重叠、不折皱地全部铺平在同一平面上，就是可展的，否则就是不可展的。例如，棱柱、棱锥、圆柱、圆锥的表面是可展的，圆球、圆环的表面是不可展的。对不可展表面，可采用近似画法画出其表面展开图。

第一节　求实长或实形的方法

画展开图时经常需要求出线段的实长或平面的实形。求作线段实长或平面实形的方法很多，常用的有直角三角形法和垂直轴旋转法。

一、直角三角形法

由于一般位置直线对各基本投影面的投影均不反映实长，也不反映对各基本投影面的倾角，所以常常需要根据直线的两个投影，求出它的实长和对投影面的倾角，以解决某些度量问题。这里简要介绍一种常用的求一般位置直线实长的方法——直角三角形法。

1. 作图原理

图 9-2a 表示直角三角形法的空间几何关系。现分析空间直线与其投影之间的关系，从中寻找求线段实长的图解方法。

分析

在直角三角形 ABC 中，其斜边 AB 是直线的实长；长直角边 BC 的长度等于直线 AB 的水平投影 ab；短直角边 AC 的长度等于直线 AB 两端点的 z 坐标差 $a'c'$。知道直角三角形两直

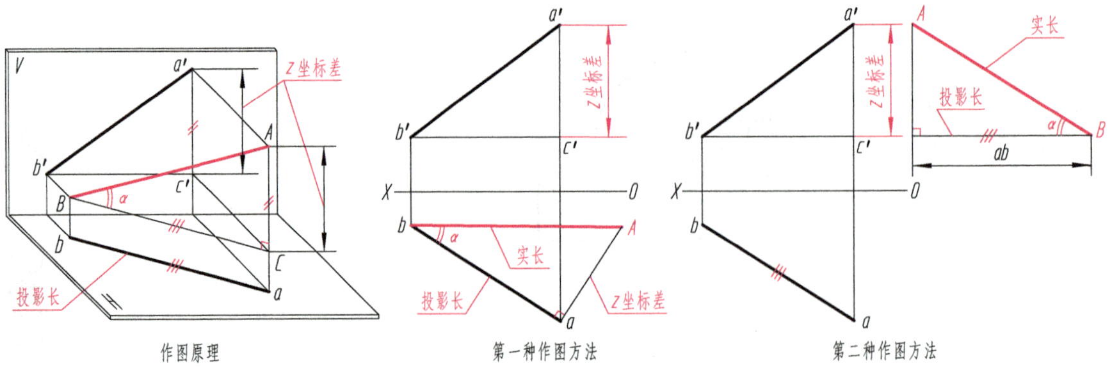

a)　　b)　　c)

图 9-2　用直角三角形法求直线实长

角边的长度，便可作出此直角三角形，其斜边即为实长。斜边 AB 与长直角边 BC 的夹角，即为直线 AB 与 H 面的倾角。

第一种作图方法（图 9-2b）

① 求 z 坐标差。过 b' 作 X 轴的平行线交 aa' 于 c'，$a'c'$ 即为 z 坐标差。

② 作直角三角形。以 ab 为一直角边，过 a 作 ab 的垂线（其长度等于 z 坐标差），求得另一直角边 aA，连接 bA 完成直角三角形，其斜边 bA 即等于实长；α 角即为直线 AB 与 H 面的倾角。

第二种作图方法（图 9-2c）

① 求 z 坐标差。过 b' 作 X 轴的平行线得 c'，$a'c'$ 即为 z 坐标差。

② 作直角三角形。以 z 坐标差 $a'c'$ 为一直角边、以水平投影 ab 为另一直角边作直角三角形，斜边 AB 即等于实长；α 角即为直线 AB 与 H 面的倾角。

2．作图要领

1）以直线的某一投影长度为一直角边。

2）以同一直线另一投影两端点的坐标差为另一直角边。

3）所作直角三角形的斜边即为直线的实长，投影长度与直角三角形斜边的夹角为直线与投影面的倾角。

> 提示：求 α 角，利用直线的水平投影；求 β 角，利用直线的正面投影；求 γ 角，利用直线的侧面投影。

【例 9-1】 已知直线 AB 的两面投影（图 9-3a），试利用 y 坐标差求直线 AB 的实长和直线与正面的倾角 β。

分析

如图 9-3b 所示，以直线 AB 的正面投影 $a'b'$ 为直角边，以 A、B 两点的 y 坐标差为另一直角边，构成直角三角形 ABC。此时 AB 与 BC 的夹角为直线 AB 对 V 面的倾角 β。

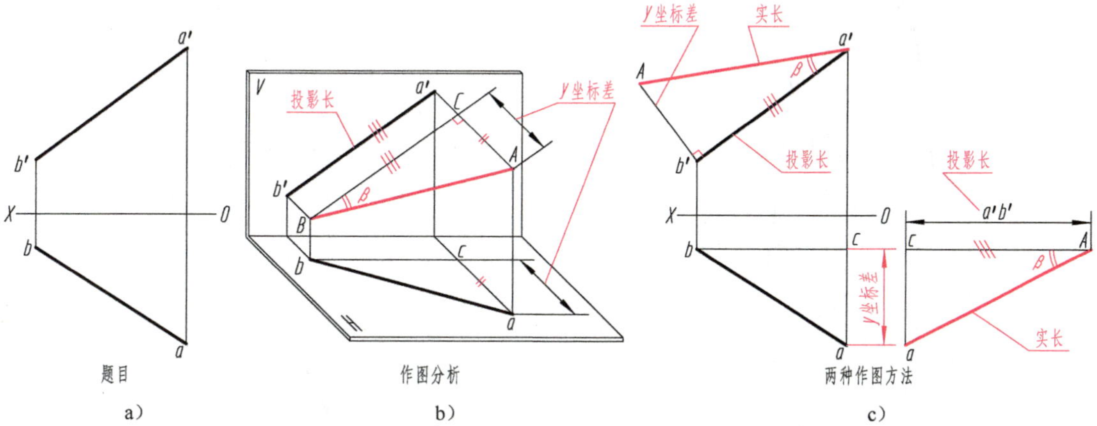

图 9-3　用 y 坐标差求实长和倾角 β

解法一（图 9-3c 左侧图）

1）求 y 坐标差。过 b 作 X 轴的平行线得 c，ac 即为 y 坐标差。

2）作直角三角形。以 $a'b'$ 为一直角边，过点 b' 作 $a'b'$ 的垂线（其长度等于 y 坐标差），求

得另一直角边 $b'A$，连接 $a'A$ 完成直角三角形。其斜边 $a'A$ 等于直线 AB 的实长，β 角为直线 AB 对 V 面的倾角。

解法二（图 9-3c 右侧图）

1）求 y 坐标差。过 b 作 X 轴的平行线得 c，ac 即为 y 坐标差。

2）作直角三角形。以 y 坐标差 ac 为一直角边、以正面投影 $a'b'$ 为另一直角边作直角三角形。斜边 aA 即等于直线 AB 的实长，β 角为直线 AB 对 V 面的倾角。

二、垂直轴旋转法

1. 作图原理

根据正投影规律可知，当直线平行于某一基本投影面时，其投影反映实长。因此，求作一般位置直线实长时，可以垂直于某一基本投影面的直线为轴，将其旋转到与另一基本投影面平行的位置，其投影即反映实长。

分析

如图 9-4a 所示，AB 为一般位置直线，过端点 A 以垂直于 H 面的直线 OO 为轴，将直线 AB 绕该轴旋转到正平线位置 AB_1，其新的正面投影 $a'b_1'$ 即反映实长。从图中可以得出点的旋转规律：当一点绕垂直于基本投影面的轴旋转时，它的运动轨迹在该基本投影面上的投影为一圆，而在另一基本投影面上的投影为一平行于投影轴的直线。

作图步骤（图 9-4b）

1）以 a 为圆心，把 ab 旋转到与 X 轴平行的位置 ab_1。

2）过 b' 作 X 轴的平行线与过 b_1 作 X 轴的垂线相交，得交点 b_1'。

3）连接 $a'b_1'$，即为直线 AB 的实长。

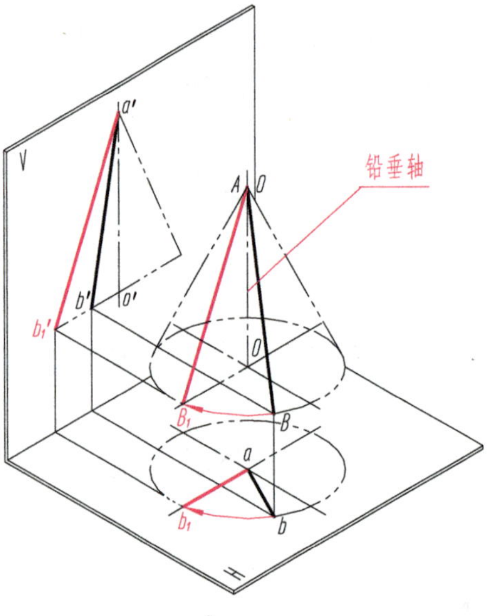

a）

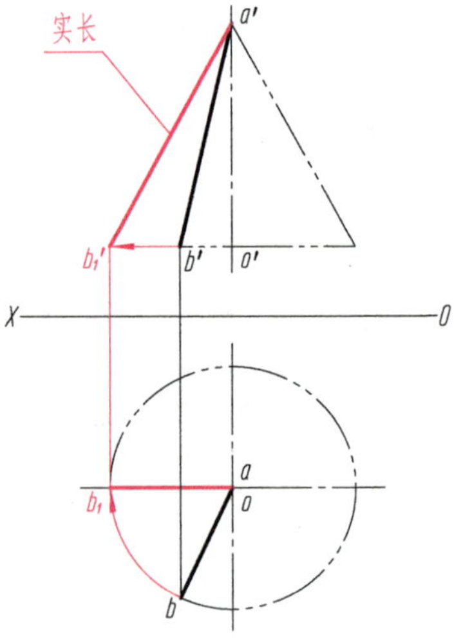

b）

图 9-4　垂直轴旋转法的作图原理

2. 作图实例

【例 9-2】　已知△ABC 的投影，试求△ABC 的实形（图 9-5a）。

分析

AC 边为水平线，*ac* 等于实长，不必另求；*AB* 边和 *BC* 边为一般位置直线，用垂直轴旋转法分别求出 *AB* 边和 *BC* 边的实长，再用三段实长线画出三角形即可。

作图步骤

1）采用旋转法绕正垂轴旋转，分别求出 *AB* 边的实长 a_1b 和 *BC* 边的实长 bc_1，如图 9-5b 所示。

2）用三段实长线画出三角形 *ABC* 即为所求，如图 9-5c 所示。

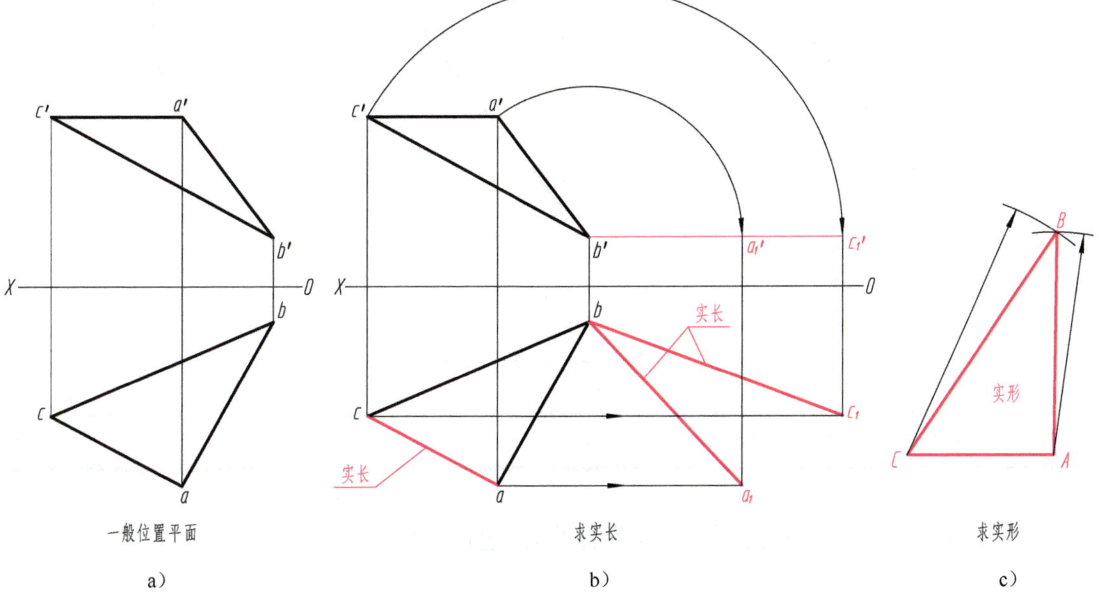

图 9-5　用垂直轴旋转法求三角形的实形

【例 9-3】　已知五边形的两面投影，试求其实形。

分析

从图 9-6a 中可以看出，五边形 *ABCDE* 为铅垂面，其水平投影积聚为直线，正面投影为类似形（不反映实形）。如果用垂直轴旋转法，将该平面旋转成投影面平行面时，它的一个投影就可以反映实形。因为五边形的水平投影有积聚性，作图时，只需以某一铅垂线为轴，将五边形的水平投影旋转成与 *X* 轴平行，使之变成正平面，则其正面投影反映实形。

作图步骤

1）如图 9-6b 所示，在水平投影中以 *b* 为圆心（铅垂轴过点 *b*），分别将 *c*、*a*、*d*、*e* 旋转至 c_1、a_1、d_1、e_1，使 c_1、a_1、d_1、e_1 的连线平行于 *X* 轴。

2）过点 *b* 向上作 *X* 轴的垂线，与过 *b'* 作 *X* 轴的平行线相交得点 *B*；过 c_1 向上作 *X* 轴的垂线，与过 *c'* 作 *X* 轴的平行线相交得点 *C*；过 a_1 向上作 *X* 轴的垂线，与过 *a'* 作 *X* 轴的平行线相交得点 *A*；过 d_1 向上作 *X* 轴的垂线，与过 *d'* 作 *X* 轴的平行线相交得点 *D*；过 e_1 向上作 *X* 轴的垂线，与过 *e'* 作 *X* 轴的平行线相交得点 *E*。依次连接点 *A*、*B*、*C*、*D*、*E*、*A* 即为所求，如图 9-6b 所示。

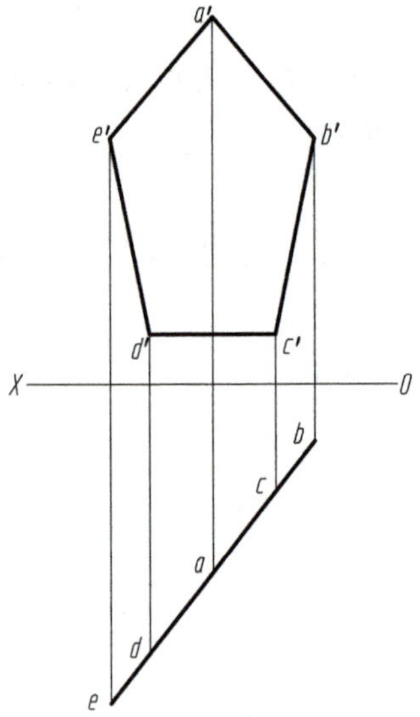

a）

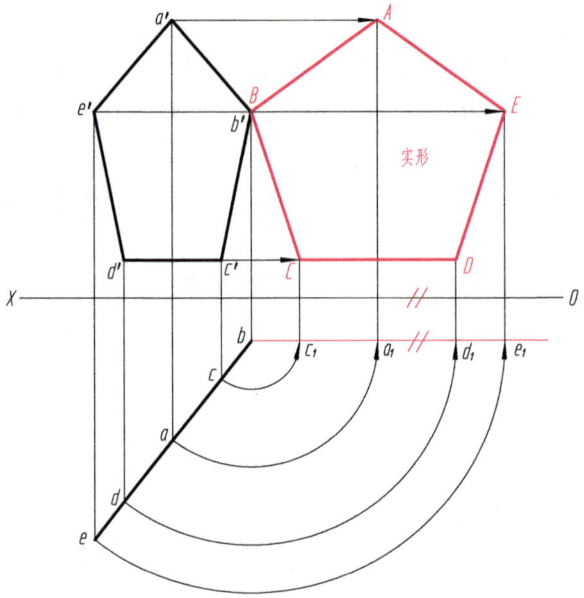

b）

图 9-6　用垂直轴旋转法求五边形的实形

> 提示：求出实形后，*D*、*E* 两点为什么"跑"到右侧去了？

第二节　绘制展开图的基本方法

可展曲面的展开图画法有三种，即平行线法、放射线法和三角形法。在工程中可根据工程构件的特点，选择合适的展开图画法。

一、平行线法

当立体表面（平面或曲面）上所有的棱线或素线在同一基本投影面上的投影为彼此平行的实长线时，可以应用平行线展开法。

用平行线法画展开图的实质是：由于立体表面由若干彼此平行的直线（直素线）构成，即可将其表面看作是由无限多个梯形或矩形平面组成的。因此画其展开图即可像打开一个卷着的竹帘子那样，将立体表面不遗漏、不重叠地铺平开来。

【例 9-4】　已知斜口四棱柱管的两面视图，求作其展开图。

分析

如图 9-7a、b 所示，斜口四棱柱管的前后表面为梯形，左右表面为矩形；底边与水平面平行，水平投影反映各底边实长；棱线之间相互平行且垂直于底面，其正面投影反映各棱线实长。

作图步骤

确定其开口处后，即可依次量取各段棱线实长，顺序画出斜口四棱柱管的展开图，如图

9-7c 所示。

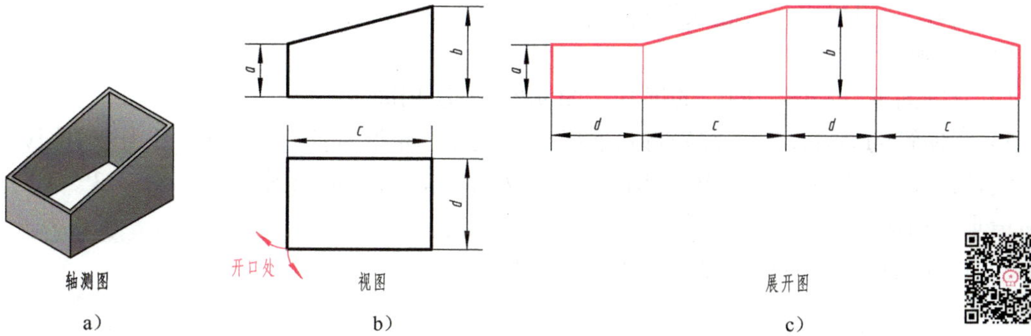

图 9-7　斜口四棱柱管的展开

【例 9-5】　已知斜口圆管的两面视图，求作其展开图。

分析

如图 9-8a、b 所示，斜口圆管表面素线相互平行且垂直于水平面，其水平投影为一圆；表面素线的长短虽然不同，但其正面投影均反映素线的实长。

作图步骤

1）首先将底圆 12 等分，即在圆管表面确定 12 条素线，如图 9-8b 所示。

2）用等分的弦长将底圆展成直线 πD，确定各等分点所在的位置Ⅰ～Ⅶ～Ⅰ；过这些点作该直线的垂线，在垂线上截取各段素线的实长，将各条素线的端点连成光滑的曲线，即得斜口圆管的展开图，如图 9-8c 所示。

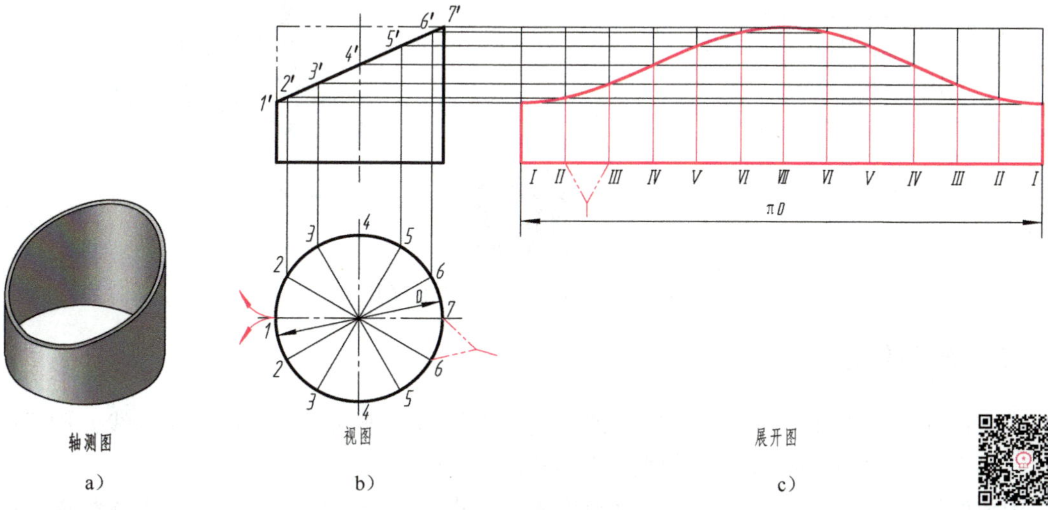

图 9-8　斜口圆管的展开

> 提示：开口位置不同，其展开图是不一样的。

【例 9-6】　已知等径直角三通管的两面视图，求作横管和立管的展开图（图 9-9）。

分析

等径直角三通管是由两个直径相同的圆管垂直相交所构成的。画其展开图时，应以相贯线为界，分别画出两圆管的展开图。两圆管轴线都平行于正面，其表面上各条素线的正面投影均为实长，故可采用平行线法将其展开。

作图步骤

1）立管的展开与斜口圆管的展开（图 9-8）方法相同。

2）画横管的展开图时，首先将其展成一个矩形，量取 $1''2''=\mathrm{I}_0\mathrm{II}_0=\mathrm{II}_0\mathrm{III}_0=\mathrm{III}_0\mathrm{IV}_0$（取弦长代替弧长）；然后过 I_0、II_0、III_0、IV_0 作水平线，与过主视图上点 1′、2′、3′、4′向下引出的铅垂线相交。

3）将各交点光滑地连接起来，即得横管的展开图。

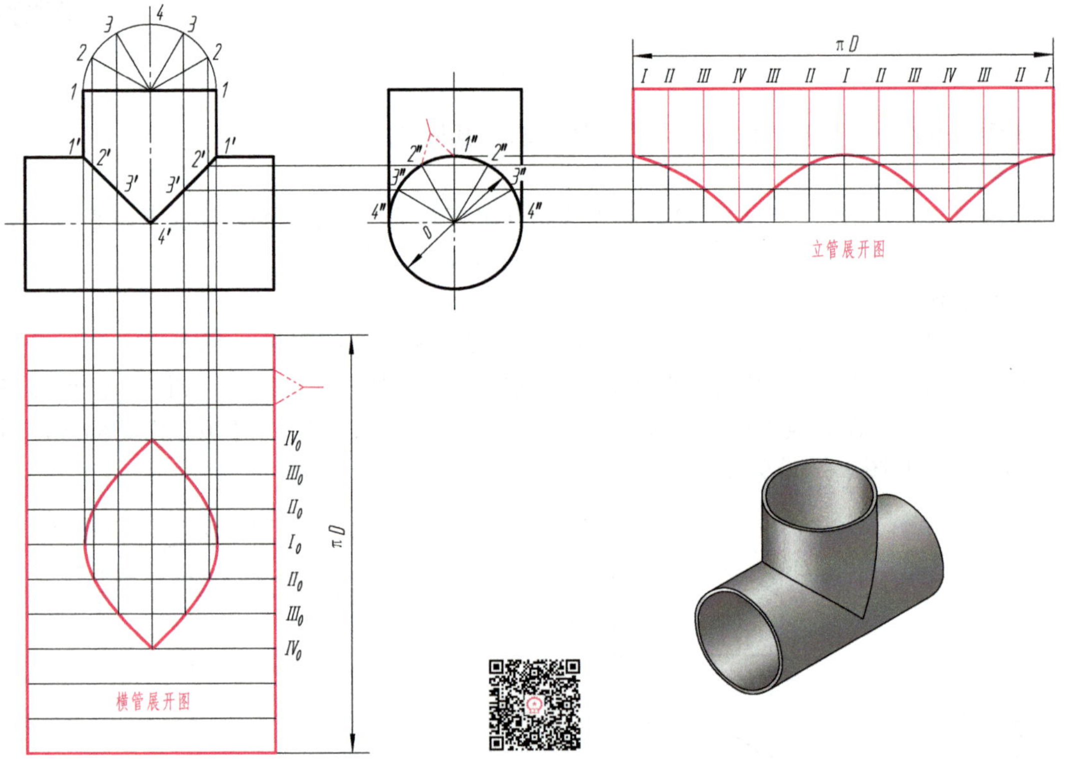

图 9-9　等径直角三通管的展开

二、放射线法

所有锥体的侧表面，都是由交汇于顶点的直素线（棱锥的侧棱也可看作素线）构成的，因此，所有锥体的侧表面都可用放射线法展开。

用放射线法画展开图的实质是：由于锥体表面由无数条交汇于锥顶的直素线构成，即锥体表面可看作是由无限多个三角形平面组成的。因此把所有三角形平面不重叠、不折皱地依次铺平，则锥体表面也就被展开了。

【例 9-7】　求作正圆锥的展开图（图 9-10）。

分析

由于正圆锥轴线垂直于底面且平行于正面，因此正圆锥表面所有素线的实长相等；其中最左和最右两条素线平行于正面，其正面投影反映素线的实长。

作图步骤

1）画展开图时，首先将底圆进行等分（本例为 12 等分），即在正圆锥表面上确定出 12 条素线。

2）以素线的实长（$s'7'$）为半径画圆弧，以弦长代替弧长在圆弧上量取全部等分点，依次连接各等分点，即得正圆锥的扇形展开图。

【例 9-8】 已知斜口锥管的两面视图，求作其展开图（图 9-11）。

分析

斜口锥管是正圆锥被一正垂面斜截而得到的，因此可先按正圆锥展开，然后再截去斜口部分。由于斜口锥管表面素线的长度不一致，其正面投影只反映最左（$1'a'$）和最右（$5'e'$）两条素线的实长，而其他位置素线的实长，从视图上不能直接得到，可用垂直轴旋转法求出。

作图步骤

1）首先将底圆进行等分（本例为 8 等分），即在圆锥表面上确定出 8 条素线；以素线的实长（$s'1'$）为半径画圆弧，以弦长代替弧长在圆弧上量取全部等分点，依次连接各等分点即得圆锥的扇形展开图。

2）用垂直轴旋转法求 $s'b'$、$s'c'$、$s'd'$等素线的实长，分别以各素线的实长为半径画弧，求得点 A、B、C、D、E；最后将各点依次连成光滑曲线，即得斜口锥管的展开图。

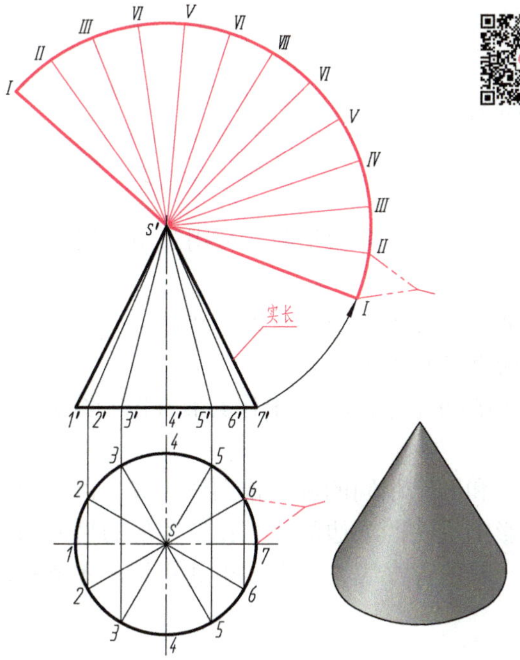

a）　　b）

图 9-10　正圆锥的展开

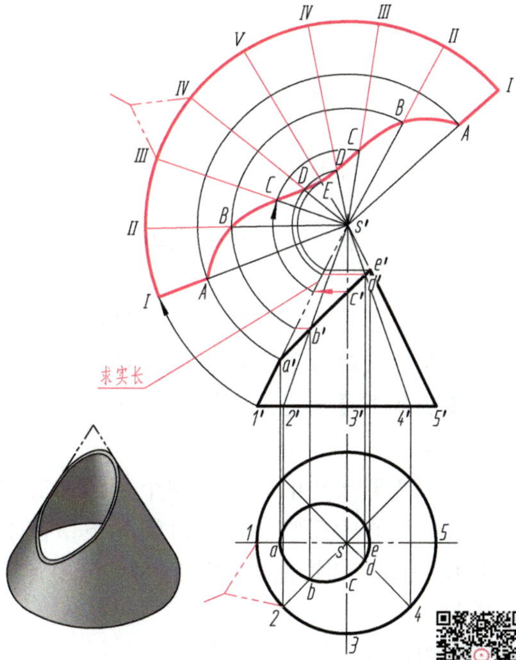

a）　　b）

图 9-11　斜口锥管的展开

【例 9-9】 已知平口四棱锥管的两面视图，求作其展开图（图 9-12）。

分析

平口四棱锥管表面为四个等腰梯形，而四个等腰梯形在投影图中均不反映实形；在梯形的四条边中，其上底、下底的水平投影反映其实长；侧棱（四条棱线长度相同）为一般位置直线，可用垂直轴旋转法求其实长。

作图步骤

1）用垂直轴旋转法将侧棱 *sa* 旋转到与 *V* 面平行的位置，求出侧棱实长 *SA*、*SE*，如图 9-12b 所示。

2）分别以 *SA*、*SE* 为半径画圆弧，在圆弧上依次截取四个等腰梯形，依次连接即得平口四棱锥管的展开图，如图 9-12c 所示。

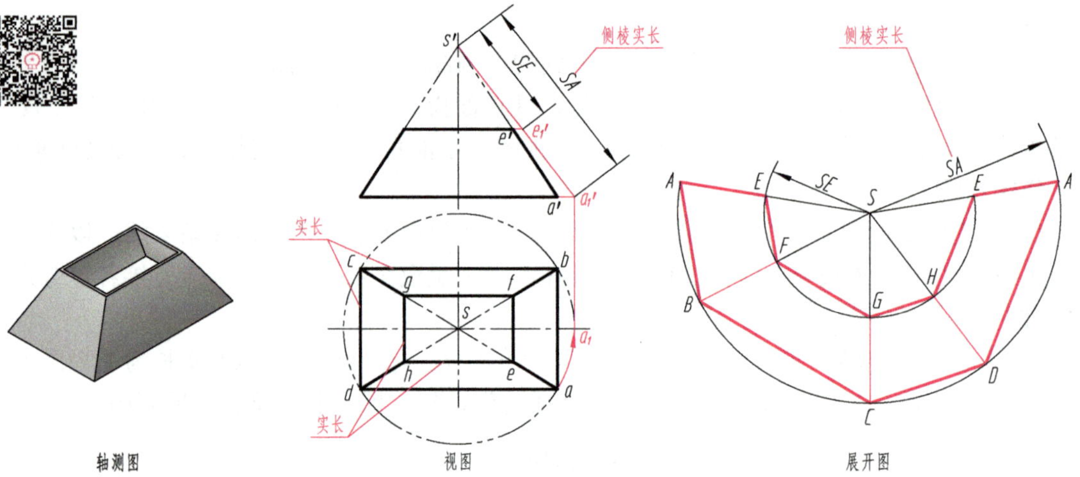

a） b） c）

图 9-12 平口四棱锥管的展开

三、三角形法

当立体的表面（包括平面或曲面）在三视图中均表现为多边形时，应用三角形展开法比较合适。

用三角形法画展开图的实质是：把立体表面划分成若干个小三角形，然后把这些小三角形按原来的相对位置和顺序依次铺平，则立体表面也就被展开了。

【例 9-10】 已知方圆变形接头（亦称天圆地方）的两面视图，求作其展开图（图 9-13）。

分析

方圆变形接头的表面由四个全等的等腰三角形和四个相同的局部锥面所组成。接头的上口在水平投影中反映实形，接头的下口在水平投影中反映四条边的实长；三角形的另外两边（Ⅰ*A*、Ⅰ*B*）和锥面上的所有素线（Ⅱ*A*）均为一般位置直线，只有求出其实长，才能画出展开图。

作图步骤

1）将水平投影中的圆周进行等分，将等分点和相近的角点相连接（其意义在于：将部分圆锥表面分割成若干个小三角形）；采用直角三角形法求出素线（Ⅰ*A*、Ⅱ*A*）的实长，如图 9-13b 所示。

2）画出 *AB* 直线（*AB*=*ab*），分别以点 *A*、*B* 为圆心，Ⅰ*A* 为半径画弧，交于点Ⅰ，得三角形 *AB*Ⅰ；再以点 *A*、Ⅰ为圆心，分别以Ⅱ*A* 和 12 为半径画弧，交于点Ⅱ，得三角形 *A*ⅠⅡ（采用同样的方法可依次作出其他各三角形）；光滑地连接点Ⅰ、Ⅱ、Ⅱ、Ⅰ，即得方圆变形接头的展开图，如图 9-13c 所示。

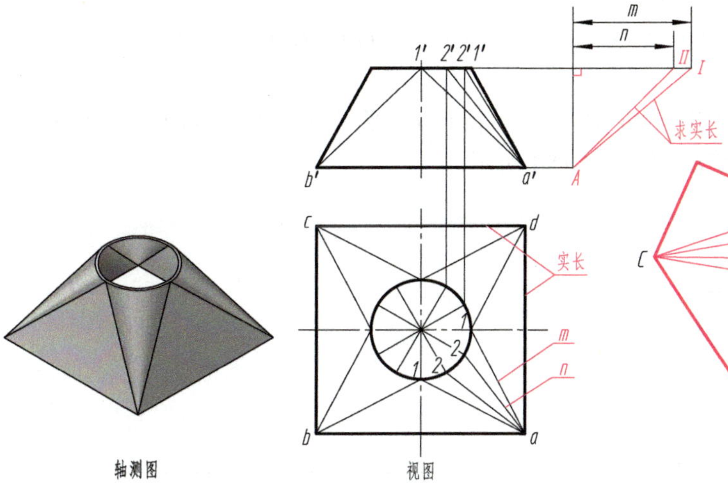

a） b） c）

图 9-13 方圆变形接头的展开

在上述三种展开法中，用三角形法作图最复杂，放射线法次之，平行线法比较简单。但三角形法能够展开所有的可展表面，而放射线法仅限于展开素线汇交于一点的可展表面，平行线法也只限于展开素线彼此平行的可展表面。当能用两种或两种以上的方法画展开图时，应选取较简便的一种。

四、不可展曲面的近似展开

【例 9-11】 求作圆柱正螺旋面（绞龙）的展开图。

分析

如图 9-14 所示，正螺旋面是以直线为母线，以一螺旋线及其轴线为导线，又以轴线的垂直面为导平面的柱状面，它是不可展曲面，可采用近似展开法展开。

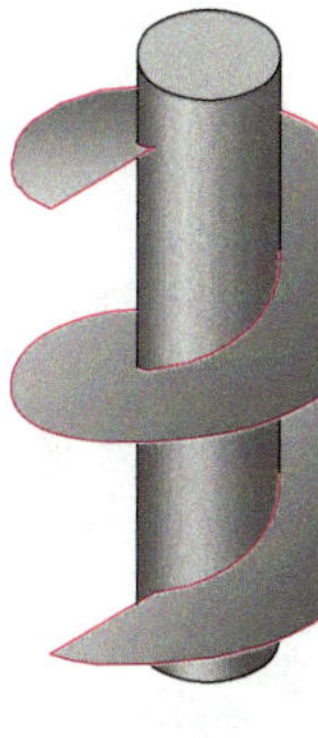

图 9-14 圆柱正螺旋面

解法一：三角形法

1）将一个导程的螺旋面沿径向 12 等分，得到 12 个近似的四边形，如图 9-15a 所示。

2）取一个四边形 *ABCD*，作对顶点连线 *AC*，得到两个三角形。求出三角形三条边的实长 *AB*、*CD*、*AC*，如图 9-15b 所示。

3）作出四边形的展开图 *ABCD*，并以此为模板，依次拼合四边形，得到一个导程的螺旋面的近似展开图，如图 9-15c 所示。

解法二：简便展开法

如已知正螺旋面的外径 *D*、内径 *d* 和导程，用简便展开法时，无须画螺旋面的投影，即可直接近似画出展开图。

1）作内圈和外圈螺旋线的展开图，求出内圈、外圈螺旋线的实长，如图 9-15b 所示。

2）作一等腰梯形，使其上底等于内圈螺旋线的实长 l，下底等于外圈螺旋线的实长 L，高等于螺旋面的宽度 b，如图 9-15d 所示。

3）延长等腰梯形的两腰，交于点 O。以点 O 为圆心，OA、OD 为半径画两个圆，如图 9-15d 所示。

4）用 ab（实长）在外圆上依次截取 12 等分，得点 E，将点 E 与圆心 O 相连，即得一个导程螺旋面的近似展开图 $ADFE$，如图 9-15d 所示。

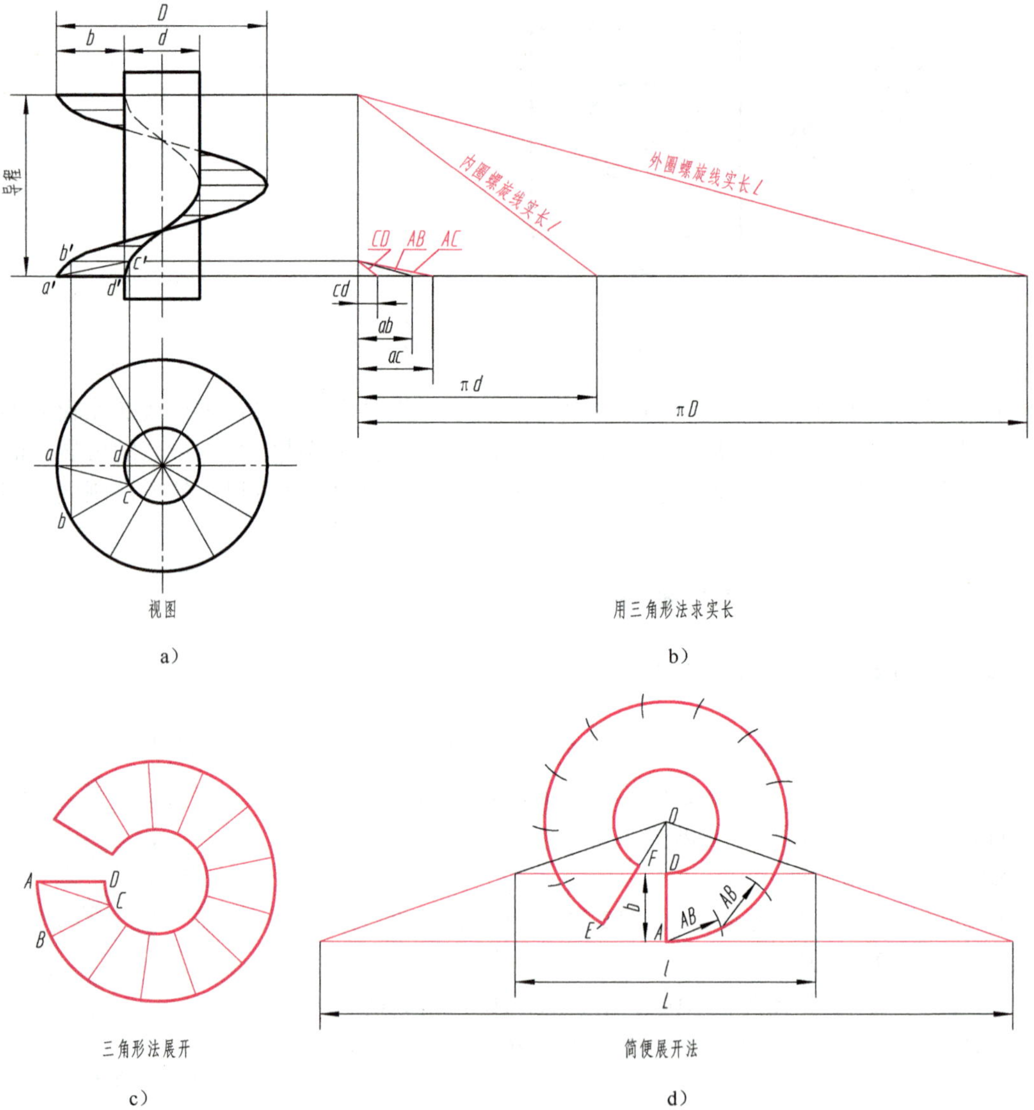

图 9-15　圆柱正螺旋面的近似展开

附　　录

附录 A　螺　纹

表 A-1　普通螺纹直径、螺距与公差带（摘自 GB/T 193—2003、GB/T 197—2018）（单位：mm）

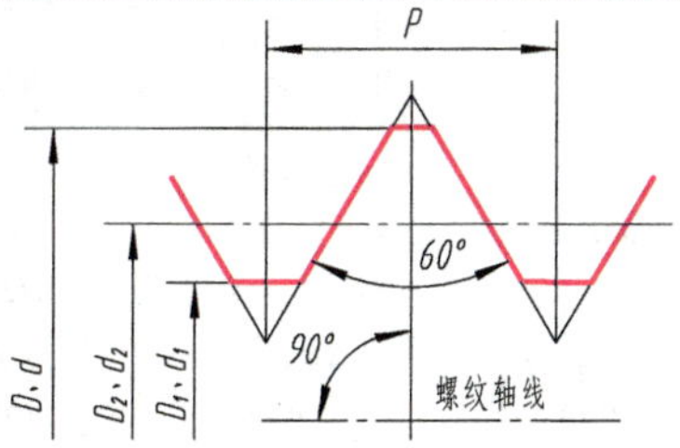

D——内螺纹大径（公称直径）
d——外螺纹大径（公称直径）
D_2——内螺纹中径
d_2——外螺纹中径
D_1——内螺纹小径
d_1——外螺纹小径
P——螺距

标记示例：

M16-6e（粗牙普通外螺纹、公称直径为 16mm、螺距为 2mm、中径及大径公差带均为 6e、中等旋合长度、右旋）

M20×2-6G-LH（细牙普通内螺纹、公称直径为 20mm、螺距为 2mm、中径及小径公差带均为 6G、中等旋合长度、左旋）

公称直径（D、d）			螺　　距（P）	
第一系列	第二系列	第三系列	粗　牙	细　　牙
4	—	—	0.7	0.5
5	—	—	0.8	
6	—	—	1	0.75
—	7	—		
8	—	—	1.25	1、0.75
10	—	—	1.5	1.25、1、0.75
12	—	—	1.75	1.25、1
—	14	—	2	1.5、1.25、1
—	—	15	—	1.5、1
16	—	—	2	
—	18	—	2.5	2、1.5、1
20	—	—		
—	22	—		
24	—	—	3	
—	—	25	—	
—	27	—	3	
30	—	—	3.5	（3）、2、1.5、1
—	33	—		（3）、2、1.5
—	—	35	—	1.5
36	—	—	4	3、2、1.5
—	39	—		

螺纹种类	精度	外螺纹的推荐公差带			内螺纹的推荐公差带		
		S	N	L	S	N	L
普通螺纹	精密	（3h4h）	（4g） *4h	（5g4g） （5h4h）	4H	5H	6H
	中等	（5g6g） （5h6h）	*6e *6f *6g 6h	（7e6e） （7g6g） （7h6h）	（5G） *5H	*6G *6H	（7G） *7H

注：1．优先选用第一系列直径，其次选择第二系列直径，最后选择第三系列直径。尽可能地避免选用括号内的螺距。

2．公差带优先选用顺序为：带*的公差带、一般字体公差带、括号内公差带。紧固件螺纹采用方框内的公差带。

3．精度选用原则：精密——用于精密螺纹，中等——用于一般用途螺纹。

表 A-2　管螺纹

55° 密封管螺纹（摘自 GB/T 7306.1、7306.2—2000）

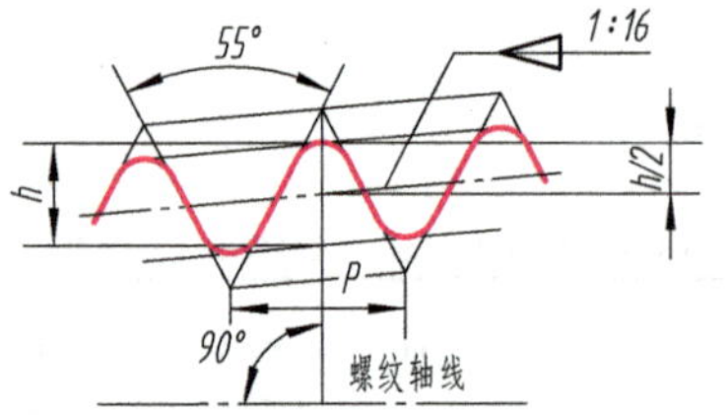

55° 非密封管螺纹（摘自 GB/T 7307—2001）

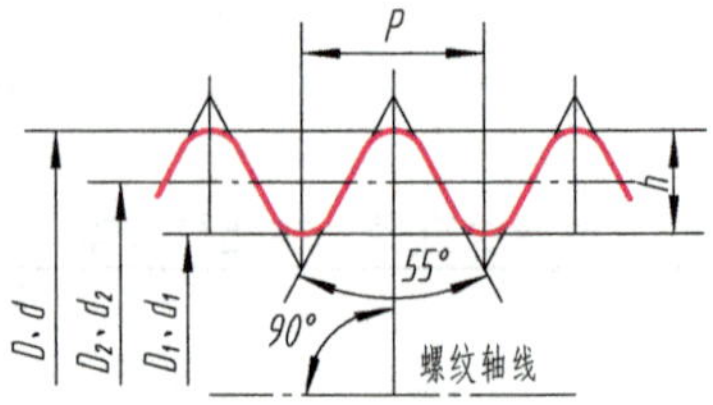

标记示例：

$R_1$1/2（尺寸代号为 1/2，与圆柱内螺纹相配合的右旋圆锥外螺纹）

Rc1/2LH（尺寸代号为 1/2，左旋圆锥内螺纹）

标记示例：

G1/2LH（尺寸代号为 1/2，左旋内螺纹）

G1/2A（尺寸代号为 1/2，A 级右旋外螺纹）

尺寸代号	大径 d、D /mm	中径 d_2、D_2 /mm	小径 d_1、D_1 /mm	螺距 P /mm	牙高 h /mm	每 25.4 mm 内的牙数 n
1/4	13.157	12.301	11.445	1.337	0.856	19
3/8	16.662	15.806	14.950			
1/2	20.955	19.793	18.631	1.814	1.162	14
3/4	26.441	25.279	24.117			
1	33.249	31.770	30.291	2.309	1.479	11
1¼	41.910	40.431	38.952			
1½	47.803	46.324	44.845			
2	59.614	58.135	56.656			
2½	75.184	73.705	72.226			
3	87.884	86.405	84.926			

附录 B　常用的标准件

表 B-1　六角头螺栓　（单位：mm）

六角头螺栓　C 级（摘自 GB/T 5780—2016）

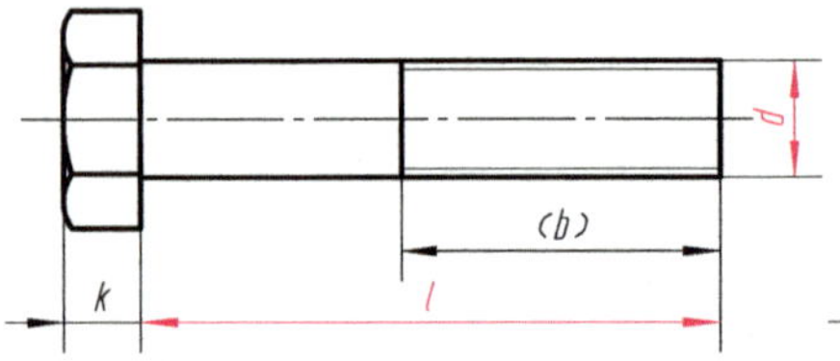

六角头螺栓　全螺纹　C 级（摘自 GB/T 5781—2016）

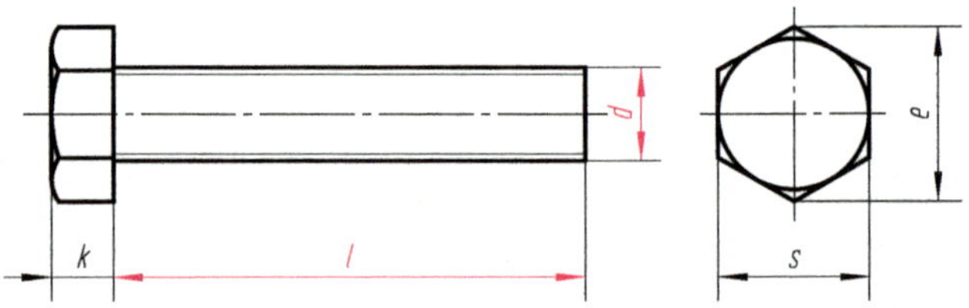

标记示例：

螺栓　GB/T 5780　M20×100（螺纹规格为 M20、公称长度 l=100mm、性能等级为 4.8 级、表面不经处理、产品等级为 C 级的六角头螺栓）

螺纹规格 d		M5	M6	M8	M10	M12	M16	M20	M24	M30	M36	M42
$b_{参考}$	$l_{公称}$≤125	16	18	22	26	30	38	46	54	66	—	—
	125<$l_{公称}$≤200	22	24	28	32	36	44	52	60	72	84	96
	$l_{公称}$>200	35	37	41	45	49	57	65	73	85	97	109
$k_{公称}$		3.5	4.0	5.3	6.4	7.5	10	12.5	15	18.7	22.5	26
s_{max}		8	10	13	16	18	24	30	36	46	55	65
e_{min}		8.63	10.89	14.2	17.59	19.85	26.17	32.95	39.55	50.85	60.79	71.3
$l_{范围}$	GB/T 5780	25～50	30～60	40～80	45～100	55～120	65～160	80～200	100～240	120～300	140～360	180～420
	GB/T 5781	10～50	12～60	16～80	20～100	25～120	30～160	40～200	50～240	60～300	70～360	80～420
$l_{公称}$		10、12、16、20～65（5 进位）、70～160（10 进位）、180、200、220～420（20 进位）										

表 B-2 双头螺柱 （单位：mm）

b_m=1d（GB/T 897－1988） b_m=1.25d（GB/T 898－1988） b_m=1.5d（GB/T 899－1988） b_m=2d（GB/T 900－1988）

A 型

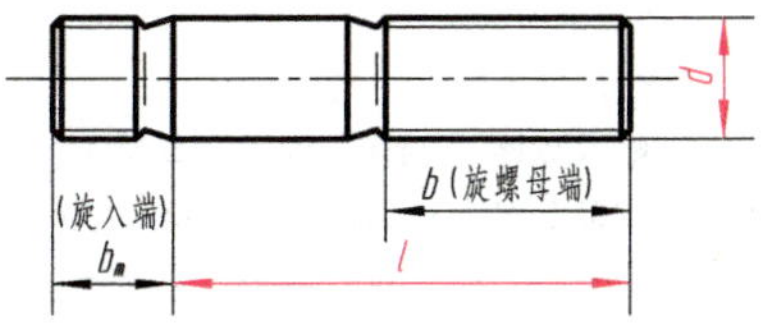

B 型

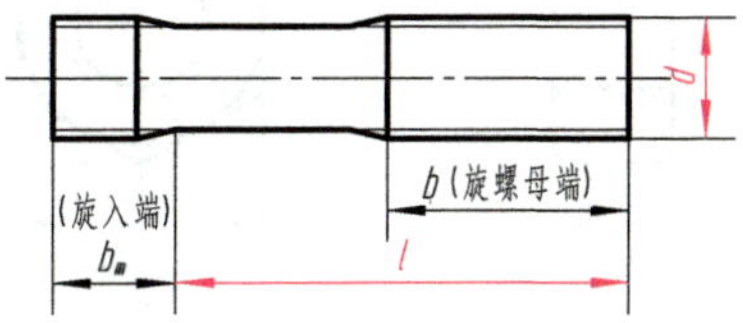

标记示例：

螺柱 GB/T 900 M10×50（两端均为粗牙普通螺纹、d=10mm、l=50mm、性能等级为 4.8 级、不经表面处理、B 型、b_m=2d 的双头螺柱）

螺柱 GB/T 900 AM10-M10×1×50（旋入机体一端为粗牙普通螺纹、旋螺母一端为螺距 P=1mm 的细牙普通螺纹、d=10mm、l=50mm、性能等级为 4.8 级、不经表面处理、A 型、b_m=2d 的双头螺柱）

螺纹规格 (d)	b_m（旋入机体端长度）				l（螺柱长度）/ b（旋螺母端长度）
	GB/T 897	GB/T 898	GB/T 899	GB/T 900	
M4	—	—	6	8	16～22/8　25～40/14
M5	5	6	8	10	16～22/10　25～50/16
M6	6	8	10	12	20～22/10　25～30/14　32～75/18
M8	8	10	12	16	20～22/12　25～30/16　32～90/22
M10	10	12	15	20	25～28/14　30～38/16　40～120/26　130/32
M12	12	15	18	24	25～30/16　32～40/20　45～120/30　130～180/36
M16	16	20	24	32	30～38/20　40～55/30　60～120/38　130～200/44
M20	20	25	30	40	35～40/25　45～65/35　70～120/46　130～200/52
M24	24	30	36	48	45～50/30　55～75/45　80～120/54　130～200/60
M30	30	38	45	60	60～65/40　70～90/50　95～120/66　130～200/72　210～250/85
M36	36	45	54	72	65～75/45　80～110/60　120/78　130～200/84　210～300/97
M42	42	52	63	84	70～80/50　85～110/70　120/90　130～200/96　210～300/109
M48	48	60	72	96	80～90/60　95～110/80　120/102　130～200/108　210～300/121
$l_{公称}$	12、(14)、16、(18)、20、(22)、25、(28)、30、(32)、35、(38)、40、45、50、(55)、60、(65)、70、(75)、80、(85)、90、(95)、100～260（10 进位）、280、300				

注：1. 尽可能不采用括号内的规格。末端按 GB/T 2—2016 规定。

2. b_m=1d，一般用于钢对钢；b_m=（1.25～1.5）d，一般用于钢对铸铁；b_m=2d，一般用于钢对铝合金。

3. $l_{公称}$中的 12、14 只适用于 GB/T 899—1988 和 GB/T 900—1988。

表 B-3　1 型六角螺母　C 级（摘自 GB/T 41—2016）　（单位：mm）

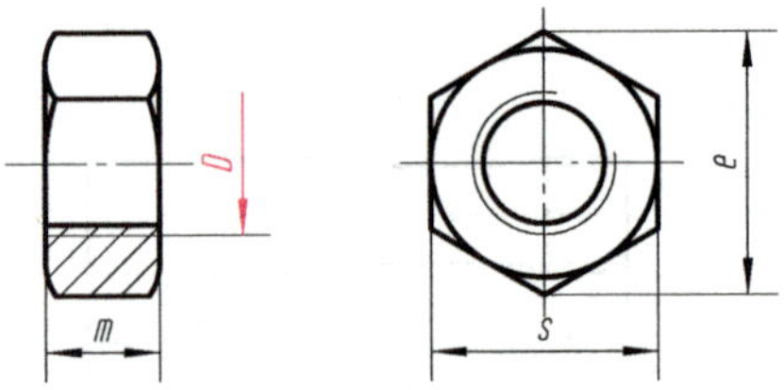

标记示例：

螺母　GB/T 41　M10

（螺纹规格为 M10、性能等级为 5 级、表面不经处理、产品等级为 C 级的 1 型六角螺母）

螺纹规格 D	M5	M6	M8	M10	M12	M16	M20	M24	M30	M36	M42	M48	M56
s_{max}	8	10	13	16	18	24	30	36	46	55	65	75	85
e_{min}	8.63	10.89	14.20	17.59	19.85	26.17	32.95	39.55	50.85	60.79	71.3	82.6	93.56
m_{max}	5.6	6.4	7.9	9.5	12.2	15.9	19	22.3	26.4	31.9	34.9	38.9	45.9

表 B-4　垫圈　（单位：mm）

平垫圈　A 级（摘自 GB/T 97.1—2002）

平垫圈　倒角型　A 级（摘自 GB/T 97.2—2002）

平垫圈　C 级（摘自 GB/T 95—2002）

标准型弹簧垫圈（摘自 GB/T 93—1987）

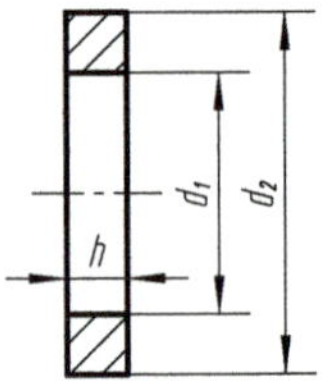

平垫圈

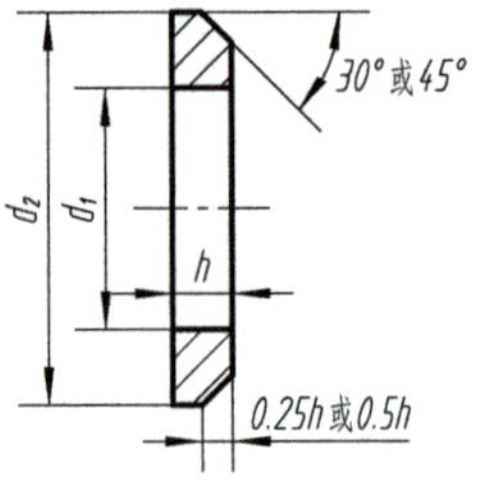

倒角型平垫圈

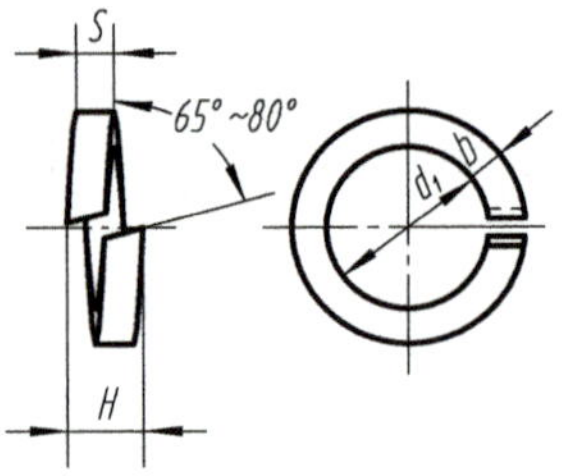

标准型弹簧垫圈

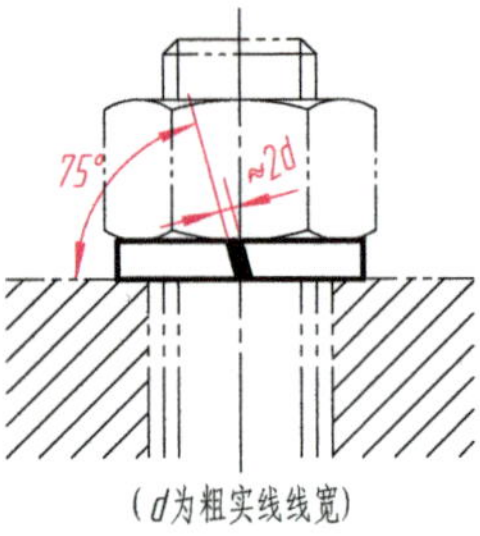

弹簧垫圈开口画法

标记示例：

垫圈　GB/T 95　8（标准系列、公称规格 8mm、硬度等级为 100HV 级、不经表面处理，产品等级为 C 级的平垫圈）

垫圈　GB/T 93　10（规格 10mm、材料为 65Mn、表面氧化的标准型弹簧垫圈）

公称尺寸 d(螺纹规格)		4	5	6	8	10	12	16	20	24	30	36	42	48
GB/T 97.1—2002（A 级）	d_1	4.3	5.3	6.4	8.4	10.5	13	17	21	25	31	37	45	52
	d_2	9	10	12	16	20	24	30	37	44	56	66	78	92
	h	0.8	1	1.6	1.6	2	2.5	3	3	4	4	5	8	8
GB/T 97.2—2002（A 级）	d_1	—	5.3	6.4	8.4	10.5	13	17	21	25	31	37	45	52
	d_2	—	10	12	16	20	24	30	37	44	56	66	78	92
	h	—	1	1.6	1.6	2	2.5	3	3	4	4	5	8	8
GB/T 95—2002（C 级）	d_1	4.5	5.5	6.6	9	11	13.5	17.5	22	26	33	39	45	52
	d_2	9	10	12	16	20	24	30	37	44	56	66	78	92
	h	0.8	1	1.6	1.6	2	2.5	3	3	4	4	5	8	8
GB/T 93—1987	d_{1min}	4.1	5.1	6.1	8.1	10.2	12.2	16.2	20.2	24.5	30.5	36.5	42.5	48.5
	$S=b$	1.1	1.3	1.6	2.1	2.6	3.1	4.1	5	6	7.5	9	10.5	12
	H_{max}	2.75	3.25	4	5.25	6.5	7.75	10.25	12.5	15	18.75	22.5	26.25	30

注：1. A 级适用于精装配系列，C 级适用于中等精度装配系列。

2. C 级垫圈没有 $Ra3.2\mu m$ 和去毛刺的要求。

附录 C 极限与配合

表 C-1 标准公差数值（摘自 GB/T 1800.1—2020）

公称尺寸 mm		标准公差等级																	
		IT1	IT2	IT3	IT4	IT5	IT6	IT7	IT8	IT9	IT10	IT11	IT12	IT13	IT14	IT15	IT16	IT17	IT18
大于	至	标准公差数值																	
		μm											mm						
—	3	0.8	1.2	2	3	4	6	10	14	25	40	60	0.1	0.14	0.25	0.4	0.6	1	1.4
3	6	1	1.5	2.5	4	5	8	12	18	30	48	75	0.12	0.18	0.3	0.48	0.75	1.2	1.8
6	10	1	1.5	2.5	4	6	9	15	22	36	58	90	0.15	0.22	0.36	0.58	0.9	1.5	2.2
10	18	1.2	2	3	5	8	11	18	27	43	70	110	0.18	0.27	0.43	0.7	1.1	1.8	2.7
18	30	1.5	2.5	4	6	9	13	21	33	52	84	130	0.21	0.33	0.52	0.84	1.3	2.1	3.3
30	50	1.5	2.5	4	7	11	16	25	39	62	100	160	0.25	0.39	0.62	1	1.6	2.5	3.9
50	80	2	3	5	8	13	19	30	46	74	120	190	0.3	0.46	0.74	1.2	1.9	3	4.6
80	120	2.5	4	6	10	15	22	35	54	87	140	220	0.35	0.54	0.87	1.4	2.2	3.5	5.4
120	180	3.5	5	8	12	18	25	40	63	100	160	250	0.4	0.63	1	1.6	2.5	4	6.3
180	250	4.5	7	10	14	20	29	46	72	115	185	290	0.46	0.72	1.15	1.85	2.9	4.6	7.2
250	315	6	8	12	16	23	32	52	81	130	210	320	0.52	0.81	1.3	2.1	3.2	5.2	8.1
315	400	7	9	13	18	25	36	57	89	140	230	360	0.57	0.89	1.4	2.3	3.6	5.7	8.9
400	500	8	10	15	20	27	40	63	97	155	250	400	0.63	0.97	1.55	2.5	4	6.3	9.7
500	630	9	11	16	22	32	44	70	110	175	280	440	0.7	1.1	1.75	2.8	4.4	7	11
630	800	10	13	18	25	36	50	80	125	200	320	500	0.8	1.25	2	3.2	5	8	12.5
800	1000	11	15	21	28	40	56	90	140	230	360	560	0.9	1.4	2.3	3.6	5.6	9	14
1000	1250	13	18	24	33	47	66	105	165	260	420	660	1.05	1.65	2.6	4.2	6.6	10.5	16.5
1250	1600	15	21	29	39	55	78	125	195	310	500	780	1.25	1.95	3.1	5	7.8	12.5	19.5
1600	2000	18	25	35	46	65	92	150	230	370	600	920	1.5	2.3	3.7	6	9.2	15	23
2000	2500	22	30	41	55	78	110	175	280	440	700	1100	1.75	2.8	4.4	7	11	17.5	28
2500	3150	26	36	50	68	96	135	210	330	540	860	1350	2.1	3.3	5.4	8.6	13.5	21	33

表 C-2　轴的基本偏差

公称尺寸 mm		基本偏														
		上极限偏差，*es*														
		所有标准公差等级												IT5 和 IT6	IT7	IT8
大于	至	a	b	c	cd	d	e	ef	f	fg	g	h	js	j		
—	3	-270	-140	-60	-34	-20	-14	-10	-6	-4	-2	0	偏差=±ITn/2，式中n是标准公差等级数	-2	-4	-6
3	6	-270	-140	-70	-46	-30	-20	-14	-10	-6	-4	0		-2	-4	—
6	10	-280	-150	-80	-56	-40	-25	-18	-13	-8	-5	0		-2	-5	—
10	14	-290	-150	-95	-70	-50	-32	-23	-16	-10	-6	0		-3	-6	—
14	18															
18	24	-300	-160	-110	-85	-65	-40	-25	-20	-12	-7	0		-4	-8	—
24	30															
30	40	-310	-170	-120	-100	-80	-50	-35	-25	-15	-9	0		-5	-10	—
40	50	-320	-180	-130												
50	65	-340	-190	-140	—	-100	-60	—	-30	—	-10	0		-7	-12	—
65	80	-360	-200	-150												
80	100	-380	-220	-170	—	-120	-72	—	-36	—	-12	0		-9	-15	—
100	120	-410	-240	-180												
120	140	-460	-260	-200	—	-145	-85	—	-43	—	-14	0		-11	-18	—
140	160	-520	-280	-210												
160	180	-580	-310	-230												
180	200	-660	-340	-240	—	-170	-100	—	-50	—	-15	0		-13	-21	—
200	225	-740	-380	-260												
225	250	-820	-420	-280												
250	280	-920	-480	-300	—	-190	-110	—	-56	—	-17	0		-16	-26	—
280	315	-1050	-540	-330												
315	355	-1200	-600	-360	—	-210	-125	—	-62	—	-18	0		-18	-28	—
355	400	-1350	-680	-400												
400	450	-1500	-760	-440	—	-230	-135	—	-68	—	-20	0		-20	-32	—
450	500	-1650	-840	-480												

数值（摘自 GB/T 1800.1—2020）　　　　（基本偏差单位为 μm）

差数值															
下极限偏差，*ei*															
IT4至IT7	≤IT3 >IT7	所有标准公差等级													
k		m	n	p	r	s	t	u	v	x	y	z	za	zb	zc
0	0	+2	+4	+6	+10	+14	—	+18	—	+20	—	+26	+32	+40	+60
+1	0	+4	+8	+12	+15	+19	—	+23	—	+28	—	+35	+42	+50	+80
+1	0	+6	+10	+15	+19	+23	—	+28	—	+34	—	+42	+52	+67	+97
+1	0	+7	+12	+18	+23	+28	—	+33	—	+40	—	+50	+64	+90	+130
									+39	+45	—	+60	+77	+108	+150
+2	0	+8	+15	+22	+28	+35	—	+41	+47	+54	+63	+73	+98	+136	+188
							+41	+48	+55	+64	+75	+88	+118	+160	+218
+2	0	+9	+17	+26	+34	+43	+48	+60	+68	+80	+94	+112	+148	+200	+274
							+54	+70	+81	+97	+114	+136	+180	+242	+325
+2	0	+11	+20	+32	+41	+53	+66	+87	+102	+122	+144	+172	+226	+300	+405
					+43	+59	+75	+102	+120	+146	+174	+210	+274	+360	+480
+3	0	+13	+23	+37	+51	+71	+91	+124	+146	+178	+214	+258	+335	+445	+585
					+54	+79	+104	+144	+172	+210	+254	+310	+400	+525	+690
+3	0	+15	+27	+43	+63	+92	+122	+170	+202	+248	+300	+365	+470	+620	+800
					+65	+100	+134	+190	+228	+280	+340	+415	+535	+700	+900
					+68	+108	+146	+210	+252	+310	+380	+465	+600	+780	+1000
+4	0	+17	+31	+50	+77	+122	+166	+236	+284	+350	+425	+520	+670	+880	+1150
					+80	+130	+180	+258	+310	+385	+470	+575	+740	+960	+1250
					+84	+140	+196	+284	+340	+425	+520	+640	+820	+1050	+1350
+4	0	+20	+34	+56	+94	+158	+218	+315	+385	+475	+580	+710	+920	+1200	+1550
					+98	+170	+240	+350	+425	+525	+650	+790	+1000	+1300	+1700
+4	0	+21	+37	+62	+108	+190	+268	+390	+475	+590	+730	+900	+1150	+1500	+1900
					+114	+208	+294	+435	+530	+660	+820	+1000	+1300	+1650	+2100
+5	0	+23	+40	+68	+126	+232	+330	+490	+595	+740	+920	+1100	+1450	+1850	+2400
					+132	+252	+360	+540	+660	+820	+1000	+1250	+1600	+2100	+2600

表 C-3 孔的基本偏差

公称尺寸 mm		基本偏																			
		下极限偏差，*EI*																			
		所有标准公差等级												IT6	IT7	IT8	≤IT8	>IT8	≤IT8	>IT8
大于	至	A	B	C	CD	D	E	EF	F	FG	G	H	JS	J			K		M	
—	3	+270	+140	+60	+34	+20	+14	+10	+6	+4	+2	0	偏差=±IT*n*/2，式中*n*为标准公差等级数	+2	+4	+6	0	0	-2	-2
3	6	+270	+140	+70	+46	+30	+20	+14	+10	+6	+4	0		+5	+6	+10	-1+Δ	—	-4+Δ	-4
6	10	+280	+150	+80	+56	+40	+25	+18	+13	+8	+5	0		+5	+8	+12	-1+Δ	—	-6+Δ	-6
10	14	+290	+150	+95	+70	+50	+32	+23	+16	+10	+6	0		+6	+10	+15	-1+Δ	—	-7+Δ	-7
14	18																			
18	24	+300	+160	+110	+85	+65	+40	+28	+20	+12	+7	0		+8	+12	+20	-2+Δ	—	-8+Δ	-8
24	30																			
30	40	+310	+170	+120	+100	+80	+50	+35	+25	+15	+9	0		+10	+14	+24	-2+Δ	—	-9+Δ	-9
40	50	+320	+180	+130																
50	65	+340	+190	+140	—	+100	+60	—	+30	—	+10	0		+13	+18	+28	-2+Δ	—	-11+Δ	-11
65	80	+360	+200	+150																
80	100	+380	+220	+170	—	+120	+72	—	+36	—	+12	0		+16	+22	+34	-3+Δ	—	-13+Δ	-13
100	120	+410	+240	+180																
120	140	+460	+260	+200	—	+145	+85	—	+43	—	+14	0		+18	+26	+41	-3+Δ	—	-15+Δ	-15
140	160	+520	+280	+210																
160	180	+580	+310	+230																
180	200	+660	+340	+240	—	+170	+100	—	+50	—	+15	0		+22	+30	+47	-4+Δ	—	-17+Δ	-17
200	225	+740	+380	+260																
225	250	+820	+420	+280																
250	280	+920	+480	+300	—	+190	+110	—	+56	—	+17	0		+25	+36	+55	-4+Δ	—	-20+Δ	-20
280	315	+1050	+540	+330																
315	355	+1200	+600	+360	—	+210	+125	—	+62	—	+18	0		+29	+39	+60	-4+Δ	—	-21+Δ	-21
355	400	+1350	+680	+400																
400	450	+1500	+760	+440	—	+230	+135	—	+68	—	+20	0		+33	+43	+66	-5+Δ	—	-23+Δ	-23
450	500	+1650	+840	+480																

数值（摘自 GB/T 1800.1—2020）　　　　（基本偏差和Δ值的单位为 μm）

差数值															Δ值					
上极限偏差，*ES*																				
≤IT8	>IT8	≤IT7	>IT7 的标准公差等级												标准公差等级					
N		P至ZC	P	R	S	T	U	V	X	Y	Z	ZA	ZB	ZC	IT3	IT4	IT5	IT6	IT7	IT8
-4	-4		-6	-10	-14	—	-18	—	-20	—	-26	-32	-40	-60	0	0	0	0	0	0
-8+Δ	0		-12	-15	-19	—	-23	—	-28	—	-35	-42	-50	-80	1	1.5	1	3	4	6
-10+Δ	0		-15	-19	-23	—	-28	—	-34	—	-42	-52	-67	-97	1	1.5	2	3	6	7
-12+Δ	0		-18	-23	-28	—	-33	—	-40	—	-50	-64	-90	-130	1	2	3	3	7	9
								-39	-45	—	-60	-77	-108	-150						
-15+Δ	0		-22	-28	-35	—	-41	-47	-54	-63	-73	-98	-136	-188	1.5	2	3	4	8	12
						-41	-48	-55	-64	-75	-88	-118	-160	-218						
-17+Δ	0		-26	-34	-43	-48	-60	-68	-80	-94	-112	-148	-200	-274	1.5	3	4	5	9	14
						-54	-70	-81	-97	-114	-136	-180	-242	-325						
-20+Δ	0		-32	-41	-53	-66	-87	-102	-122	-144	-172	-226	-300	-405	2	3	5	6	11	16
				-43	-59	-75	-102	-120	-146	-174	-210	-274	-360	-480						
-23+Δ	0		-37	-51	-71	-91	-124	-146	-178	-214	-258	-335	-445	-585	2	4	5	7	13	19
				-54	-79	-104	-144	-172	-210	-254	-310	-400	-525	-690						
-27+Δ	0		-43	-63	-92	-122	-170	-202	-248	-300	-365	-470	-620	-800	3	4	6	7	15	23
				-65	-100	-134	-190	-228	-280	-340	-415	-535	-700	-900						
				-68	-108	-146	-210	-252	-310	-380	-465	-600	-780	-1000						
-31+Δ	0		-50	-77	-122	-166	-236	-284	-350	-425	-520	-670	-880	-1150	3	4	6	9	17	26
				-80	-130	-180	-258	-310	-385	-470	-575	-740	-960	-1250						
				-84	-140	-196	-284	-340	-425	-520	-640	-820	-1050	-1350						
-34+Δ	0		-56	-94	-158	-218	-315	-385	-475	-580	-710	-920	-1200	-1550	4	4	7	9	20	29
				-98	-170	-240	-350	-425	-525	-650	-790	-1000	-1300	-1700						
-37+Δ	0		-62	-108	-190	-268	-390	-475	-590	-730	-900	-1150	-1500	-1900	4	5	7	11	21	32
				-114	-208	-294	-435	-530	-660	-820	-1000	-1300	-1650	-2100						
-40+Δ	0		-68	-126	-232	-330	-490	-595	-740	-920	-1100	-1450	-1850	-2400	5	5	7	13	23	34
				-132	-252	-360	-540	-660	-820	-1000	-1250	-1600	-2100	-2600						

表C-4　优先选用的轴的公差带（摘自 GB/T 1800.2—2020）　（偏差单位为 μm）

代号		a	b	c	d	e	f	g	h				js	k	n	p	r	s
公称尺寸 mm		公差等级																
大于	至	11	11	11	9	8	7	6	6	7	9	11	6	6	6	6	6	6
—	3	-270 -330	-140 -200	-60 -120	-20 -45	-14 -28	-6 -16	-2 -8	0 -6	0 -10	0 -25	0 -60	±3	+6 0	+10 +4	+12 +6	+16 +10	+20 +14
3	6	-270 -345	-140 -215	-70 -145	-30 -60	-20 -38	-10 -22	-4 -12	0 -8	0 -12	0 -30	0 -75	±4	+9 +1	+16 +8	+20 +12	+23 +15	+27 +19
6	10	-280 -370	-150 -240	-80 -170	-40 -76	-25 -47	-13 -28	-5 -14	0 -9	0 -15	0 -36	0 -90	±4.5	+10 +1	+19 +10	+24 +15	+28 +19	+32 +23
10	18	-290 -400	-150 -260	-95 -205	-50 -93	-32 -59	-16 -34	-6 -17	0 -11	0 -18	0 -43	0 -110	±5.5	+12 +1	+23 +12	+29 +18	+34 +23	+39 +28
18	30	-300 -430	-160 -290	-110 -240	-65 -117	-40 -73	-20 -41	-7 -20	0 -13	0 -21	0 -52	0 -130	±6.5	+15 +2	+28 +15	+35 +22	+41 +28	+48 +35
30	40	-310 -470	-170 -330	-120 -280	-80 -142	-50 -89	-25 -50	-9 -25	0 -16	0 -25	0 -62	0 -160	±8	+18 +2	+33 +17	+42 +26	+50 +34	+59 +43
40	50	-320 -480	-180 -340	-130 -290														
50	65	-340 -530	-190 -380	-140 -330	-100 -174	-60 -106	-30 -60	-10 -29	0 -19	0 -30	0 -74	0 -190	±9.5	+21 +2	+39 +20	+51 +32	+60 +41	+72 +53
65	80	-360 -550	-200 -390	-150 -340													+62 +43	+78 +59
80	100	-380 -600	-220 -440	-170 -390	-120 -207	-72 -126	-36 -71	-12 -34	0 -22	0 -35	0 -87	0 -220	±11	+25 +3	+45 +23	+59 +37	+73 +51	+93 +71
100	120	-410 -630	-240 -460	-180 -400													+76 +54	+101 +79
120	140	-460 -710	-260 -510	-200 -450	-145 -245	-85 -148	-43 -83	-14 -39	0 -25	0 -40	0 -100	0 -250	±12.5	+28 +3	+52 +27	+68 +43	+88 +63	+117 +92
140	160	-520 -770	-280 -530	-210 -460													+90 +65	+125 +100
160	180	-580 -830	-310 -560	-230 -480													+93 +68	+133 +108
180	200	-660 -950	-340 -630	-240 -530	-170 -285	-100 -172	-50 -96	-15 -44	0 -29	0 -46	0 -115	0 -290	±14.5	+33 +4	+60 +31	+79 +50	+106 +77	+151 +122
200	225	-740 -1030	-380 -670	-260 -550													+109 +80	+159 +130
225	250	-820 -1110	-420 -710	-280 -570													+113 +84	+169 +140
250	280	-920 -1240	-480 -800	-300 -620	-190 -320	-110 -191	-56 -108	-17 -49	0 -32	0 -52	0 -130	0 -320	±16	+36 +4	+66 +34	+88 +56	+126 +94	+190 +158
280	315	-1050 -1370	-540 -860	-330 -650													+130 +98	+202 +170
315	355	-1200 -1560	-600 -960	-360 -720	-210 -350	-125 -214	-62 -119	-18 -54	0 -36	0 -57	0 -140	0 -360	±18	+40 +4	+73 +37	+98 +62	+144 +108	+226 +190
355	400	-1350 -1710	-680 -1040	-400 -760													+150 +114	+244 +208
400	450	-1500 -1900	-760 -1160	-440 -840	-230 -385	-135 -232	-68 -131	-20 -60	0 -40	0 -63	0 -155	0 -400	±20	+45 +5	+80 +40	+108 +68	+166 +126	+272 +232
450	500	-1650 -2050	-840 -1240	-480 -880													+172 +132	+292 +252

表 C-5　优先选用的孔的公差带（摘自 GB/T 1800.2—2020）　（偏差单位为 μm）

代号		A	B	C	D	E	F	G	H				JS	K	N	P	R	S
公称尺寸 mm		公差等级																
大于	至	11	11	11	10	9	8	7	7	8	9	11	7	7	7	7	7	7
—	3	+330 +270	+200 +140	+120 + 60	+60 +20	+39 +14	+20 +6	+12 +2	+10 0	+14 0	+25 0	+60 0	±5	0 −10	−4 −14	−6 −16	−10 −20	−14 −24
3	6	+345 +270	+215 +140	+145 +70	+78 +30	+50 +20	+28 +10	+16 +4	+12 0	+18 0	+30 0	+75 0	±6	+3 −9	−4 −16	−8 −20	−11 −23	−15 −27
6	10	+370 +280	+240 +150	+170 +80	+98 +40	+61 +25	+35 +13	+20 +5	+15 0	+22 0	+36 0	+90 0	±7.5	+5 −10	−4 −19	−9 −24	−13 −28	−17 −32
10	18	+400 +290	+260 +150	+205 +95	+120 +50	+75 +32	+43 +16	+24 +6	+18 0	+27 0	+43 0	+110 0	±9	+6 −12	−5 −23	−11 −29	−16 −34	−21 −39
18	30	+430 +300	+290 +160	+240 +110	+149 +65	+92 +40	+53 +20	+28 +7	+21 0	+33 0	+52 0	+130 0	±10.5	+6 −15	−7 −28	−14 −35	−20 −41	−27 −48
30	40	+470 +310	+330 +170	+280 +120	+180 +80	+112 +50	+64 +25	+34 +9	+25 0	+39 0	+62 0	+160 0	±12.5	+7 −18	−8 −33	−17 −42	−25 −50	−34 −59
40	50	+480 +320	+340 +180	+290 +130														
50	65	+530 +340	+380 +190	+330 +140	+220 +100	+134 +60	+76 +30	+40 +10	+30 0	+46 0	+74 0	+190 0	±15	+9 −21	−9 −39	−21 −51	−30 −60	−42 −72
65	80	+550 +360	+390 +200	+340 +150													−32 −62	−48 −78
80	100	+600 +380	+440 +220	+390 +170	+260 +120	+159 +72	+90 +36	+47 +12	+35 0	+54 0	+87 0	+220 0	±17.5	+10 −25	−10 −45	−24 −59	−38 −73	−58 −93
100	120	+630 +410	+460 +240	+400 +180													−41 −76	−66 −101
120	140	+710 +460	+510 +260	+450 +200													−48 −88	−77 −117
140	160	+770 +520	+530 +280	+460 +210	+305 +145	+185 +85	+106 +43	+54 +14	+40 0	+63 0	+100 0	+250 0	±20	+12 −28	−12 −52	−28 −68	−50 −90	−85 −125
160	180	+830 +580	+560 +310	+480 +230													−53 −93	−93 −133
180	200	+950 +660	+630 +340	+530 +240													−60 −106	−105 −151
200	225	+1030 +740	+670 +380	+550 +260	+355 +170	+215 +100	+122 +50	+61 +15	+46 0	+72 0	+115 0	+290 0	±23	+13 −33	−14 −60	−33 −79	−63 −109	−113 −159
225	250	+1110 +820	+710 +420	+570 +280													−67 −113	−123 −169
250	280	+1240 +920	+800 +480	+620 +300	+400 +190	+240 +110	+137 +56	+69 +17	+52 0	+81 0	+130 0	+320 0	±26	+16 −36	−14 −66	−36 −88	−74 −126	−138 −190
280	315	+1370 +1050	+860 +540	+650 +330													−78 −130	−150 −202
315	355	+1560 +1200	+960 +600	+720 +360	+440 +210	+265 +125	+151 +62	+75 +18	+57 0	+89 0	+140 0	+360 0	±28.5	+17 −40	−16 −73	−41 −98	−87 −144	−169 −226
355	400	+1710 +1350	+1040 +680	+760 +400													−93 −150	−187 −244
400	450	+1900 +1500	+1160 +760	+840 +440	+480 +230	+290 +135	+165 +68	+83 +20	+63 0	+97 0	+155 0	+400 0	±31.5	+18 −45	−17 −80	−45 −108	−103 −166	−209 −272
450	500	+2050 +1650	+1240 +840	+880 +480													−109 −172	−229 −292

参 考 文 献

[1] 成大先. 机械设计手册 [M]. 6 版. 北京：化学工业出版社，2017.
[2] 王槐德. 机械制图新旧标准代换教程 [M]. 3版. 北京：中国标准出版社，2017.
[3] 胡建生. 机械制图 [M]. 北京：机械工业出版社，2019.
[4] 胡建生. 工程制图 [M]. 6版. 北京：化学工业出版社，2018.
[5] 胡建生. 机械制图（少学时）[M]. 4版. 北京：机械工业出版社，2020.

郑 重 声 明